Geschichtliche Einzeldarstellungen aus der Elektrotechnik

Herausgegeben

vom

Verband Deutscher Elektrotechniker
Bezirk Berlin

Fünfter Band

Die Entstehung der Dynamomaschine

Von

Dipl.-Ing. Otto Mahr

Mit 103 Textabbildungen

Berlin
Verlag von Julius Springer
1941

D 83

ISBN 978-3-7091-3044-5   ISBN 978-3-7091-3060-5 (eBook)
DOI 10.1007/978-3-7091-3060-5

Vorwort.

Mit dem vorliegenden Buche erscheint der V. Band der „Geschichtlichen Einzeldarstellungen aus der Elektrotechnik“. Die bisher erschienenen Bände waren aus der reichen Erfahrung und dem Erlebnis älterer Fachgenossen geschrieben. Im vorliegenden Band kommt ein jüngerer Fachgenosse zum Wort, der in fleißiger Arbeit den Quellen nachgegangen ist. Dadurch ist die Gewißheit gegeben, daß jede persönliche Auffassung in der Beurteilung der einzelnen Geschehnisse ausgeschaltet ist. Insoweit nimmt der vorliegende Band eine gewisse Sonderstellung ein.

Es ist nun aber nicht beabsichtigt, auch weiterhin eine Geschichte der Elektrotechnik in solchen Einzelbänden herauszugeben, sondern auch künftig sollen die Erlebnisse und Erfahrungen älterer Fachgenossen in diesen Bänden niedergelegt werden, um sie der Nachwelt zu erhalten und den kommenden Geschlechtern ein lebendiges Bild von der Entwicklung der Elektrotechnik sowie dem Geschichtsschreiber wertvolle Hinweise zu geben.

VDE Bezirk Berlin
vormals Elektrotechnischer Verein E. V.
Ausschuß für geschichtliche Arbeiten.
Dr. F. Moench.

Inhaltsverzeichnis.

I. Einleitung.

In der Frühgeschichte der elektrischen Maschinen und ihrer wissenschaftlichen Grundlagen ist so gut wie jeder Prioritätsanspruch einmal
angezweifelt worden. Das gilt für den Elektromagnetismus und die elektromagnetische Induktion, für den Elektromagneten mit Eisenkern und
seine Anwendung bei Stromerzeugern, für den Multiplikator, den Ring-
und den Trommelanker, für die Entdeckung der Umkehrbarkeit von
Motor und Stromerzeuger, und es gilt ganz besonders für die Entdeckung
des dynamoelektrischen Prinzips. Lediglich der Siemenssche Doppel-T-
Anker scheint eine Ausnahme zu machen.

Die Anschauungen darüber, wer als der Erfinder der Dynamomaschine
zu gelten habe, sind überall in der Welt verschieden. Die „Encyclopedia
Americana"[1] nennt Faraday und dann, als Erfinder des geschlossenen
Ankerkreises, Gramme und Pacinotti; Siemens habe zahlreiche Ma-
schinen mit dem Doppel-T-Anker versehen, der deshalb nach ihm auch
Siemens-Anker heiße.

In Italien gilt Pacinotti als der alleinige Erfinder der Dynamo[2];
Siemens sei erst sieben Jahre, Gramme erst zehn Jahre nach ihm auf-
getreten. Pacinottis Bedeutung für die wirkliche technische Entwicklung ist hier stark überschätzt worden; er hat zwar die geschlossene
Ankerwicklung, nicht aber das dynamoelektrische Prinzip gekannt, und
zur Entwicklung einer Maschine für die Praxis hat er nichts beigetragen.

In England nennt man gewöhnlich Siemens, Varley und Wheatstone zusammen: vor einigen Jahren hat sich jedoch die englische Fachpresse für die alleinige Priorität Varleys eingesetzt[3]. Für Ungarn ist
Anyos Jedlik, für Dänemark, mit mehr Recht, S. Hjorth der Erfinder
der Dynamo.

Merkwürdig sind die russischen Ansichten. Obwohl man sich in
Rußland offenbar eingehend mit den wichtigsten Quellen, soweit sie in
den Lehrbüchern von Kittler und Thompson nachgewiesen werden,
befaßt hat und sie auch in Auswahl herausgegeben hat[4], wird hier jede
Bedeutung des „gierigen Unternehmers" Siemens zugunsten des „be-
scheidenen" Murray und zugunsten von Hjorth geleugnet[5].

Es scheint, als ob man in einigen Ländern unter dem dynamoelektrischen Prinzip etwas anderes versteht, als Siemens damit meinte, und

---

[1] Encyclopedia Americana. Bd. 10. New York 1928, S. 99—102, Bd. 24, 1928
S. 793.

[2] Z. B. Enciclopedia Italiana. Bd. 13, Roma 1932, S. 760—761; Nel Cinquan-
tenario della Società Edison 1884—1934. Milano 1934. Bd. 1, S. 287.

[3] J. Instn. electr. Engrs. 71 (1932) S. 958—964; Electr. Rev. 110 (1932) S. 407.

[4] Efremov, D. V. und M. I. Radovskij: Dinamomachina. Dokumentii i
Materialii. Leningrad 1934.

[5] Radovskij, M. I.: Werner Siemens und die Entdeckung des Prinzips der
Selbsterregung. Arch. istorii nauki i techniki 8 (1936) S. 311, 326.

daß viele Mißverständnisse hierauf zurückzuführen sind. Es sei deshalb streng zwischen dem allgemeinen Selbsterregungsprinzip und dem von Siemens „dynamoelektrisches Prinzip" genannten Sonderfall dieses Satzes unterschieden; der Unterschied ist nur von geringer physikalischer, aber sehr großer technischer Bedeutung. Nach der allgemeinen Fassung verstärkt ein irgendwie entstandener Strom das ihn erregende Feld, so daß er selbst wieder verstärkt wird usw., bis die Sättigung des Eisens dem gegenseitigen Aufschaukeln eine Grenze setzt. Die Priorität für diese Entdeckung kommt unzweifelhaft und ausschließlich S. Hjorth zu. Das Siemenssche Prinzip besagt, daß der Ursprungsstrom vom remanenten Magnetismus des Eisens erzeugt werden kann. Die Begriffsverwirrung ist vermutlich schon im Frühjahr 1867 entstanden. In einer an sich belanglosen Veröffentlichung[1] führte damals der Engländer Brooke den Ausdruck „dynamo-electric machine" ein, aber er verstand darunter alle Vorrichtungen einschließlich der Elektrisiermaschinen, in denen Elektrizität durch Bewegung erzeugt wird. Siemens dagegen verstand unter dynamoelektrischer Maschine immer nur einen selbsterregten Stromerzeuger ohne Dauermagnete.

Das hier in dieser Arbeit zur Entscheidung strittiger Fragen zusammengetragene Tatsachenmaterial darf nicht nur nach elektrotechnischen Gesichtspunkten betrachtet werden. Die Technikgeschichte ist als Teil der Kulturgeschichte eine historische Disziplin und muß deshalb mit anderen Methoden arbeiten als etwa der Patentrechercheur in der Industrie. Leider sind diese Methoden noch recht unvollkommen, und daß mit ihnen zusammen von der Wissenschaftsgeschichte auch die Denkweise übernommen wurde, erschwert die technikgeschichtliche Arbeit noch mehr. Das ganz andere Denken erkennt man zum Beispiel an der älteren, fast ausschließlich von Nichttechnikern herrührenden technikgeschichtlichen Literatur; sie behandelt fast nur die Geschichte der Erfindungsideen und technische Kuriositäten, läßt aber die wirkliche lebendige Technik fast unberücksichtigt. Nun ist aber die Technik ihrem Wesen nach keine Wissenschaft, und das Erfinden ist keineswegs die Hauptaufgabe der Techniker, und danach muß sich die Technikgeschichte richten. Es können deshalb auch Patentschriften nicht eine so große Rolle spielen, wie man sie ihnen in Verkennung der wahren Aufgabe der Technikgeschichte gelegentlich schon zukommen ließ. Der harte Kampf um die Verwirklichung der Ideen und das Schicksal der technischen Gebilde und ihrer Schöpfer innerhalb der Technik und der Gesamtkultur, das ist der Hauptgegenstand der Technikgeschichte.

Die vorliegende Arbeit behandelt ein physikalisch-technisches Grenzgebiet, das erst die Grundlage für eine eigentliche technische Entwicklung bildet. Die methodische Schwierigkeit liegt dabei vor allem in der Bewertung von Prioritäten, die für wissenschaftliche und für technische Leistungen verschieden sein muß. Für die technische Leistung ergibt sie sich ohne weiteres aus der Erkenntnis der Hauptaufgabe der Technikgeschichte.

---

[1] Brooke, Ch.: Remarks on the nature of electric energy and on the means by which it is transmitted. Proc. Roy. Soc., Lond. 15 (1867) S. 408—413.

II. Geschichte des Elektromagnetismus.

Vorgeschichte. Erst die Entdeckung des Elektromagnetismus ermöglichte die Entdeckung der elektromagnetischen Induktion und damit den Bau magnetelektrischer Maschinen. Da ferner die Ansichten über den Elektromagnetismus die Gestaltung und Entwicklung dieser Maschinen stark beeinflußt haben, muß seine Geschichte die Geschichte der Maschinen einleiten und begleiten.

Daß zwischen Elektrizität und Magnetismus eine Beziehung bestehen muß, ahnte man schon im 18. Jahrhundert, aber erst 1820 konnte sie durch Oersted nachgewiesen werden. Oersted, und nicht Mojon, Romagnosi, Ritter, Schweigger oder Yelin, hat den Elektromagnetismus entdeckt. Eine Nachricht Aldinis, des Neffen Galvanis, „...M. Romanési, physicien de Trente, qui a reconnu que le galvanisme faisait décliner l'aiguille aimantée"[1], würde zwar die Behauptung stützen, Romagnosi habe im Mai 1802 in Innsbruck Oersteds Versuche vorweggenommen, doch wissen wir aus einer anderen Quelle[2], daß Romagnosi die Nadel direkt in den Stromkreis schaltete; bei diesem Experiment konnte er so wenig wie die vielen anderen, die es anstellten, den erhofften Erfolg erzielen. Im Herbst 1801 machte auch Joh. Wilh. Ritter Versuche, um die Beziehungen zwischen den beiden Naturkräften aufzuklären, und diesen Versuchen wohnte gelegentlich auch Oersted bei[3]. 1819 schickte der bayerische Chemiker Julius Konrad Ritter von Yelin seine Arbeit „Magnetismus und Elektrizität als identische und Urkräfte"[4] an Oersted, der durch sie vielleicht angeregt wurde, seine vor Jahren ohne Ergebnis abgebrochenen Versuche auf diesem Gebiet wieder aufzunehmen.

Oersteds Entdeckung. Hans Christian Oersted (geb. 14. August 1777 zu Rudkøbing in Dänemark, gest. 9. März 1851 zu Kopenhagen)[5] ging nach seiner eigenen Schilderung[6] von dem glücklichen Gedanken aus, daß die gesuchte magnetische Wirkung des elektrischen Stromes nicht in der Strombahn zu finden sei, wo man sie bisher vermutete, sondern wie die Licht- und Wärmewirkung in dem sie umgebenden Raume. Er hat später immer wieder betonen müssen, daß er planmäßig vorgegangen sei und keineswegs eine Zufallsentdeckung gemacht habe.

---

[1] Aldini, Jean: Essai théorique et expérimental sur le galvanisme. Paris 1804, S. 191.

[2] Izarn, J.: Manuel du galvanisme ... Paris 1805, S. 120.

[3] Ritter, J. W.: Beyträge zur näheren Kenntniss des Galvanismus. II, Jena 1802, S. 76; Correspondance de H. C. Oersted avec divers savants, publiée par M. C. Harding. Bd. 2. Copenhague 1920, S. 4.

[4] München 1819; Gilb. Ann. 62 (1819) S. 93—101; Oersted, Corr. Bd. 2, S. 612 bis 613.

[5] Oersted, H. Chr.: Scientific Life and works, ed. by Kirstine Meyer. 3 Bde Copenhagen 1920.

[6] Brewsters Edinburgh Encyclopedia, vol. 18, 1830, Art. „Thermoelectricity" (x), abgedr. in Scientific life, ed. Meyer, Bd. 2, S. 356—359, s. a. Bd. 3, S. LXVI; s. a. H. C. Oersted: Betrachtungen über den Elektromagnetismus. A. Zur Geschichte über meine früheren Arbeiten über diesen Gegenstand. Schweigg. J. 32 (1821) S. 199—202.

Als er im April 1820 bei einer Vorlesung den ersten auf seiner genialen Arbeitshypothese beruhenden Versuch machte, glaubte er auch wirklich eine schwache Ablenkung der Magnetnadel wahrnehmen zu können, doch war die Erscheinung nicht eindeutig und machte auf die anderen Anwesenden keinen Eindruck. Drei Monate später, im Juli 1820, nahm Oersted die Experimente mit stärkeren Batterien wieder auf und sah sofort seine Vermutung bestätigt: die Magnetnadel wurde abgelenkt, sobald durch einen über ihr befindlichen Leiter ein Strom geschickt wurde. Am 21. Juli verschickte Oersted an die Physiker Europas seinen berühmten Bericht „Experimenta circa effectum conflictus electrici in acum magneticam"[1], der gewaltiges Aufsehen erregte und andere Gelehrte zu neuen Entdeckungen führte.

Soweit die dürftigen Hilfsmittel der damaligen Zeit es zuließen, erkannte man auch schon die Beziehungen zwischen Stromstärke und Feldstärke. Für die Richtung der Nadelablenkung hatte Oersted bereits in seiner klassischen Arbeit eine Regel angegeben, die aber umständlich war und deshalb von der eleganteren Ampèreschen Schwimmerregel verdrängt wurde. Oersted erkannte auch, daß die elektromagnetische Wirkung mit der Größe der benutzten Plattenpaare wächst, und er sagte, daß sie nur von der Stromstärke und nicht von der Spannung abhinge[2].

Durch die Arbeiten Ampères löste sich bald vom Gesamtgebiet des Elektromagnetismus die Elektrodynamik ab, die hier nicht berücksichtigt werden soll. Doch sei erwähnt, daß das in der Elektrotechnik so wichtige Biot-Savartsche Gesetz von seinen Entdeckern bereits am 30. Oktober 1820 der Akademie der Wissenschaften in Paris mitgeteilt wurde[3].

Ampère und Arago. Nach Oersted haben die beiden Professoren an der Ecole Polytechnique zu Paris, André-Marie Ampère (geb. 22. Jan. 1775 zu Lyon, gest. 10. Juni 1836 zu Marseille) und Dominique François Arago (geb. 26. Februar 1786 in Estagel, gest. 2. Oktober 1853 in Paris) die größten Verdienste um die Erforschung des Elektromagnetismus. Arago prüfte bei der Wiederholung der Oerstedschen Versuche, ob der stromdurchflossene Draht sich in allen Fällen wie ein Magnet verhalte, und dabei entdeckte er, daß dieser Draht wirklich wie ein Magnet Eisenfeilspäne anziehen konnte, die nach dem Abschalten des Stromes wieder abfielen[4]. Unabhängig von Arago hat in England Humphry Davy die gleiche Erscheinung beobachtet; er berichtete darüber am 12. November 1820 in einem Briefe an W. H. Wollaston[5]). Davy hat auch als erster festgestellt, daß man eine Stahlnadel permanent magnetisch machen kann, wenn man sie quer zur Stromrichtung an den Leiter heranbringt.

---

[1] Deutsch: Gilb. Ann. 66 (1820) S. 295—304.

[2] Oersted, H. C.: Neuere electro-magnetische Versuche. Schweigg. J. 29 (1820) S. 364—369.

[3] Ann. chim. phys. 2. sér. 15 (1820) S. 222—223.

[4] Expériences relatives à l'aimantation du fer et de l'acier par l'action du courant voltaique. Ann. chim. phys. 2. s. 15 (1820) S. 93—102; Gilb. Ann. 66 (1820) S. 311—324.

[5] Davy, H.: On the magnetic phenomena produced by electricity. Phil. Trans. 111 (1821) S. 7—19.

Arago teilte seine wichtige Beobachtung Ampère mit, für dessen eben entstehende Theorie sie eine wichtige Stütze war. Ampère wollte alle magnetischen Erscheinungen auf elektrische Ströme zurückführen[1]. Nach seiner Richtungsregel[2] ergaben sich für einen Stabmagneten Ströme, die in geschlossenen Bahnen, deren Ebenen unter sich parallel und zur Magnetachse senkrecht sind, den Magneten umfließen müssen. Er zweifelte nicht an der Realität dieser Ströme, wußte aber kein Mittel, sie am wirklichen Magneten nachzuweisen. Deshalb ging er den umgekehrten Weg und baute auf Grund seiner Vorstellungen ein Modell, das sich, war seine Theorie richtig, wie ein Magnet verhalten mußte[3]. Für dieses Modell führte er 1823 die Bezeichnung „Solenoid" ein[4]. Nun war aber sein Stabmagnetmodell, die erste, 1820 erfundene Spule der Welt, noch nicht eine Aneinanderreihung von reinen Kreisströmen, sondern hatte zunächst noch eine axiale Stromkomponente; Ampère konnte deren störende Wirkung beseitigen, indem er den Leiter in bekannter Weise durch die Spulenachse zurückführte, und nach dieser Verbesserung verhielt sich das Modell wirklich wie ein Magnet. Bei diesem Stand seiner Arbeiten, über die er in außerordentlich klarer Weise am 18. und 25. September 1820 der Akademie berichtet hatte[5] — er bemühte sich hier auch um die Klärung der Begriffe Strom und Spannung —, erhielt er von Aragos Beobachtungen Kenntnis. Die beiden Physiker glaubten nun, wie Ampère selbst berichtete[6], daß, wenn die Ströme des Modells um eine unmagnetische Stahlnadel fließen, sie in ihr vielleicht irgendwie Ströme der gleichen Richtung hervorrufen und die Nadel damit magnetisch machen könnten. Der Versuch wurde gemacht, und die Nadel erwies sich nachher tatsächlich als magnetisiert.

Schweigger und der Multiplikator. Einen großen Fortschritt bedeutete die Erfindung des Multiplikators durch Joh. Salomo Christoph Schweigger (geb. 8. April 1779 zu Erlangen, gest. 6. September 1857 in Halle; damals Professor für Physik und Chemie in Halle)[7]. Daraus, daß die Richtung des Nadelausschlages verschieden ist, je nachdem der Draht über oder unter ihr vorbeigeführt wird, schloß Schweigger, daß eine Verdoppelung der Wirkung möglich sein müsse, wenn man den Leiter zunächst über die Nadel führt und dann zu einer unter der Nadel zurückführenden Schleife umbiegt; durch Anwendung mehrerer Windungen könne man eine Vervielfachung der Wirkung erzielen[8]. Für die

---

[1] Ann. chim. phys. 2. s. 15 (1820) S. 75, 172.

[2] Ann. chim. phys. 2. s. 15 (1820) S. 67.

[3] Ann. chim. phys. 2. s. 15 (1820) S. 172—175, 207.

[4] Ampère, A. M.: Théorie des phénomènes électrodynamiques, uniquement déduite de l'expérience. Paris 1826, S. 95.

[5] Mémoire présentée à l'Académie Royale des Sciences. Ann. chim. phys. 2. s. 15 (1820) S. 59—76, 170—218; Gilb. Ann. 67 (1821) S. 113—163, 225—258.

[6] Ampère, A. M. et J. Babinet: Darstellung der neuen Entdeckungen über die Electricität und den Magnetismus. Leipzig 1822, S. 86—87; Ann. chim. phys. 2. s. 15 (1820) S. 96.

[7] ADB, Bd. 33 (1891) S. 335—339; Pogg. Bd. 2 (1863) Sp. 873—875.

[8] Allg. Lit.-Ztg. Halle-Leipzig. 1820. Bd. III. Sept.-Dez., Sp. 621—624 (x); Schweigger, J. S. C.: Zusätze zu Oersteds elektromagnetischen Versuchen. Vorgelesen in der naturforschenden Gesellschaft zu Halle am 16. September 1820. Schweigg. J. 31 (1821) S. 1—17.

Meßtechnik war dieses Prinzip von ungeheurer Bedeutung. Ampère, dem man die Erfindung des Galvanometers gelegentlich zuschreibt, bezeichnet als „galvanomètre" eine Magnetnadel, über oder unter der man den stromführenden Leiter anbringt; er hat die Priorität Schweiggers hinsichtlich der Verwendung der Schleife zusammen mit der Nadel auch anerkannt[1]. Schweigger hat schon im November 1820 über seine Erfindung berichtet; Poggendorff, dem man die Erfindung des Multiplikators ebenfalls schon zugesprochen hat, hat sie erst später benutzt[2].

Für die spätere praktische Elektrotechnik hat Schweigger noch eine andere sehr wichtige Erfindung gemacht. Er hat — zuerst für den Multiplikator — die Isolierung der Drähte durch Seideumspinnung und Wachsüberzug erfunden und damit die Herstellung kompakter Spulen aus dünnem Draht ermöglicht.

Der Elektromagnet. Den Elektromagneten hat William Sturgeon 1825 erfunden. Sturgeon (geb. 22. Mai 1783 zu Whittington, gest. 4. Dezember 1850 zu Prestwich, damals Physiklehrer) war zuerst Schuhmacher und dann von 1802 bis 1820 Soldat. In dieser Zeit erwarb er sich durch Selbststudium seine wissenschaftlichen Kenntnisse. Nach 1820 war er für kurze Zeit wieder Schuhmacher, bis ihm einflußreiche Gönner eine Stelle als Physiklehrer verschafften. 1838 wurde er Leiter der Gallery of Practical Science in Manchester. Später geriet er in Armut, so daß die englische Regierung ihm kurz vor seinem Tode eine Pension aussetzte[3]. Er hat zahlreiche, zum Teil recht gute Arbeiten veröffentlicht und eine eigene Zeitschrift für Elektrophysik herausgegeben. Außer dem Elektromagneten hat er eine elektromagnetische und eine magnetelektrische Maschine erfunden.

Sturgeon vermachte 1825 der „Society for the Encouragement of Arts, Manufacture, and Commerce" eine kleine Sammlung von ihm angefertigter Apparate, unter denen sich auch der Elektromagnet befand[4]. Eine Silberne Medaille und eine Prämie von dreißig Guineas, die er für die Stiftung erhielt, blieben die einzige Entschädigung für seine Leistung, denn er verzichtete darauf, auf seine Erfindung ein Patent zu nehmen. Der erste Elektromagnet der Welt war aus einem Stück Rundeisen von einem halben Zoll Stärke in Hufeisenform gebogen und mit achtzehn Windungen starken blanken Kupferdrahtes bewickelt; er konnte das Zwanzigfache seines eigenen Gewichtes tragen (Abb. 1). Sturgeon hat noch lange nach dieser Erfindung fleißig an der Erforschung des Elektromagnetismus gearbeitet. Seine Priorität vor Brewster und vor Am-

---

[1] Ann. chim. phys. 2. s. 15 (1820) S. 67, 18 (1820) S. 95—96.

[2] Erman. Schweigg. J. 32 (1821) S. 42, wo Schweigger, S. 47—50, sofort Einspruch erhebt; Speter, M.: Klärung der Multiplikator-Prioritätsfrage Schweigger-Poggendorff. Zeitschr. f. Instrumentenkunde 57 (1937) S. 29—32.

[3] Dict. Nat. Biogr. 55 (1898) S. 131—135. — Thompson, S. P.: Der Elektromagnet, Halle 1894. S. 369—376. — Fleming, J. A.: W. St. and the centenary of the electromagnet. J. Royal Soc. Arts 73 (1925) S. 690—710.

[4] Improved electro-magnetic apparatus. Trans. Soc. Arts, Manufactures, and Commerce 43 (1825) S. 37—52. — Sturgeon, William: Scientific researches, Bury 1850. S. 103—112.

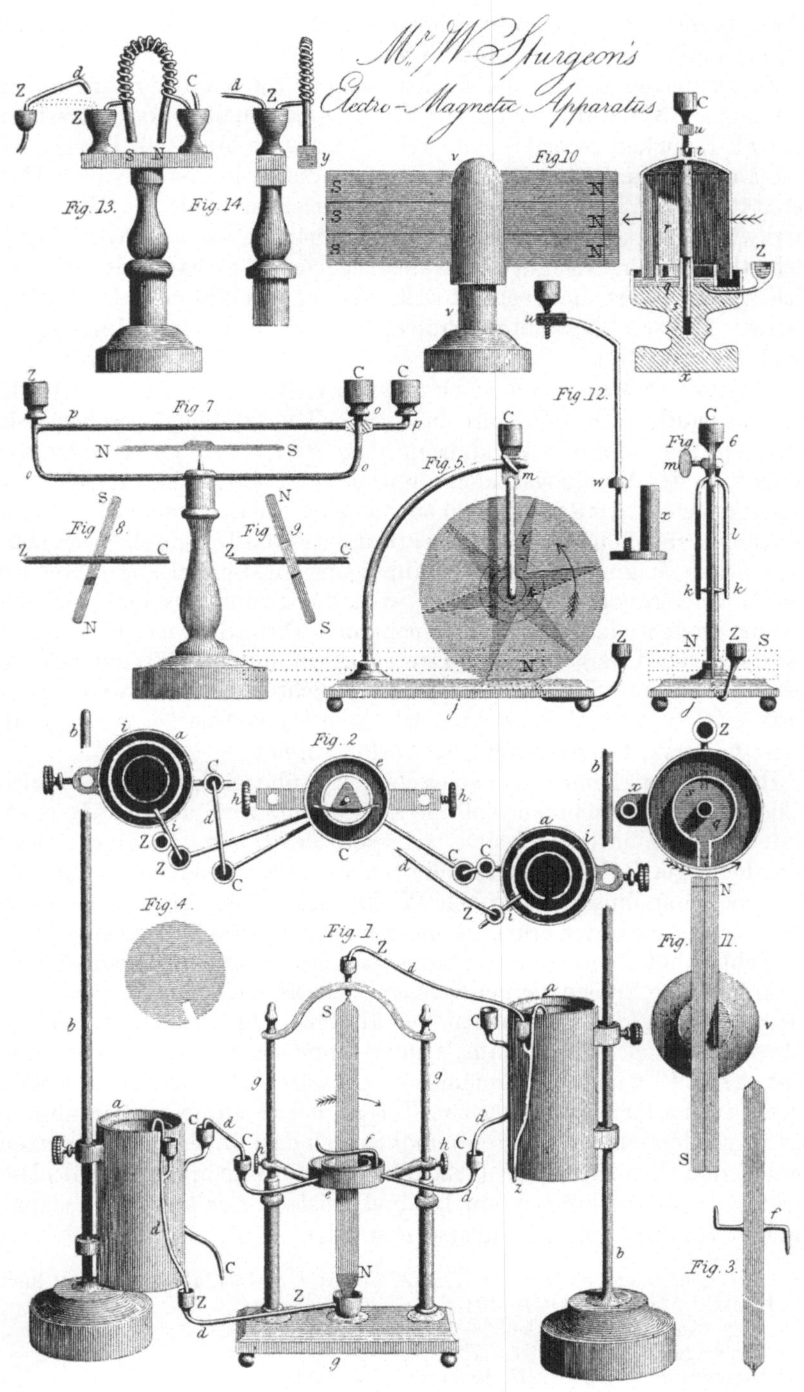

Abb. 1. Erste Darstellung eines Elektromagneten. Transactions of the Society of Arts, Manufactures, and Commerce 43 (1825) Taf. 3. Die Tafel wurde von Cornelius Varley, dem Vater eines der Miterfinder der Dynamomaschine, gezeichnet.

père, gegen den sein Anspruch noch vor einigen Jahren verteidigt werden mußte,[1] steht einwandfrei fest.

In Deutschland kam der Elektromagnet zunächst nur langsam in Gebrauch. 1828 wurde er den in Berlin versammelten Naturforschern noch als Neuigkeit gezeigt[2], und zwei Jahre später beschrieb Pfaff noch umständlich den großen Elektromagneten, den er in der Londoner Universität gesehen hatte[3]. Kopfzerbrechen verursachte den Physikern die merkwürdige Erscheinung, daß der Elektromagnet, wenn man den Anker nicht abreißt, seinen Magnetismus auch nach dem Abschalten des Stromes nicht ganz verliert; darüber hat außer Sturgeon und dem durch seine starken Magnete bekannten Professor Moll in Utrecht 1825 schon Christie berichtet[4].

Sturgeons Magnet war noch recht unvollkommen, denn die Wicklung aus blankem Draht konnte nur in einer Lage und mit Zwischenraum zwischen den einzelnen Windungen aufgebracht werden. Da also der Steigerung der Windungszahlen Grenzen gesetzt schienen, suchte man durch Anwendung stärkerer Ströme und größerer Leiterquerschnitte die Leistungen zu erhöhen. Natürlich enttäuschten die Telegraphierversuche mit solchen Magneten, weil die Anpassung an die Leitung schon bei kurzen Entfernungen zu schlecht war; der Spannungsabfall auf der Leitung erreichte fast die Batteriespannung. Diese Schwierigkeit konnte erst durch den Übergang zu Elektromagneten mit großer Windungszahl beseitigt werden. Für Europa läßt sich nicht feststellen, wem dieser Fortschritt zu verdanken ist; vielleicht kam er aus Amerika, wo Joseph Henry diesen „Intensitätsmagnet" erfunden hat.

Henry[5] kam beim Lesen eines Berichtes über Schweiggers Multiplikator auf den Gedanken, daß die Annäherung von Ampères Magnetmodell an die Wirklichkeit sich verbessern ließe, wenn man eng nebeneinander liegende Windungen isolierten Drahtes verwendet; wenn man dann wie beim Multiplikator viele Wicklungslagen aufbringe, müsse sich eine beträchtliche Steigerung der magnetischen Wirkung erzielen lassen. Tatsächlich hat Henry die stärksten Magnete seiner Zeit bauen können. Die kompakten Spulen der neuen Magnete hatten nun einen viel höheren Widerstand als die Wicklungen der älteren „Quantitätsmagnete" — „Quantität" bedeutete damals dem Sinne nach etwa Stromstärke, „Intensität" dagegen Spannung —; sie waren also, wie Henry bald feststellte, bei der Verwendung zum Telegraphieren gegen vorgeschalteten Leitungswiderstand weniger empfindlich. Es darf dabei nicht vergessen werden, daß Ohms Arbeiten (1826/27), durch die man die Verhältnisse leicht hätte klären können, im In- und Ausland nur langsam bekannt und erst 1841 ins Englische übersetzt wurden.

---

[1] Rev. gén. scienc. 36 (1925) S. 418; 37 (1926) S. 33—34, 163—164, 290; Rev. gén. Electr. 18 (1925) S. 1041—1043.

[2] Pogg. Ann. 24 (1832) S. 632—640.

[3] Schweigg. Jl. 58 (1830) S. 273.

[4] Sturgeon, W.: Scientific Researches, Bury 1850. S. 117—118.

[5] Taylor, W. B.: A memoir of Joseph Henry, Washington 1880. S. 214—217. — Henry, J.: On the application of the principle of the galvanic multiplier to electro-magnetic apparatus. Sill. J. 19 (1831) S. 400—408.

Theorien des Magnetismus. Ampères erste Theorie des Elektromagnetismus, die ihn zur Erfindung des Solenoids geführt hatte, erwies sich bald als unvollkommen. Da zur gleichen Zeit Poisson, von der alten Hypothese zweier magnetischer Fluida ausgehend, eine in formaler Hinsicht befriedigende Theorie aufgestellt hatte, versuchte Ampère, seine Theorie den Tatsachen besser anzupassen. Das gelang ihm durch die im Januar 1821 der Pariser Akademie mitgeteilte Annahme, daß die früher von ihm vermuteten Ströme nicht in parallelen Ebenen die Achse des Magneten umfließen, sondern daß sie als Elementarströme jedes einzelne Molekül umgeben und wie die Moleküle ganz regellos verteilt sind[1]; ausgerichtet werden sie erst durch den magnetisierenden Strom. Diese Theorie wurde auch von den Erbauern magnetelektrischer und elektromagnetischer Maschinen und ihren Beratern anerkannt. Sie wurde später von Wilhelm Weber ausgebaut und gilt, nachdem die Möglichkeit verlustlos kreisender „Elementarströme" nicht mehr bestritten wird, auch heute noch.

Ampères Theorie hatte sich zunächst noch gegen andere Hypothesen durchzusetzen, wie zum Beispiel die des „bipolaren" und des „tetrapolaren Transversalmagnetismus" oder der „Circularpolarität"; diese sind jedoch mit Recht der Vergessenheit anheimgefallen, und ihre Erwähnung soll nur zeigen, daß Ampères Ideen nicht etwa als Selbstverständlichkeit aufgenommen wurden[2].

III. Die elektromagnetische Induktion.

Der Versuch von Ampère und de la Rive. Für Ampères Theorie des Magnetismus war es wichtig zu wissen, ob die Elementarströme erst durch den magnetisierenden Strom angeregt werden, oder ob sie ständig vorhanden sind. Im Jahre 1821 waren Ampère die zur Klärung dieser Frage angestellten Versuche mißlungen; als er sie aber im September des nächsten Jahres in Genf gemeinsam mit Charles Gaspard de la Rive (geb. 14. März 1770 in Genf, gest. 18. März 1834 in Genf)[3] wiederholte, entdeckte er den induzierten Strom. Die beiden Physiker hatten vor einem Pol eines Hufeisenmagneten an einem Faden einen geschlossenen Kupferring aufgehängt, den eine Spule, ohne ihn zu berühren, umgab. Wenn sie nun Strom durch diese Spule schickten oder diesen Strom wieder abschalteten, bemerkten sie, daß der Ring angezogen bzw. abgestoßen wurde. Es mußte also in dem Ring ein Strom hervorgerufen worden sein, sonst wäre die elektrodynamische Wirkung nicht möglich gewesen. Leider haben Ampère und de la Rive über diese Erscheinung keine weiteren Untersuchungen angestellt und sich mit der Feststellung

---

[1] Ann. chim. phys. 2. s. 18 (1821) S. 376—378; J. de physique, de chimie, d'histoire naturelle et des arts 93 (1821) S. 447—448.

[2] Theorien des Magnetismus. Bericht des National Research Council (Die Wissenschaft, Bd. 74). Braunschweig 1925, S. 3—9. — Art. „Theorien des Magnetismus". Gehlers physikalisches Wörterbuch. Neue Aufl., Bd. 3, S. 594—647. Leipzig 1827.

[3] Pogg. Bd. 2 (1863) Sp. 657.

begnügt, daß die Elementarströme möglicherweise induziert werden[1].
Andere Physiker haben sich ebenfalls nicht weiter mit solchen Versuchen
befaßt, weil man allgemein glaubte, das Kupfer des Ampèreschen Ringes
sei schwach durch Eisen verunreinigt und daher etwas magnetisch gewesen. Als nun 1832 Faradays Entdeckung der elektromagnetischen
Induktion bekannt wurde, erinnerte Ampère den Genfer Physiker in
mehreren Briefen[2] an die früheren Versuche. Am 13. April 1833 bean-
spruchte er auch in einem Brief[3] an Faraday diesem gegenüber die
Priorität der Entdeckung des Induktionsstromes; Faraday sei im
wesentlichen die gründliche Erforschung und die Erklärung dieser Erscheinungen zu danken.

Der Rotationsmagnetismus. Auch eine andere vor 1831 entdeckte
Induktionserscheinung wurde erst von Faraday als solche erkannt und
aufgeklärt. Am 22. November 1824 teilte Arago der Pariser Akademie
die merkwürdige Beobachtung mit, daß eine über einer Kupferscheibe
schwingende Magnetnadel rasch zur Ruhe kommt[4]. Durch diesen sog.
Rotationsmagnetismus und durch die elektrodynamischen Rotationsvorrichtungen wurde die Aufmerksamkeit der Physiker auch auf die Beziehungen zwischen Elektrizität, Bewegung und Magnetismus gelenkt
und Faradays Entdeckung vorbereitet. Arago hatte übrigens die Tatsachen nicht richtig dargestellt und mußte von anderen Gelehrten berichtigt werden[5].

Faraday. Wir wissen aus seinen Tagebüchern, daß Michael Faraday
(geb. 22. September 1791 zu Newington Butts bei London, gest. 25. August
1867 in Hampton Court bei London)[6] sich schon in den Jahren 1824
bis 1826 um die Entdeckung der Induktion bemühte, also um die Umkehrung des Oerstedschen Versuches[7]. So untersuchte er am 28. Dezember 1824, wie ein starker Magnet auf einen Stromkreis wirkt; obwohl
er dabei den Magnet in ein Solenoid einführte, fiel ihm am Galvanometer
nichts auf. Am 28. November 1825 untersuchte er, ob an einem Draht,
den er an einem anderen, stromdurchflossenen Draht entlangführte, eine
Induktionswirkung festzustellen wäre, und am 22. April 1826 suchte er

---

[1] Ampère. Ann. chim. phys. 2. s. 18 (1821) S. 377; 21 (1822) S. 24—48; Bulletin
des sciences par la Société Philomathique de Paris, année 1822, S. 145—146. — A. de
la Rive. De l'action qu'exerce le globe terrestre sur une portion mobile du circuit
voltaique. Bibliothèque universelle des sciences, belles-lettres et arts. 21 (1822)
S. 29—48; auch Ann. chim. phys. 2. s. 21 (1822) S. 24—53.

[2] Correspondance du grand Ampère. Publiée par L. de Launay, Bd. 2, Paris
1936. S. 743 bis 745, 760—762, 773—775.

[3] Correspondance du grand Ampère. Publiée par L. de Launay, Bd. 2, Paris
1936. S. 763 bis 770.

[4] Ann. chim. phys. 2. s. 27 (1824) S. 363. — Arago, D. F. J.: Sur la décou-
verte d'une nouvelle action magnétique. Bulletin des sciences par la Société
philomathique de Paris, année 1825, S. 5—6; année 1826, S. 85—86; — Note
concernant les phénomènes magnétiques auxquels le mouvement donne naissance.
Ann. chim. phys. 2. s. 32 (1826) S. 213—223; Pogg. Ann. 7 (1826) S. 385—393.

[5] Nobili, L.: Sur le magnétisme du cuivre et d'autres substances. Bibliothèque universelle des sciences, belles-lettres et arts 31 (1826) S. 45—55.

[6] Jones, Henry Bence: The life and letters of Michael Faraday, 2 Bde.
London 1870.

[7] Faraday Diary, Bd. 1 (1932) S. 178, 279, 310.

wiederum vergebens nach einer Wirkung eines Stabmagneten auf einen geschlossenen Ring. Wenn diese Versuche auch ergebnislos blieben, so zeigen sie doch, daß Faraday auf dem richtigen Wege war, denn bei jeder der dreiVersuchsanordnungen hätte er induzierte Ströme feststellen können.

Es ist nicht unwahrscheinlich, daß Faraday durch den in Sillimans Journal veröffentlichten Bericht Henrys über seine „Intensitätsmagnete" — das betreffende Heft kam im Frühjahr 1831 nach England, und schon im Maiheft der Zeitschrift der Royal Institution[1] wurde eine Notiz über die neue Erfindung veröffentlicht — zur Wiederaufnahme seiner Versuche angeregt wurde. Er mußte damit rechnen, daß er bei seinen früheren Bemühungen einen vielleicht nur schwachen Effekt übersehen hatte und verwendete daher jetzt einen großen Magneten Henryscher Bauart mit Mehrlagenwicklung. Die Geschichte der Entdeckung vom 29. August 1831 und der anschließenden Forschungen braucht hier nicht dargestellt zu werden, da sie schon oft und zuverlässig auf Grund der Tagebücher, des Briefwechsels und der Veröffentlichungen Faradays bearbeitet worden ist[2]. Der große Physiker hat selbst das ganze Gebiet fast völlig erschlossen, allerdings nur experimentell und gedanklich, aber nicht formal-mathematisch. Er unterschied zwischen der Voltainduktion, das ist die Induktion eines Stromes bei Feldänderungen durch Ein- und Ausschalten eines anderen Stromes, und der Magnetinduktion durch die Relativbewegung des Leiters gegen das Magnetfeld. Faraday hat die Denkweise und die Begriffe geschaffen, mit denen wir heute in der Elektrotechnik arbeiten. Der Kraftlinienbegriff erscheint schon in der ersten Reihe der Experimental Researches; mit ihm soll keinerlei Vorstellung über die Natur des Magnetfeldes verbunden sein, und er soll nicht mehr enthalten als den Zustand der Kraft hinsichtlich Richtung und Stärke an einer bestimmten Stelle. In der zweiten Reihe findet sich schon die Vorstellung, daß die Spannung beim Schneiden der Kraftlinien induziert wird: bei den Erbauern magnetelektrischer Maschinen ist sie nicht nachzuweisen, und es scheint, daß sie erst durch Maxwells Arbeiten auch in die Elektrotechnik kam[3].

Henrys Entdeckung. Sillimans „American Journal of Science and Arts" brachte im Heft für das letzte Vierteljahr 1832 eine wichtige Arbeit von Joseph Henry: On the production of currents and sparks of electricity from magnetism[4]. Henry (geb. 17. Dezember 1797 zu Albany,

---

[1] J. Roy. Inst. Great Britain 1 (1831) S. 609—610.

[2] Schimank, H.: Die Entdeckung der elektromagnetischen Induktion. BGT. 21 (1931/32) S. 1—11. — Faraday Diary; Faraday Exp. Res. — Jones, H. Bence: Life and letters of Michael Faraday. London 1870. — Fervers, E.: Über Michael Faradays Entdeckung der Induktion. Z. angew. Psychol. u. Charakterk. 55 (1938) S. 301—323.

[3] Erste Reihe = Philos. Trans. Roy. Soc. 122 (1832) S. 125—162; Exp. Res. 1, S. 1—37 (hier S. 6, 7, 14 der Unterschied zwischen den Induktionen undS. 29—30 bzw. Nr. 114 der Kraftlinienbegriff) über Kraftlinien ferner Nr. 232—240 der II. Reihe (Baker-Vorlesung vom 12. Januar 1832) = Philos. Trans. Roy. Soc. 122 (1832) S. 186—189; Exp. Res. I. S. 60—62, und später Philos. Trans. Roy. Soc. 142 (1852) S. 25—56; Exp. Res. III, S. 298—336.

[4] Sill. J. 22 (1832) S. 403—408.

N. Y., gest. 13. Mai 1878)[1] war nach dem Studium an der Albany Academy Lehrer und Ingenieur, bis er als Professor für Mathematik und Physik an seine Hochschule zurückberufen wurde. Später wurde er Leiter der Smithsonian Institution und hat in dieser Stellung die amerikanische Wissenschaft mächtig fördern können.

Henry berichtet in seiner Veröffentlichung über seine Induktionsversuche. Er hatte um den Anker eines Elektromagneten eine Spule gewickelt und ihre Enden mit einem Galvanometer verbunden. Wenn er den Erregerstrom des Magneten einschaltete, erhielt er kurzzeitig einen Galvanometerausschlag; beim Ausschalten ging der Ausschlag nach der anderen Seite. Aus dem Aufsatz geht hervor, daß Henry im August 1831 diese Arbeiten mit dem Bau eines großen Elektromagneten begonnen hatte, daß er sie unterbrach, und daß er von Faradays Entdeckung zuerst in Nr. 117 der „Library of useful knowledge" las; in dem vom 12. Dezember 1831 datierten Schlußwort des von Peter L. Roget verfaßten Kapitels „Electromagnetism" heißt es, daß in einem Leiter ein Strom induziert wird, wenn er im Bereiche eines Magneten bewegt wird (Library of useful knowledge. Natural philosophy. II. London 1832). Später fand Henry dann einen ausführlicheren Bericht in den „Annals of Philosophy" für April 1832, doch habe er seine eigenen erfolgreichen Versuche gemacht, bevor er die in dieser Zeitschrift mitgeteilte Methode gekannt habe.

Aus Henrys Mitteilung geht nicht klar hervor, wann er seinen Erfolg erzielt hat. Einige der zahlreichen amerikanischen Veröffentlichungen über Henry behaupten, der „last August", in dem Henry seine Arbeiten begann, sei August 1830 gewesen. Dafür läßt sich nur die Behauptung von Henrys Tochter Mary anführen, ihr Vater habe ihr immer 1830 als das Jahr genannt, in dem er die elektromagnetische Induktion entdeckt habe.

Die Prioritätsfrage. Kommt die Entdeckung der Induktion aus Amerika oder aus England? Zur Beantwortung dieser Frage ist außer der sachlichen Bewertung aller Tatsachen auch die Beschäftigung mit dem Begriff der Priorität in der Wissenschaftsgeschichte nützlich. Es gelten hier die klassischen Sätze Aragos, auf die später Werner Siemens sich oft zu berufen pflegte: Il n'y a qu'une manière rationelle et juste d'écrire l'histoire des sciences, c'est de s'appuyer exclusivement ... sur des publications ayant date certaine; hors de là tout est confusion et obscurité." ... „J'ai parlé de publication. J'appelle ainsi toute lecture académique, toute leçon faite devant un nombreux auditoire, toute reproduction de la pensée, par la presse. Les communications privées n'ont pas l'authenticité nécessaire. Les certificats d amis sont sans valeur: l'amitié manque souvent de lumière et se laisse fasciner".[2]

---

[1] Taylor, W. B.: A memoir of Joseph Henry. A sketch of his scientific work. Washington 1880. — Magie, W. F.: J. H. Review of modern Phys. 3 (1931) S. 465—495; Appleton III (1888) S. 172—173. — Stone, E. W.: J. H. Scientific Monthly 33 (1931) S. 213—226. — Brown, F. C.: The work of Faraday and Henry. Scientific Monthly 33 (1931) S. 473—480.

[2] Annuaire du Bureau des Longitudes, pour l'an 1842. 2e éd., S. 462—464. Paris 1842. — Comptes rendus 17 (1843) S. 768, 769, 775—779.

Für die Wissenschaftsgeschichte reicht eine solche Erklärung aus, während sie für die Technikgeschichte aus den in der Einleitung auseinandergesetzten Gründen nicht genügt. Gegen etwaige Verteidiger „verkannter" Genies läßt sie sich leicht rechtfertigen. Wer von der Wissenschaft Ehre und Anerkennung für eine Leistung fordert, der muß ihr diese Leistung auch wirklich selbst gegeben haben; und wer fordert, ohne die Leistung gegeben zu haben, oder Anerkennungen dem gewährt, der nichts gegeben hat, der begeht einen Diebstahl. Treffend sind Aragos weitere Bemerkungen: „Quelle plainte légitime pourrait faire celui qui, amoureux de ses découvertes comme l'avare l'est de ses trésors, les enfouit, se garde même de les laisser soupçonner, de peur que quelque autre expérimentateur les développe ou les féconde. Le public ne doit rien à qui ne lui a rendu aucun service. Oh! je vous entends! vous vouliez prendre le temps de compléter votre ouvrage, de le suivre dans toutes ses ramifications, d'en indiquer les applications utiles! Libre à vous, messieurs, libre à vous; mais c'est à vos risques et périls". Danach hat also niemand ein Recht, für Henry einen Anteil an der Ehre der Entdeckung der Induktion zu fordern; denn seine Veröffentlichung erfolgte ja erst ein ganzes Jahr nach der Mitteilung Faradays an die Royal Society.

Für die Prüfung der zugunsten Henrys erhobenen Ansprüche sind drei Quellen zu beachten: Henrys eigener, bereits besprochener Aufsatz im Oktoberheft 1832 von Sillimans Journal, dann die Arbeit von W. B. Taylor und schließlich eine Veröffentlichung von Henrys Tochter Mary[1]. Taylor legt Henrys Andeutungen so aus, als ob sein Landsmann die Induktion vor Faraday entdeckt habe, während man doch nicht mehr herauslesen kann, als daß er, nachdem er die kurze Notiz in der „Library of useful knowledge" und bevor er den ausführlicheren Bericht in den „Annals of Philosophy" gelesen hatte, selbständig eine eigene Methode gefunden habe; diese ist übrigens identisch mit der, die Faraday am 29. August 1831 zum ersten Erfolg führte.

Die stärkste Stütze der Verteidiger Henrys ist der Aufsatz der Miß Henry, für den jedoch Aragos Worte zutreffen: „L'amitié manque souvent de lumière et se laisse fasciner". Wer in so empörender Weise das geistige Eigentum anderer mißachtet wie Miß Henry das Ohms — Ohms Gesetz habe eigentlich Henry entdeckt; ihr Vater habe bei einem Aufenthalt in Europa 1836 feststellen müssen, daß Ohm durch theoretische Überlegungen ebenfalls zu einer das Gesetz darstellenden Formel gelangt sei —, wer so wenig Verständnis für die wissenschaftliche und menschliche Größe Faradays aufbringt, und wer das wahre Verdienst

---

[1] Taylor, W. B.: A memoir of Joseph Henry, Washington 1880. S. 233—237. — Henry, Mary A.: Americas part in the discovery of magneto-electricity — a study of the work of Faraday and Henry. Electr. Engng. 13 (1892) S. 27—30, 53—55, 103—105, 134—136, 153—154, 249—251, auch in The Electr. 28 (1892) S. 327—328, 348—349, 407—408, 661—663; ferner: Ames, J. S.: Certain aspects of Henrys experiments on electromagnetic induction. J. Washingt. Acad. 21 (1931) S. 493—503, Science 75 (1932) S. 87—92. — Kennelly, A. E.: The modern electric age in relation to Faradays discovery of electromagnetic induction. Nature Lond. 128 (1931) S. 356—359.

des eigenen Vaters nicht zu sehen vermag, der muß damit rechnen, daß man ihn einer Selbsttäuschung fähig hält. Nur um eine solche kann es sich handeln, wenn Miß Henry behauptet, ihr Vater habe immer 1830 als das Jahr seiner Entdeckung der gegenseitigen Induktion angegeben; von Henry selbst wissen wir doch, daß er erst im August 1831 mit dem Bau seines Versuchsmagneten begonnen hat. Sonderbar sind die Bemühungen um den Nachweis, daß es sich nur um das Jahr 1830 handeln könne; sie stützen sich darauf, daß Henry angeblich nur im August, in den Akademieferien, einen Experimentierraum zur Verfügung gehabt habe. Nun sagt Henry aber selbst, daß er Faradays Versuch im Juni wiederholt hat! Wir wissen nur aus einem von Miß Henry dankenswerterweise veröffentlichten Briefe ihres Vaters an Silliman (vom 28. März 1832), daß er im August 1831 die Versuchsapparate in einem Raum aufgebaut hatte, den dann die Akademie benötigte, „and it has not been convenient to me to resume them during the winter"; ferner heißt es hier, „I have little definite to communicate at the present time". So schreibt niemand, der eine der größten Entdeckungen seines Jahrhunderts gemacht hat! In diesem Briefe wird von einem großen Magneten und einer Spule aus einer Meile Draht gesprochen; Miß Henry glaubt daraus schließen zu dürfen, ihr Vater habe im August 1831 eine Dynamomaschine gebaut! In einem anderen Briefe Henrys, den er am 6. November 1831 an Professor Cleveland schrieb, wird ebenfalls nur von „some contemplated experiments in the identity of electricity and magnetism" gesprochen.

Bei näherem Hinsehen zeigt es sich also, daß der Bericht der Miß Henry eine sehr trübe Quelle ist. Solange der Nachlaß Henrys nicht gründlich durchgearbeitet und neues Material beigebracht wird, ist alles in dieser Hinsicht über Henry Geschriebene wertlos und nicht ernst zu nehmen.

In seinen anderen Veröffentlichungen schreibt Henry selbst klar und ohne Vorbehalt Faraday die Entdeckung der Induktion zu, so etwa 1840 in den „Annals of Electricity"[1]; er selbst habe jedoch als einziger den rein elektrischen Teil — neben der sog. Magnetoinduktion — von „Dr. Faradays admirable discovery" weiter verfolgt.

Induktion und Induktionsgesetz. Faraday legte die erste Reihe seiner „Experimental researches in electricity", den Bericht über seine Entdeckung, am 24. November 1831 der Royal Society vor; veröffentlicht wurde sie erst Anfang 1832[2]. Die Gelehrtenwelt erfuhr von der Entdeckung entweder durch Briefe englischer Physiker oder durch den vom 17. Dezember 1831 datierten, am 28. Dezember in der „Temps" veröffentlichten Brief Faradays an Hachette[3]. In Deutschland wurde Faradays Leistung ganz besonders gefeiert.

Wir bezeichnen das Gesetz

$$e = -s \cdot \frac{d\varnothing}{dt}$$

---

[1] Ann. electr. 4 (1840) S. 283—284, 286.

[2] Phil. Trans. 122 (1832) S. 125—162.

[3] Mitgeteilt in einer Arbeit von Nobili und Antinori. Philos. Mag. 2nd ser. 11 (1832) S. 401—413; Faraday Exp. Res. 2, S. 148—162.

als das **Faradaysche Induktionsgesetz**; es stammt jedoch in dieser
Form überhaupt nicht von **Faraday**, sondern wurde erst viel später
ihm zu Ehren mit seinem Namen verknüpft. Es dauerte recht lange, bis
man zu einer quantitativen Erfassung der Induktionserscheinung gelangte, ganz im Gegensatz zur Entwicklung der Elektrodynamik. Wir
verdanken die Ermittlung der ersten Gesetzmäßigkeiten und den Anschluß der Induktionserscheinungen an die Elektrodynamik mit ihrem
mathematischen Formelapparat E. **Lenz** (**Heinr. Friedr. Emil Lenz**,
geb. 12. Februar 1804 in Dorpat, gest. 10. Februar 1865 in Rom; Professor
und Mitglied der Akademie in St. Petersburg)[1]. **Lenz** sprach im November 1833 das nach ihm benannte Gesetz, „nach welchem die Reduktion der magnetelektrischen Erscheinung auf die elektromagnetische
geschieht", mit folgenden Worten aus: „Wenn sich ein metallischer Leiter
in der Nähe eines galvanischen Stromes oder eines Magneten bewegt, so
wird in ihm ein galvanischer Strom erregt, der eine solche Richtung hat,
daß er in dem ruhenden Drahte eine Bewegung hervorgebracht hätte, die
der hier dem Drahte gegebenen gerade entgegengesetzt wäre, vorausgesetzt, daß der ruhende Draht nur in Richtung der Bewegung und
entgegengesetzt beweglich wäre"[2]. In dieser Arbeit ist auch schon das
Gesetz enthalten, daß physikalisch gesehen elektromagnetische und magnetelektrische Maschinen identisch sind. **Lenz** sagt: „Man braucht nur
... die auf elektromagnetischem Wege erregte Bewegung durch andere
Mittel hervorzurufen, und man wird einen Strom im beweglichen Leiter erregen, der dem im elektromagnetischen Experiment entgegengesetzt ist".

Eine nicht minder wichtige Arbeit, die indessen erst später in Deutschland bekannt wurde, hatte Lenz schon am 7. November 1832 der Petersburger Akademie vorgelegt: Über die Gesetze, nach welchen der Magnet
auf eine Spirale einwirkt, wenn er ihr plötzlich genähert oder von ihr entfernt wird, und über die vortheilhafteste Construction der Spirale zu magneto-elektrischem Behufe[3]. Durch zahlreiche Versuche hatte er nachweisen können, daß die elektromotorische Kraft proportional ist, unter
sonst gleichen Umständen, nicht der Dicke des Drahtes oder dem Spulendurchmesser, sondern nur der Windungszahl, daß sie von der Dicke und
der Substanz des Drahtes und praktisch auch vom Spulendurchmesser
unabhängig ist, und daß es eine bestimmte Windungszahl gibt, für die
die Stromstärke ein Maximum wird.

Zur gleichen Zeit wie **Lenz** arbeitete **William Ritchie** an Versuchen, um ein gemeinsames Gesetz für magnetelektrische und elektromagnetische Erscheinungen zu finden. Er gelangte zu einem dem
Lenzschen ähnlichen Satze, der indessen nichts über den Richtungswechsel enthält und daher falsch ist[4]. Den nächsten Schritt auf dem

---

[1] **Rosenberger**, **Ferd.**: Die Geschichte der Physik, Bd. 3, Braunschweig
1894—1897. S. 277.

[2] **Lenz**: Über die Bestimmung der Richtung der durch elektrodynamische
Verteilung erregten Ströme. Pogg. Ann. 31 (1834) S. 483—493.

[3] Mémoires de l'Académie des Sciences de St. Pétersbourg, II (1833) S. 427
bis 457; Pogg. Ann. 34 (1835) S. 385—418.

[4] **Ritchie**, **W.**: On the reduction of Mr. Faradays discoveries in magneto-
electric induction to a general law. Phil. Mag. 3 rd ser. 4 (1834) S. 11—13; Pogg.
Ann. 31 (1834) S. 203—205.

Wege zu unserem Induktionsgesetz machte wieder Lenz, diesmal gemeinsam mit Moritz Hermann Jacobi. In einer wichtigen Veröffentlichung teilen die beiden Physiker 1839 mit, daß der „inducirte Strom, welcher durch Verschwinden des Magnetismus im Eisenkern entsteht, diesem Magnetismus selbst proportional sey"[1].

Daß die induzierte elektromotorische Kraft bei schneller Relativbewegung des induzierenden Magneten gegen den Leiter größer ist als bei langsamer Bewegung, wußte man aus zahllosen Experimenten; den Satz, daß die Intensität (Spannung) des induzierten Stromes der Geschwindigkeit der induzierenden Bewegung proportional sei, setzt Franz Ernst Neumann 1846 als bekannt voraus, aber es ist nicht nachzuweisen, wer ihn zuerst aufgestellt und bewiesen hat[2]. Daß die Vektoren der drei Größen Bewegung, Strom und magnetisches Feld aufeinander senkrecht stehen, wußte Faraday bereits im März 1832[3]. Es waren damit also spätestens 1846 alle Beziehungen festgestellt, die der damalige Praktiker und auch der heutige Elektroingenieur brauchen. Die weitere Entwicklung der Theorie der Induktion, um die sich Franz Ernst Neumann, R. Felici und Wilh. Weber große Verdienste erworben haben, war für die Technik von geringerer Bedeutung als für die Physik.

Die Selbstinduktion. Auf die Erscheinung der Selbstinduktion hat zuerst Joseph Henry in dem Bericht über seine Induktionsversuche aufmerksam gemacht; die Stärke der Funken beim Öffnen von Stromkreisen hinge von Länge und Gestalt des Schließungskreises ab, schrieb er, und es handele sich hierbei wahrscheinlich um eine Induktionserscheinung[4]. Am 6. Februar 1835 las Henry vor der American Philosophical Society eine Abhandlung über die Selbstinduktion[5], die erkennen läßt, daß er damals in das Wesen dieser Erscheinung noch nicht so weit eingedrungen war wie Faraday. Faraday waren von William Jenkins ähnliche Beobachtungen mitgeteilt worden, wie Henry sie gemacht hatte. Am 15. Oktober 1834 begann er seine Untersuchungen darüber und eine Woche vor Henrys Vorlesung, am 29. Januar 1835, berichtete er über die Ergebnisse[6]. Ihm ist die völlige Aufklärung der von Henry zuerst beobachteten Erscheinung zu danken. Er hat auch sofort darauf hingewiesen, daß die Selbstinduktion bei den magnetelektrischen Maschinen eine wichtige Rolle spiele, indem sie die starke Funkenbildung hervorruft.

Der Identitätsnachweis. Nach Faradays Entdeckung der elektromagnetischen Induktion kannte man fünf verschiedene Elektrizitäts-

---

[1] Über die Gesetze der Elektromagnete. Bull. Pét. 4 (1838) Sp. 337—362 Bull. Pét. 2 (1844) Sp. 65—108; Pogg. Ann. 47 (1839) S. 225—270, 401—418.

[2] Neumann, F. E.: Allgemeine Gesetze der inducirten elektrischen Ströme. Pogg. Ann. 67 (1846) S. 31—44.

[3] Faraday Diary 1 (1932) S. 425.

[4] Sill. J. 22 (1832) S. 408.

[5] On the influence of a spiral conductor in increasing the intensity of electricity from a galvanic arrangement of a single pair. Trans. Amer. Philos. Soc. 5 (1837) S. 223—231.

[6] Faraday Diary. 2 (1932) S. 330, 334—338; Phil. Trans. 125 (1835) S. 41—56; Faraday Exp. Res. 1 (1889) S. 291—310.

quellen. Die statische Elektrizität hieß damals noch die „gewöhnliche“, dann waren die physiologische, die Voltasche, die Thermoelektrizität und die induzierten Ströme bekannt. Über die Eigenschaften dieser Elektrizitätsarten war man sich nicht ganz klar, und selbst ein Mann wie Humphry Davy glaubte, Wesensunterschiede zwischen ihnen annehmen zu müssen. Es ist ein großes, bisher noch nicht recht gewürdigtes Verdienst Faradays, hier endgültig Klarheit geschaffen zu haben. Die Ergebnisse seiner diesbezüglichen Untersuchungen wurden am 10. und am 17. Januar 1833 der Royal Society vorgetragen und bilden die dritte Reihe der Experimental Researches.

Für die Magnetelektrizität wies Faraday nach, daß sie mit den anderen Arten die Spannungswirkung gemein habe, daß sie also Anziehung und Abstoßung verursachen kann, und er erinnerte daran, daß Pixii mit dem Strom seiner Maschine die Spreizung der Blättchen eines Elektroskopes habe bewirken können[1]. Er selbst habe nachgewiesen, daß die Magnetelektrizität genau wie die „gewöhnliche“ einen Draht beim Durchströmen erwärmt, und daß sie an präparierten Froschschenkeln physiologische Wirkungen hervorruft; daß sie chemisch wirksam sei und Funken hervorrufen könne, sei bekannt. In dieser Art wird nachgewiesen, daß alle Elektrizitätsarten alle Wirkungsarten gemeinsam haben und daher identisch sind[2].

IV. Die Entstehung der ersten Maschinen.

Funkenapparate. Bevor an eine Anwendung der elektromagnetischen Induktion in Wissenschaft und Technik zu denken war, mußten die Physiker sich erst mit der neuen Entdeckung vertraut gemacht haben. Daher kommt es, daß die ersten auf der Induktion beruhenden Apparate reine Demonstrationsgeräte zum sinnfälligen Nachweis der Entstehung von Elektrizität aus Magnetismus sind. Der Apparat des Gymnasialprofessors Friedr. Strehlke (geb. 11. Dezember 1797 zu Funkenmühle, Westpr., gest. 25. Februar 1886 in Danzig)[3] war ein Hufeisendauermagnet, dessen Anker eine Wicklung trug; zwischen den nur wenig voneinander entfernten Wicklungsenden sprang jedesmal ein Funken über, wenn der Anker an die Pole angesetzt oder von ihnen abgerissen wurde. Auch Faraday[4] hatte sich einen solchen Apparat anfertigen lassen, und zahlreiche andere Physiker berichteten über ihre Funkenerzeuger. Diese Spielzeuge fanden weite Verbreitung; man konnte sie bei den Mechanikern, in Frankfurt a. M. zum Beispiel bei J. V. Albert, für zwanzig bis vierzig Gulden kaufen (Abb. 2)[5].

---

[1] Ann. chim. phys. 2. s. 51 (1832) S. 77.

[2] Phil. Mag. 3 rd. ser. 3 (1833) S. 161—171, 253—262, 353—357; Faraday Exp. Res. 1 (1889) S. 68—98; Pogg. Ann. 29 (1833) S. 274—304, 365—372.

[3] Pogg. 2 (1863) Sp. 1025—1026; Pogg. Ann. 25 (1832) S. 186.

[4] Phil. Mag. 3 rd ser. 2 (1832) S. 401; Faraday Diary 2 (1932) S. 297—298.

[5] Baumgartner, A.: Zusammenstellung mehrerer Apparate zur Erzeugung der neuestens von Faraday entdeckten Phänomene. Baumg. Ztschr. 1 (1832) S. 275—288; Gehlers physikalisches Wörterbuch. Neue Aufl., Bd. 6/2, Leipzig 1836. S. 1172.

Der Übergang von diesen einfachen Vorrichtungen zu den magnetelektrischen Maschinen ging außerordentlich rasch vor sich, denn es waren noch nicht zwei Jahre seit Faradays Entdeckung vergangen, als bereits alle wesentlichen Konstruktionsmerkmale der nächsten beiden Jahrzehnte bekannt waren. Dazu gehören der Übergang von der unipolaren Induktion zu Maschinen mit Spulenankern, die Einführung der

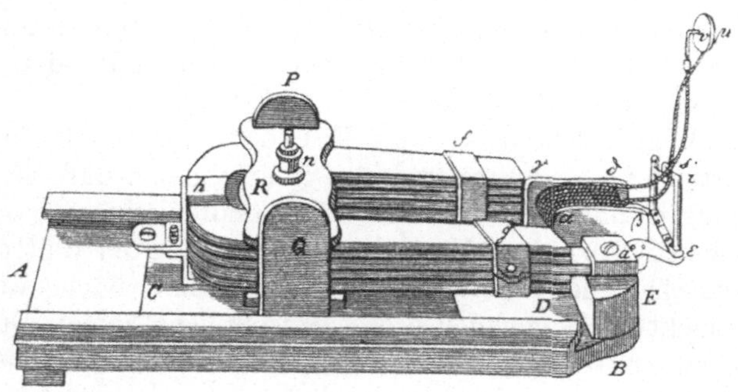

Abb. 2. Funkenapparat des Mechanikers Albert. Gehlers physikalisches Wörterbuch. 3. Aufl. Leipzig 1836. Bd. 6/2. Taf. 25.

Drehbewegung, der Kommutator im heutigen Sinne und, neben vielen uninteressanten Einzelheiten, die Erregung durch Elektromagnete.

Die Faradaysche Scheibe und die Unipolarmaschinen. Eines der schönsten Experimente des Aragoschen „Rotationsmagnetismus" ist der Nachweis, daß eine rotierende Kupferscheibe eine über ihr aufgehängte Magnetnadel in der Drehrichtung mitzunehmen sucht. Erst Faraday erkannte, daß es sich um eine elektrodynamische Wirkung des Magneten auf die von ihm in der Scheibe induzierten Ströme handelt. Am 28. Oktober 1831 begann er mit Versuchen, solche Ströme von der Scheibe abzuleiten und die Aragosche Vorrichtung damit zu einer neuen Art von Elektrisiermaschinen zu machen. Die ersten Ergebnisse konnte er bereits am 24. November 1831 zusammen mit der Entdekkung der Induktion der

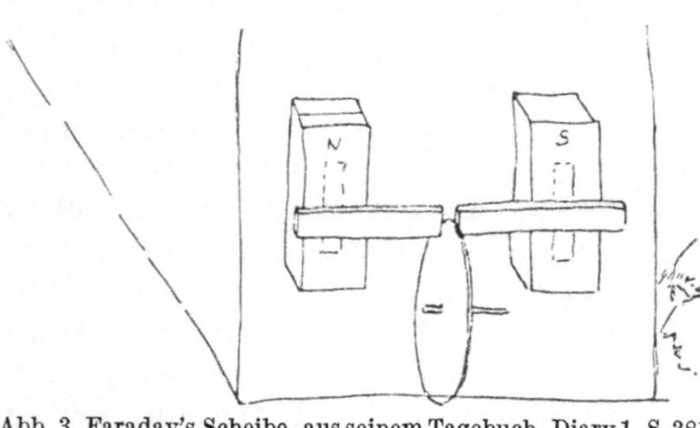

Abb. 3. Faraday's Scheibe, aus seinem Tagebuch. Diary 1, S. 381.

Royal Society mitteilen. Es war ihm gelungen, von einer $^1/_5$ Zoll dicken Kupferscheibe von 12 Zoll Durchmesser zwischen Achse und Rand eine konstante Spannung abzunehmen[1] (Abb. 3). Nach seiner Ansicht muß der induzierte Strom sehr stark sein, denn obwohl er sich zum größten Teil in der dicken Scheibe ausgleichen könne, ließe sich doch noch ein beträchtlicher Strom entnehmen und durch dünne Drähte 100 Fuß weit

---

[1] Faraday Diary 1 (1932) S. 381—382, 391, 395, 397; Faraday Exp. Res. 1 (1889) S. 22—37, 41—42.

fortleiten. In der ersten, einfachen Form bestand der Apparat aus der Scheibe und einem Hufeisendauermagneten, zwischen dessen Polen die Scheibe gedreht wurde; Schleiffedern nahmen den Strom vom Umfang und von der Achse ab. Später versuchte Faraday die Scheibe durch einen starken breiten Ring zu ersetzen, und ein andermal ließ er Kupferstücke von ½ Zoll Durchmesser in der Nähe der Magnetpole schnell rotieren, ohne aber bessere Ergebnisse als mit der ersten Form zu erhalten. Bei diesen Versuchen sprach er schon von magnetelektrischen Maschinen, doch darf man daraus nicht schließen, daß er dabei an technische Maschinen dachte; er wollte durch die Bezeichnung „magneto-electric machine" lediglich eine Verwandtschaft mit der „electrical machine", der gewöhnlichen Elektrisiermaschine, andeuten.

Faraday hatte in der Baker-Vorlesung am 12. Januar 1832 die Absicht geäußert, eine Maschine mit mehreren zusammengeschalteten Scheiben zu bauen, die vom Erdmagnetismus erregt werden sollte. Es ist aber nicht bekanntgeworden, ob er einen derartigen Erdinduktor je gebaut hat. Um den Bau magnetelektrischer Maschinen und um die technische Auswertung seiner Entdeckung hat er selbst sich nie bemüht. „Ich war indessen mehr darauf bedacht, neue Tatsachen und neue Beziehungen der magnetoelektrischen Induktion zu entdecken, als die Wirkung der bereits gewonnenen zu erhöhen, überzeugt, daß letztere ihre volle Entwicklung späterhin finden werden"[1]. Für seine Versuche hat er sich immer wieder der Scheibenmaschine bedient, daneben gelegentlich der Saxtonschen Maschine und einmal auch einer primitiven Maschine mit hin- und hergehender Bewegung. Viele Jahre später kam er wieder mit dem Bau elektrischer Maschinen in Berührung, als er sich mit seinem ganzen Einfluß für die Erprobung des elektrischen Lichtes bei Leuchttürmen einsetzte.

Die Faradaysche Scheibe ist die Urform der Unipolarmaschinen. Bei diesen Stromerzeugern bewegt sich der induzierte Leiter ständig vor dem gleichen Magnetpol; sie liefern, konstante Drehung vorausgesetzt, ohne Stromwender eine konstante Gleichspannung. Es hat nicht an Bemühungen gefehlt, sie für die Praxis brauchbar zu machen, aber selbst Werner Siemens blieb hier der Erfolg versagt[2]; es ist interessant, daß auch Luigi Pacinotti, der Vater des Erfinders des Ringankers, sich mit einer derartigen Konstruktion auf dem Gebiet des Elektromaschinenbaues versucht hat[3]. Mit dem Aufkommen der Dampfturbinen begann zwar eine neue Phase in der Entwicklung der Projekte und Erfindungsideen für Unipolarmaschinen, aber auch die Maschinen von J. E. Noeggerath, B. G. Lamme, B. v. Ugrimoff und alle anderen Entwürfe der Elektroindustrie blieben den Wechselstrommaschinen mit direkt angebautem mechanischen Gleichrichter — dem Kommutator — unterlegen[4].

---

[1] Faraday Exp. Res. 1 (1889) S. 42.

[2] BGT. 7 (1916) S. 166—167.

[3] Sopra una pila magneto-elettrica. Giornale Toscano di Scienze mediche e naturali (Pisa) 1 (1840) S. 506—512.

[4] Arnold, E. und J. L. la Cour: Die Gleichstrommaschine, 3. Aufl., Bd. 1, Berlin 1927. S. 6—9. — Noeggerath, J. E.: Diss. Hannover 1910. — Ugrimoff, B. v.: Diss. Karlsruhe 1910. — Trettin, C.: Der heutige Stand der Unipolarmaschine. Dingl. J. 94 (1913) S. 129—132, 148—151.

Die Maschinen mit hin- und hergehender Bewegung. Die Entwicklung der Maschinen der Praxis geht nicht vom Faradayschen Scheibenversuch aus, sondern nahm ihren Anfang von anderen Experimenten Faradays. Wenn man einen Stabmagnet in einem Solenoid bewegt, wird in der Spule eine Spannung induziert. Diese Erfahrung verwertete der Abbate Salvatore Dal Negro (geb. 12. November 1768 in Venedig, gest. 12. März 1839 in Padua)[1]. Dal Negro, der dem geistlichen Stande angehörte, betrieb sehr vielseitige Studien. Er wurde 1806 auf den Lehrstuhl für Physik an der Universität Padua berufen. Außer der magnetelektrischen hat er auch eine elektromagnetische Maschine gebaut und zahlreiche andere physikalische Apparate erfunden.

Dal Negro beschrieb seine Maschine zuerst in einem Briefe vom 20. April 1832[2]. Der bewegte Teil der Maschine ist ein kleiner Wagen, auf dem vier Stabmagnete parallel zur Bewegungsrichtung befestigt sind. Diese Magnete werden in vier kernlose, parallelgeschaltete Spulen eingefahren, so daß wie bei Faradays Versuch Spannungen induziert werden; beim Ausfahren entstehen Spannungen vom entgegengesetzten Vorzeichen. Zur Vergrößerung der Wirkung ist auf der entgegengesetzten Seite des Wagens ein weiterer Spulensatz angebracht, in den die Südpole eintreten, wenn die Nordpole der Magnete die anderen Spulen gerade verlassen. Im Gegensatz zur Faradayschen Scheibe erzeugt eine solche Vorrichtung Wechselstrom.

Es war durchaus nicht selbstverständlich, daß man bei den magnetelektrischen Maschinen schon früh zur Drehbewegung überging; bei den elektromagnetischen Maschinen, das sind die Elektromotoren, hat die Entwicklung von der schwingenden Bewegung über die mittelbare Erzeugung der Drehbewegung durch Kreuzkopf und Kurbel bis zur direkt rotierenden Maschine Jahrzehnte erfordert. Wegen der Überlegenheit der schnell bekannt werdenden rotierenden Stromerzeuger fanden die Maschinen mit hin- und hergehender Bewegung überhaupt keine Verbreitung, und es sind nur wenige Ausführungen bekanntgeworden. Ein Landsmann Dal Negros, der Turiner Professor für Physik Giuseppe Domenico Botto (geb. 4. April 1791 zu Moneglia bei Genua[3]) versuchte 1832 die aus Hufeisenmagneten mit bewickelten Ankern bestehenden Funkenapparate zu mechanisieren, aber sein Vorschlag war schon überholt, als er außerhalb Italiens bekannt wurde. Im Jahre 1849 baut Faraday sich eine „to and fro machine"[4], und im gleichen Jahre erdachte Floris Nollet, der Schöpfer der „Alliance-Maschine", eine

---

[1] Nuovi Saggi della Imperiale Accademia di Scienze Lettere ed Arti in Padova. 5 (1840) S. LIII—LVI; Pogg. 2 (1863) Sp. 265—266.

[2] Nuovi esperimenti relativi all'azione del magnetismo sulle spirali elettrodinamiche, e descrizione di una nuova batteria elettromotrice. Ann. scienze 2 (1832) S. 109—111, 139—140; Phil. Mag. 3rd ser. 1 (1832) S. 45—49; Baumg. Ztschr. 1 (1832) S. 145—149.

[3] Pogg. 1 (1863) Sp. 251; Notizie sull'azione chimica delle correnti magnetoelettriche. Giornale di Farmacia, chimica etc. da Antonio Cattaneo 16 (1832) S. 294—296 (x); Bibliothèque universelle des sciences, belles lettres et arts. 51 (1832) S. 21—23.

[4] Faraday Diary, Bd. 5, London 1934. S. 172—173.

sogar für industrielle Verwendung bestimmte Maschine dieser Art.[1] Ein
von Wilh. Weber in seinen „Elektrodynamischen Maßbestimmungen"

Abb. 4. Gleichstrom-Gleichstrom-Umformer von W. Siemens. Im Reichspostmuseum in Berlin.
W. Siemens, Wissenschaftliche und technische Arbeiten. Bd. 2. Berlin 1891. S. 103.

beschriebener Apparat[2] sollte nur Stromstöße liefern und war nicht als
eigentlicher Stromerzeuger gedacht. Auch Werner Siemens wählte
1855 für zwei wie die Tellermaschine geschaltete Gleichstrom-Gleichstrom-Umformer die hin- und hergehende
Bewegung mit Kurbel und Schwungrad (Abb. 4)[3], und
noch 1878 begann Thomas Alva Edison seine Arbeiten auf dem Gebiet des Elektromaschinenbaues
mit einer so abwegigen Konstruktion.[4]

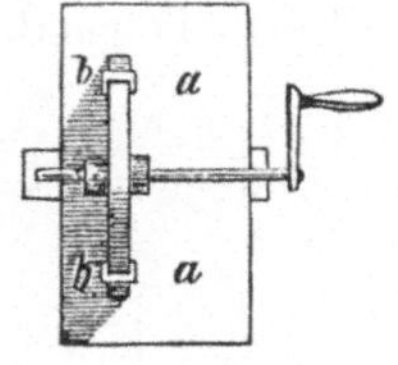

Der Unbekannte P. M. und die rotierende Maschine.
Faraday erhielt am 26. Juli 1832 von einem „P. M."
zeichnenden Unbekannten einen Brief, den er sofort
veröffentlichte[5]. Hier wurde zum erstenmal eine rotierende magnetelektrische Maschine beschrieben. P. M.
versprach sich besonders starke Wirkungen, wenn er,
statt einen einzigen Magnet auf eine Spule wirken zu
lassen, „wie in der Voltaschen Säule" mehrere kleinere Magnete auf die entsprechende Zahl von Spulen
wirken ließ. Auf einer drehbaren Scheibe (Abb. 5) sind
die Hufeisenmagnete am Umfang in gleichen Abstän-

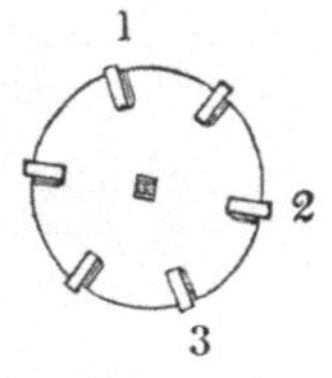

Abb. 5. Die Maschine
von P. M. Phil. Mag.
3rd ser. 1 (1832), S. 161.

den so befestigt, daß ein Pol am Umfang, der andere auf einem inneren
Polkreis liegt, und daß auf jedem der beiden Polkreise Nordpole und

---

[1] Engl. Pat. Nr. 13302 vom 24. Oktober 1850.
[2] Weber, Wilh.: Werke, Bd. 3, Berlin 1893. S. 428—429.
[3] Siemens, W.: Wissenschaftliche und technische Arbeiten, Bd. 2, Berlin
1891. S. 100—103.
[4] Engl. Pat. Nr. 4226 vom 23. Oktober 1878.
[5] Phil. Mag. 3rd ser. 1 (1832) S. 161—162; Pogg. Ann. 27 (1833) S. 391—392.

Südpole aufeinander folgen. Der Scheibe gegenüber befindet sich ein festes System von Spulen oder Elektromagneten, das genau wie das bewegte gestaltet ist; die Spulen sind in Reihe geschaltet. Dreht man die Maschine, dann entsteht in der Wicklung eine Wechselspannung, mit der sich nach dem Bericht des Erfinders auch chemische Wirkungen erzielen lassen. Am 13. März 1833 schrieb P. M. aus Dublin einen anderen Brief[1] an die Herausgeber des „Philosophical Magazine" und berichtete darin über eine Abänderung seines Apparates. Am festen System hatte er jetzt einen Eisenring angebracht; der Verbindungsdraht zwischen je zwei benachbarten Spulen wurde in vielen Windungen um das Ringsegment zwischen diesen Spulen geführt, und zwar für alle Spulenintervalle im gleichen Sinne. Die „Verbesserung" wird wohl darin bestanden haben, daß infolge der erhöhten Selbstinduktion glänzendere Funken hervorgebracht werden konnten.

Man weiß bis heute noch nicht, wer P. M. war, obwohl bei der großen Bedeutung seiner Anregung Aufklärung über ihn für die Technikgeschichte sehr erwünscht ist. Eine Möglichkeit, ihn zu identifizieren, ergab sich jetzt bei der Durchsicht der zeitgenössischen technischen Journale. Die englische Zeitschrift „The Mechanics' Magazine, Museum, Register, Journal, and Gazette" hatte nämlich in den Jahren 1832 bis 1834 ebenfalls einen anonymen Mitarbeiter, der nacheinander A. B. T. C. D., Φ. M. und φ. μ. zeichnete; ob ein Beitrag von „P. M." ebenfalls von ihm stammt, ist ungewiß, aber wahrscheinlich, denn φ. μ. wird von anderen Korrespondenten und von der Schriftleitung häufig als P. M. zitiert. Folgende Gründe sprechen für die Identität von P. M. und φ. μ.:

Beide tauchen zur gleichen Zeit — 1832 — auf und verschwinden auch zur gleichen Zeit — 1834 —.

P. M. schrieb im März 1833 aus Dublin. φ. μ. wohnte im Juni 1832 in Portaferry, ebenfalls in Irland, und 1833, wie aus einer Andeutung der Schriftleitung zu schließen ist, ebenfalls in Dublin[2].

Als P. M. auftauchte, verwendete φ. μ. noch das Zeichen Φ. M. oder sogar P. M.

Beide arbeiten über denselben Gegenstand. P. M. beschrieb den ersten rotierenden Stromerzeuger der Welt, während φ. μ. die erste rotierende elektromagnetische Maschine beschrieb[3]. Diese elektromagnetische Maschine ist dem Stromerzeuger von P. M. sehr ähnlich (Abb. 6), und beide Typen kommen sonst nicht vor.

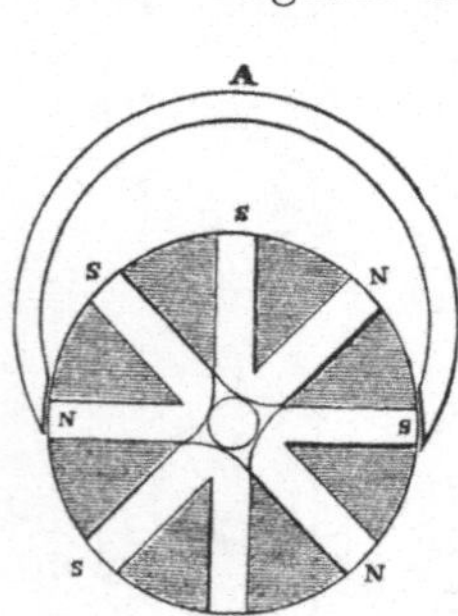

Abb. 6. Der Elektromotor von P. M. Mech. Mag. 19 (1833) S. 137.

Sowohl P. M. als auch φ. μ. wenden sich brieflich an Faraday.

φ. μ. ertrank am 12. August 1834 zusammen mit vier anderen Männern[4] bei einer Bootpartie auf dem Lough Strangford, an dem Portaferry liegt. Irische Tageszeitungen nennen die Namen der Er-

[1] On certain experiments in magneto-electricity and electro-magnetism. Phil. Mag. 3rd ser. 3 (1833) S. 18—21.
[2] Mech. Mag. 17 (1832) S. 186, 19 (1833) S. 248—249.
[3] Mech. Mag. 19 (1833) S. 137.
[4] Mech. Mag. 21 (1834) S. 384.

trunkenen; die Initialen $\varphi.\mu.$ passen am besten auf Frederick Mc-
Clintock, den Sohn eines Parlamentsmitgliedes (*). Da nach dem
„Mechanics' Magazine" $q.\mu.$ „both a scholar and a gentleman" war, ein
junger Mann am Beginn einer glänzenden Karriere, und da, nach einer
Mitteilung von Prof. MacLaughlin, die Buchstaben A.B.T.C.D. „Ar-
tium Baccalaureatus, Trinity College, Dublin" bedeuten, darf man an-
nehmen, daß McClintock bzw. $\varphi.\mu.$ in Dublin studierte und der P. M.-
Brief aus Dublin so zu erklären ist.

Der Briefwechsel zwischen $\varphi.\mu.$ und Faraday bezog sich auf einen
Induktionsapparat, den $q.\mu.$ am 22. Februar 1834 fertiggestellt hatte[1].
Dieser „magnetoelektrische Ring" besteht aus einem Ringkern mit zwei
Wicklungen für Versuche mit der Faradayschen Voltainduktion —
Faraday selbst hatte diese Urform des Transformators bei seinen klas-
sischen Versuchen benutzt und wies auch in dem Brief an $\varphi.\mu.$ auf seine
Priorität hin — und aus einer Vorrichtung zur schnellen Umkehrung der
Stromrichtung. Ein in Aussicht gestellter Bericht im „Edinburgh Philo-
sophical Journal" über diesen ersten Induktionsapparat ist nie erschienen.

Noch eine andere Gruppe elektrischer Apparate geht auf den Unbekannten zurück. Es sind dies die
magnetelektrischen Maschinen
mit unbewickelten Weicheisen-
läufern, wie sie bis zum Beginn
der sechziger Jahre immer wieder in den Zeitschriften und in
Patenten auftauchen. $q.\mu.$ bildete einen Ring aus einem starken Hufeisendauermagnet und

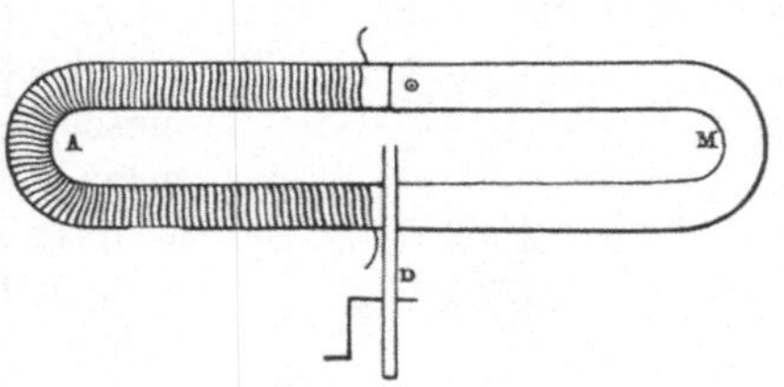

Abb. 7. Die Gleichpolmaschine von P. M. Mech.
Mag. 21 (1834) S. 273.

einem Hufeisenelektromagnet[2]. Dieser Ring war an einer Stelle offen,
und durch den Spalt bewegten sich die abwechselnd aus Messing und
Eisen bestehenden Sektoren der Läuferscheibe (Abb. 7). Durch die
Flußänderungen infolge der fortwährenden Änderung des magnetischen
Widerstandes wurden in der Elektromagnetwicklung Spannungen indu-
ziert (Gleichpolmaschine).

Pixiis Maschinen. Die erste Gleichstrommaschine. Die Maschine des
Unbekannten P. M. hatte den Nachteil, daß sie Wechselstrom lieferte,
mit dem die Physiker noch nichts anzufangen wußten; erwünscht war
eine Maschine, die wie die Elektromotoren — so hießen damals die
galvanischen Elemente — Gleichstrom liefern konnte. Die ersten Versuche in dieser Richtung sind mit dem Namen Hippolyte Pixii verknüpft. Pixii, über den biographische Angaben nicht zu erlangen sind,
war ein Pariser Instrumentenmechaniker, der seit einer Reihe von
Jahren auch für Ampère arbeitete. Es läßt sich heute nicht mehr fest-

*) Der Verfasser ist Very Rev. Herrn Prof. Dr. P. MacLaughlin vom
St. Patrick's College zu Maynooth in Irland für die Übersendung einer Ab-
schrift aus „The Freeman's Journal" vom 18. August 1834 sowie für die Ermittlung dieser Stelle zu großem Dank verpflichtet.

[1] Mech. Mag. 21 (1834) S. 6—7, 113—116, 191, 273—275.
[2] Mech. Mag. 21 (1834) S. 273—275.

stellen, welchen Anteil seine gelehrten Berater Ampère, Arago und Jean Nicolas Pierre Hachette an seinen Konstruktionen hatten.

Der amerikanische Arzt Dr. Charles T. Jackson, von dem angeblich Morse die Idee zum elektromagnetischen Telegraphen erhalten hat, besuchte 1832 bei seinem Aufenthalt in Paris auch Pixii und erfuhr bei dieser Gelegenheit, daß nicht Hippolyte Pixii, sondern dessen Sohn der Erfinder der Maschine sei[1]; Jackson machte auch Angaben über eine von Pixii beabsichtigte Änderung der Konstruktion (Abb. 8).

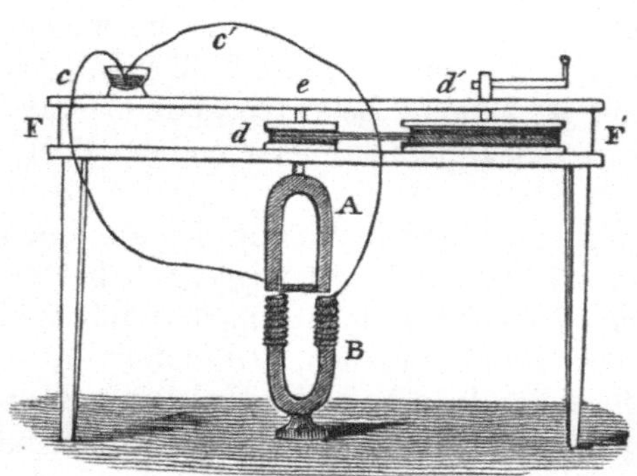

Abb. 8. Pixii's Variante seiner ersten Maschine. Nach Jackson, Sill. J. 24 (1833) S. 146.

Pixiis erste Maschine, die er durch seine Söhne anfertigen ließ, und über die Hachette am 3. September 1832 der Akademie in Paris berichtete[2], war noch eine Wechselstrommaschine. Ein 21 cm langer Hufeisendauermagnet, der 2 kg wog und 15 kg tragen konnte, wurde durch ein Kegelradgetriebe in schnelle Drehung um eine senkrechte Achse versetzt. Über ihm wurde am Maschinenrahmen ein mit 50 m Draht bewickelter Elektromagnet angebracht, dessen Pole nach unten zeigten und von den Polen des Dauermagneten nur durch einen kleinen Luftspalt getrennt waren (Abb. 9). Beim Drehen wurde in der Elektromagnetwicklung eine Wechselspannung induziert, so daß Pixii an den Wicklungsenden Funken hervorrufen konnte (Wechselpolmaschine).

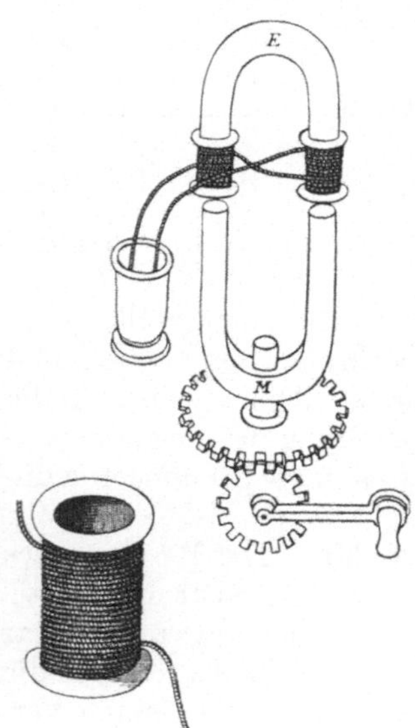

Abb. 9. Pixii's Maschine und eine ihrer Spulen. Gehler's physikalisches Wörterbuch. Neue Aufl. Bd. 6/2. Leipzig 1836. Taf. 25, Abb. 228.

Am 29. Oktober 1832 berichtete Ampère der Pariser Akademie über eine wichtige Verbesserung der Pixiischen Maschine, für die dem Erfinder vom Institut de France eine Goldmedaille verliehen wurde[3]. Pixii war sich über den Vorgang der Stromerzeugung soweit im klaren, daß er durch Hinzufügen eines geeigneten Schaltgerätes — er

---

[1] Jackson: Notice of the revolving electric magnet of Mr. Pixii of Paris. Sill. J. 24 (1833) S. 146—147.

[2] Hachette: Nouvelle construction d'une machine électromagnétique. Ann. chim. phys. 2. s. 50 (1832) S. 322—324; Pogg. Ann. 27 (1833) S. 390—393.

[3] Note de M. Ampère sur une expérience de M. Hippolyte Pixii, relative au courant produit par la rotation d'un aimant, à l'aide d'un appareil imaginé par M. Hippolyte Pixii. Ann. chim. phys. 2. s. 51 (1832) S. 76—79; Pogg. Ann. 27 (1833) S. 398 bis 400; Gehlers physik. Wörterb. Neue Aufl., Bd. 6/2, Leipzig 1836. S. 1177—1180.

verwendete die Ampèresche Wippe, die sonst zur schnellen Umkehrung der Stromrichtung bei elektrodynamischen Versuchen diente — seine erste Maschine in eine Gleichstrommaschine verwandeln konnte. Durch einen Daumen an der Welle wurde die Wippe während einer halben Periode bzw. einer halben Umdrehung in der einen Stellung festgehalten und dann durch eine Feder in die andere umgeschaltet. Diese Wippe erwies sich bei höheren Drehzahlen als unbrauchbar, weil das Quecksilber aus den Kontaktnäpfchen herausgeschleudert wurde. Pixii ging deshalb zu einer verbesserten Wippe mit Federkontakten über (Abb. 10). Die in älteren Lehrbüchern der Physik oft abgebildete Pixiische Maschine mit

Abb. 10. Wippe mit Federkontakten an einer Pixii'schen Maschine im Deutschen Museum. Phot. Deutsches Museum, München.

einem zweiteiligen Stromwender in Ringform stammt nicht aus dieser Zeit.

Die von Ampère der Akademie gezeigte Maschine besaß einen Anker mit viertausend Windungen und einen Dauermagnet mit 100 kg Tragkraft. Wir wissen aus einer Veröffentlichung Hachettes über die chemischen Wirkungen des Stromes der Maschinen Pixiis[1], daß sie mit 600 U/min betrieben wurde.

Von einer praktischen Verwendung der magnetelektrischen Maschinen konnte 1832 noch keine Rede sein. Wohl deshalb hat Pixii darauf verzichtet, ein Patent zu nehmen. Er hat sich damit begnügt, seine Maschinen als Demonstrationsgeräte zu guten Preisen — bis 1200 frcs das Stück — und bei anscheinend auch gutem Umsatz an wissenschaftliche Institute zu verkaufen.

Die Arbeiten Ritchies. Der Kommutator und die Erregung durch Elektromagnete. Der Physiker William Ritchie (geb. 1790, gest. am

---

[1] Ann. chim. phys. 2. s. 51 (1832) S. 72—76; Pogg. Ann. 27 (1833) S. 394—397.

15. September 1837 zu Portobello bei Edinburgh)[1] hat zur Entwicklung der magnetelektrischen Maschinen wertvolle Erfindungsgedanken beigesteuert. Ritchie hatte Geistlicher werden sollen, ergriff aber den Lehrberuf und wandte sich schließlich dem Studium der Naturwissenschaften zu. 1832 wurde er Professor für Physik an der Universität London. Er war ein vorzüglicher Experimentator, der immer auch die Bedürfnisse der Praxis beachtete.

Ritchie machte am 21. März 1833 die Royal Society in London mit seiner Maschinenkonstruktion bekannt, die er nach seiner Angabe bereits neun Monate vorher erdacht hatte[2]. Im Gegensatz zu Pixii machte er den Anker beweglich und mußte deshalb schon bei seiner ersten Ausführung einen Stromabnehmer verwenden. Dieser Anker bestand aus vier um 90° gegeneinander versetzten und unter sich parallelen Spulen mit Eisenkern, die durch zwei hölzerne Scheiben zusammengehalten wurden und ein um seine Achse drehbares Ankerrad bildeten (Abb. 11); in seiner tiefsten Stellung befand sich ein solcher Spulenkern mit nur geringem Luftspalt wie ein Magnetanker über dem feststehenden Hufeisendauermagnet. Die Bedeutung von Ritchies Maschine besteht nun darin, daß die Stromabnehmevorrichtung als Kommutator ausgebildet worden ist. Je ein Spulenende schleift an einem fest mit dem Maschinenrahmen verbundenen Kupferring, während die vier anderen Spulenenden, die wie die Spulen um

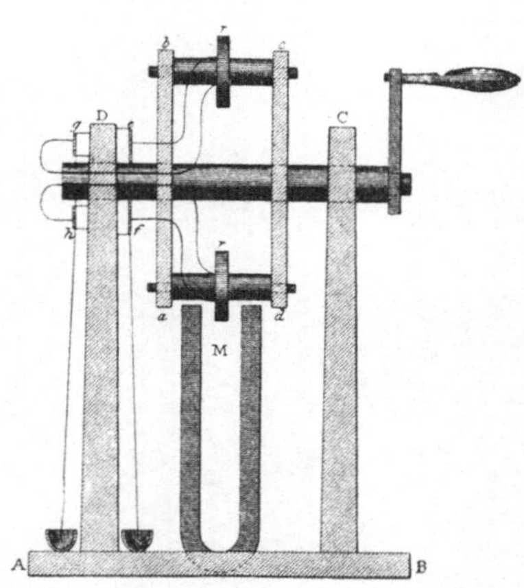

Abb. 11. Ritchie's Maschine nach der Originalveröffentlichung. Philos. Trans. Roy. Soc., Lond. 123 (1833) Taf. VII.

90° gegeneinander versetzt sind, den eigentlichen Kommutator bilden. Als „Bürste" dient ein feststehender Viertelkreis aus Metall, der die jeweils den Magnetpolen am nächsten befindliche Spule mit dem äußeren Stromkreis verbindet. Noch 1855 hielt der englische Elektroingenieur Edward Tyer Ritchies Maschine, die der Erfinder sich nicht hatte schützen lassen, auch ohne den Stromwender für patentwürdig[3].

Auch Ritchie sagte nicht, wie man seine Maschine praktisch verwenden könnte. Der Wert seiner Arbeit liegt in der Erfindung des Kommutators und in der nur beiläufig mitgeteilten Überzeugung, daß der Magnet auch ein Elektromagnet sein könne; selbstverständlich hat Ritchie dabei nur an Fremderregung durch eine Batterie gedacht.

---

[1] Dict. Nat. Biogr. 48 (1896) S. 326; Pogg. Bd. 2 (1863) Sp. 649.

[2] Ritchie, W.: Experimental researches in electro-magnetism and magneto-electricity. Pt. III. On a mode of obtaining an almost continuous current of electricity by the induction of magnets. Phil. Trans. 123 (1833) S. 320—321; Pogg. Ann. 32 (1834) S. 539—542.|

[3] Engl. Pat. Nr. 2895 vom 21. Dez. 1855.

V. Die Maschinen der dreißiger Jahre.

Entwicklung und Anwendung der Maschinen. Für die Entwicklung der magnetelektrischen Maschinen bis 1840 ist der Umstand entscheidend gewesen, daß keine rechte Aufgabe für sie da war, daß nicht irgendeine praktische Notwendigkeit dazu zwang, ganz eindeutige Forderungen zu erfüllen und bestimmte Eigenschaften zu züchten. Die Maschinen dieser Zeit waren nichts als Demonstrationsgeräte und Spielzeuge, für die sich aber unter dem Eindruck von Faradays Entdeckung ein großer Kreis interessierte. Solche Vorrichtungen ohne praktischen Zweck konnte jeder Mechaniker gestalten, wie er wollte.

Man kann nicht sagen, daß die allmählich einsetzende Verwendung der magnetelektrischen Maschinen in der Medizin in diesen Jahren der Entwicklung irgendwie förderlich gewesen sei. Die Ärzte bedienten sich schon lange vorher für therapeutische Zwecke galvanischer Ströme und der Elektrisiermaschine, und den gleichen Zwecken konnte auch die magnetelektrische Maschine dienen; es scheint, als ob mit dem Auftreten der neuen Stromquelle die medizinische Anwendung der Elektrizität erst wieder neuen Auftrieb erhalten habe. Die Mechaniker suchten ihre Apparate diesem ersten Anwendungsgebiet anzupassen, indem sie sie mit Doppelankern versahen, so daß eine Maschine sowohl die galvanische Batterie als auch die Elektrisiermaschine ersetzen konnte. Allein, bei der Eigenart dieses Anwendungsgebietes fehlte jede Möglichkeit einer Überwachung des Einsatzes der Maschine, und eine Entscheidung über den Anteil der Maschine am Erfolg oder Mißerfolg ihrer Anwendung war nicht möglich. Infolgedessen konnten auch verbindliche Vorschläge für Verbesserungen zunächst von Ärzten nicht gemacht werden.

Schon nach wenigen Jahren erwuchs der magnetelektrischen Maschine auf diesem Anwendungsgebiet ein gefährlicher Wettbewerber, als nach der Erfindung des selbsttätigen Unterbrechers, des Wagnerschen Hammers, der Induktionsapparat immer beliebter wurde.

Die elektromagnetischen Maschinen. Schon bald nach Oersteds Entdeckung des Elektromagnetismus hatten Faraday und andere Physiker die elektrodynamischen Rotationen entdeckt, und Peter Barlow hatte sogar schon ein sich drehendes Rad erfunden[1]. Diese Vorrichtungen entwickelten indessen nicht mehr Kraft, als gerade erforderlich war, sie in Bewegung zu halten, so daß niemand an ihre Verwendung als Kraftquelle denken konnte. Als dann aber seit 1825 Sturgeons Elektromagnet zur Verfügung stand, beschäftigen sich zahllose Erfinder mit dem Bau elektromagnetischer Maschinen. Es dauerte Jahrzehnte, bis allgemein anerkannt war, daß es sich hier nicht um die endliche Verwirklichung des alten Perpetuum mobile-Traumes handelte, sondern um Maschinen, deren Energieabgabe nach außen aus dem Zinkverbrauch der galvanischen Elemente gedeckt werden mußte. Noch 1858 mußte James Prescott Joule im „Engineer" energisch auf diesen Umstand hin-

---

[1] Barlow, P.: An essay on magnetic attractions, London 1824. S. 280—281. Gehlers physik. Wörterb. Neue Aufl.. Bd. 3, Leipzig 1827. S. 567.

weisen[1], den Justus Liebig bereits 1844 in seinen „Chemischen Briefen"[2] klargestellt hatte.

Das zuerst von Volta gebrauchte Wort „Elektromotor" bedeutete damals ein galvanisches Element, also eine Vorrichtung, die einen elektrischen Strom in Bewegung setzt, und nicht wie bei uns heute eine durch den elektrischen Strom in Bewegung gesetzte Maschine; aus diesem Sprachgebrauch der damaligen Zeit leitet sich auch unsere heute sinnlos gewordene Bezeichnung „elektromotorische Kraft" her.

Den wahrscheinlich ersten Rotationsapparat mit Elektromagneten hat der ungarische Physiker Anyos Jedlik 1827 oder 1828 erfunden, aber er scheint nie darüber berichtet zu haben[3]. Einen ähnlichen Apparat beschrieb 1837 William Ritchie[4].

Am Anfang der praktischen Entwicklung[5] stehen die Vorrichtungen mit hin- und hergehender Bewegung[6], die hier im Gegensatz zu den Stromerzeugern eine konstruktive Weiterentwicklung erfuhren und erst mit dem Aufkommen der Dynamomaschinen verschwanden. Aus dem Jahre 1831 stammen die Bauarten von Joseph Henry, die der Erfinder selbst als „physikalische Spielzeuge" bezeichnete, und die von Dal Negro, bei denen ein Stabmagnet ständig im Pendeln erhalten wurde und über ein Getriebe Energie abgeben konnte; Dal Negros Maschine, die mit seinem Stromerzeuger nichts zu tun hat, ist also offenbar der erste wirkliche Elektromotor im heutigen Sinne gewesen.

Die erste Mitteilung über eine rotierende elektromagnetische Maschine veröffentlichte der Unbekannte φ. μ. am 1. Juni 1833 (S. 22, Abb. 6), zu einer Zeit also, als die rotierenden magnetelektrischen Maschinen schon bekannt waren. Vier Jahre später behauptete allerdings William Sturgeon[7], er selbst habe bereits im Herbst 1832 eine solche Maschine erfunden, und er habe sie auch im März 1833 öffentlich vorgeführt. Größere rotierende Maschinen baute Moritz Hermann von Jacobi (geb. 21. September 1801 in Potsdam, gest. 27. Februar 1874 in St. Petersburg)[8] seit Mai 1834. Jacobi erzielte zwar einige Scheinerfolge und konnte 1838 auf der Newa auch ein elektrisch betriebenes Boot zeigen, aber er erkannte doch rechtzeitig die Unwirtschaftlichkeit dieser Energiegewinnung aus Zink. Sein Hauptverdienst liegt darin, daß er in die Vorgänge in der Maschine einzudringen suchte und bei den Untersuchungen von Lenz mitarbeitete.

---

[1] The Engineer. 5 (1858) S. 39, 49.

[2] Liebig, J.: Chemische Briefe, Heidelberg 1844. S. 114—120.

[3] BGT. 21 (1931/32) S. 159.

[4] Ann. electr. 1 (1837) S. 112—113.

[5] Sturgeon, W.: Historical sketch of the rise and progress of electro-magnetic engines for propelling machinery. Ann. electr. 3 (1839) S. 429—437.

[6] Henry, J.: Sill. J. 20 (1831) S. 340—342. — Dal Negro: Nuova macchina elettro-magnetica. Ann. scienze. 4 (1834) S. 67—80.

[7] Sturgeon, W.: Description of an electro-magnetic engine for turning machinery. Ann. electr. 1 (1837) S. 75—78.

[8] Wild, H.: Zum Gedächtnis an M. H. v. Jacobi. St. Petersburg 1876. — Jacobi, M. H.: L'Institut, No. 82, S. 394, vom 3. Dezember 1834. — Mémoire sur l'application de l'électro-magnétisme au mouvement des machines. Potsdam 1835, mit Nachtrag: Expériences électro-magnétiques. Bull. Pét. II (1837) Sp. 17 bis 31, 37—44 (x).

Aus der großen Reihe anderer Erfinder auf diesem Gebiet seien nur einige Namen aufgezählt: Th. Allen, G. H. Bachhoffner, G. D. Botto, N. J. Callan, Th. Davenport, R. Davidson, P. Elias, G. Froment, C. A. Grüel, S. Hjorth, J. P. Joule, F. Lockey, B. R. McConnell, J. W. McGauley, Ch. G. Page, I. L. Pulvermacher, C. A. Steinheil E. Stöhrer, S. Strating und C. Becker, W. H. Taylor, R. W. Urling, J. Ph. Wagner, F. Watkins und Ch. Wheatstone. Allein in England wurden zwischen 1837 und 1866 hundert Patente auf elektromagnetische Maschinen genommen.[1]

Wenn bei solchen Maschinen ausschließlich Elektromagnete benutzt werden, kann man Ständer und Läufer entweder in Reihe oder parallel schalten, wenn man nicht getrennte Batterien benutzt. P. O. C. Vorsselman de Heer, Professor für Physik in Deventer, war wohl der erste, der entgegen der allgemeinen Ansicht anderer Physiker auch die Reihenschaltung für ausführbar hielt und ihre Brauchbarkeit auch praktisch nachwies. In einer wertvollen Veröffentlichung[2] klärte er an Hand des Ohmschen Gesetzes die Verhältnisse und machte Vorschläge, wann die Reihen- und wann die Nebenschlußschaltung vorzuziehen sei. Wenn ihm die wichtigste Frage war, „Wieviel Pfund Zink sind erforderlich, um eine Maschine von der Kraft eines, zehn oder hundert Pferden zu betreiben?", dann darf man darin noch nicht das Bedürfnis nach einem chemisch-elektrischen Energieäquivalent sehen wollen; es handelte sich vielmehr um die irrige Ansicht jener Zeit, die wir auch bei J. Ph. Wagner finden, daß die Leistung der Maschinen nicht proportional mit dem Zinkverbrauch sondern mit seinem Quadrate wachse. Außerdem sei die Maschinenleistung noch abhängig von der Art und den Abmessungen des Eisens — über die Gesetzmäßigkeiten dabei sei noch nichts bekannt —, von der Windungszahl und von der Intensität, also der Spannung. Die Enttäuschung über die bisherigen Mißerfolge beim Bau elektromagnetischer Maschinen war bei Vorsselman de Heer schon so groß, daß er schon nicht mehr an die damals oft prophezeite Verdrängung der Dampfmaschine durch die elektrische Maschine glaubte. Er meinte aber, man sollte doch wenigstens prüfen, ob die magnetischen Maschinen die Arbeit nicht wohlfeiler als die menschliche Kraftmaschine leisten könnten.

Eine gegenseitige konstruktive Beeinflussung von Stromerzeugern und Elektromotoren hat nicht in dem Maße stattgefunden, wie man es eigentlich erwarten könnte, auch nicht nach der Entdeckung der Umkehrbarkeit. Obwohl das Interesse für die elektromagnetischen Maschinen immer größer gewesen ist als für die magnetelektrischen Maschinen, endete ihre Entwicklung schließlich doch in einer Sackgasse. Der moderne Motor ist nicht aus ihnen entstanden, sondern aus der Dynamomaschine.

Die Maschine von Saxton. Eine Maschine, die nach Ansicht der Zeit-

---

[1] Patents for inventions. Abridgments of specifications. Electricity and magnetism. Div. VI. Electric motive power engines and similar apparatus. 1837—1876. London 1883.

[2] Über den Elektromagnetismus als bewegende Kraft. Pogg. Ann. 47 (1839) S. 76—100.

genossen der Maschine Pixiis überlegen war, hat der amerikanische Mechaniker Joseph Saxton (geb. 22. März 1799 in Huntingdon, Pa., gest. am 26. Oktober 1873 in Washington)[1] angegeben. Saxton kam 1828 nach England, wo er zu den angesehensten Physikern in Beziehung trat. Er erfand seine Maschine 1833 und zeigte sie in diesem Jahre in Cambridge der Versammlung der British Association for the Advancement of Science. 1837 verließ er England, wo er einige Patente erhalten hatte, und trat als Ingenieur der Münze in den amerikanischen Staatsdienst.

Man hatte bei der Pixiischen Maschine als Nachteil empfunden, daß der schwerere Teil bewegt werden muß. Deshalb verwendete Saxton ein fest angeordnetes Magnetsystem und machte nur den sehr kurzen und leichten Anker drehbar. Im übrigen ist seine Bauart[2] nichts anderes als die erste Form der Pixiischen Maschine, nur mit waagerechter Welle. Sie wird wohl wegen ihres gedrungeneren Baues leichter, billiger und beim Betrieb ruhiger gewesen sein als ihre Vorläuferin, in der Entwicklungsgeschichte der elektrischen Maschinen bedeutet sie jedoch eher einen Rückschritt als einen Fortschritt; denn Saxton verzichtete nicht nur auf die Stromwendung, also auf die Erzeugung von Gleichstrom, sondern er führte für die Stromabnahme auch wieder die Quecksilbernäpfchen ein (Abb. 12—15).

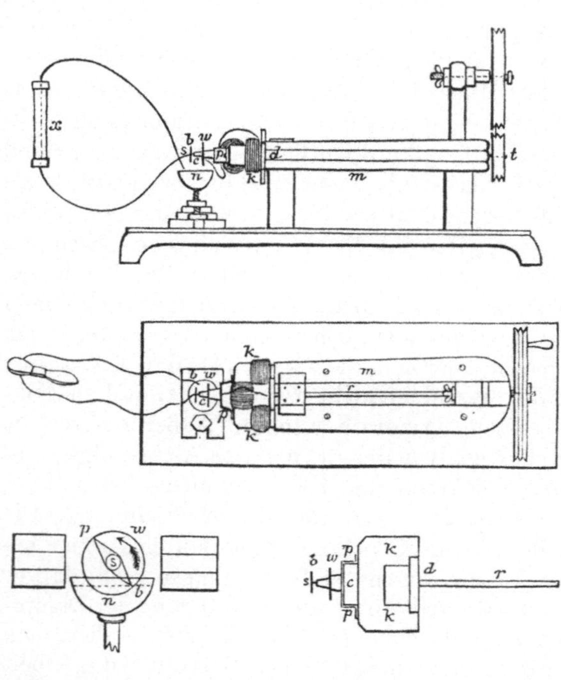

Abb. 12—15. Saxton's Maschine mit Einfachanker und ihr Strom-abnehmer. Journal of the Franklin Institute. New series. 13 (1834) S. 155.

Im Dezember 1835 baute Saxton seine ersten Doppelankermaschinen, die sich bald großer Beliebtheit erfreuten[3]. An Stelle des Ankers mit nur einem Spulenpaar wandte er jetzt noch ein weiteres, gegen das erste

---

[1] Henry, J.: Biographical Memoir of J. Saxton. National Academy of Sciences. Biographical Memoirs. 1 (1874) S. 287—316 (x); Dict. Am. Biogr. 16 (1935) S. 400; Appleton 5 (1888) S. 409—410.

[2] Saxton, J.: Description of a revolving keeper magnet, for producing electrical currents. J. Franklin Inst. New ser. 13 (1834) S. 155—156. — Rutter, J. O. N.: Saxton's magneto-electric apparatus. Mech. Mag. 21 (1834) S. 65—66.

[3] Saxton, J.: On his magneto-electrical machine. Phil. Mag. 3rd ser. 9 (1836) S. 360—365; Pogg. Ann. 39 (1836) S. 401—404.

um 90° versetztes Spulenpaar an. Ein Spulensatz mit 400 yards dünnen Drahtes soll physiologische Wirkungen, „Erschütterungen" sagte man damals, geben; Saxton wußte, daß diese Wirkung mit der Drahtlänge zunimmt. Das zweite Paar ist mit dreißig parallelgeschalteten, je 75 Fuß langen Drähten von starkem Querschnitt bewickelt und soll vor allem schöne Funken erzeugen (Abb. 16).

Saxtons Maschine wurde auf dem Kontinent auch unter dem Namen „Newmans Maschine" bekannt[1]; sie wurde sehr oft nachgebaut. Als später Elektromagnete häufiger bei magnetelektrischen Maschinen benutzt wurden, wandte man sie auch bei diesen Maschinen an. Patentiert wurde diese Veränderung der ursprünglichen Saxtonmaschine im Jahre 1852[2]. Der Erfinder, Charles Watt, glaubte eine wesentliche Verbesse-

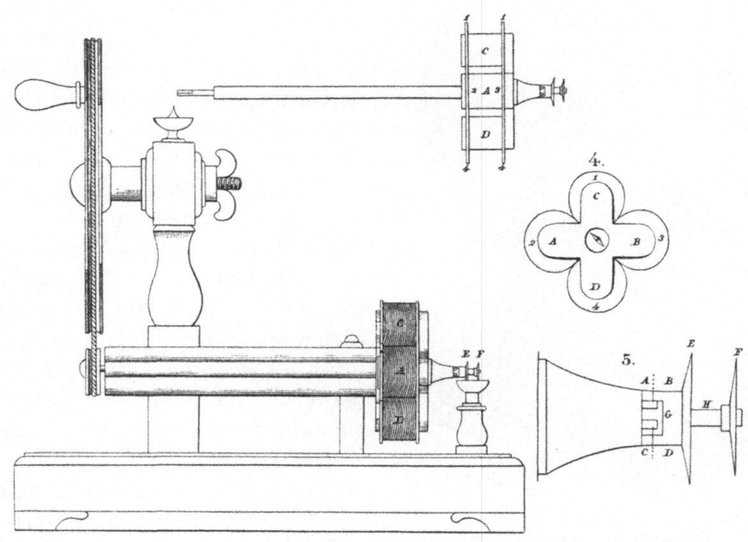

Abb. 16. Saxton's Doppelankermaschine. Pogg. Ann. 39 (1836) Taf. 4.

rung noch dadurch erzielen zu können, daß er der Drehung des Ankers noch eine hin- und hergehende Bewegung gleicher Frequenz überlagerte, so daß der Luftspalt fortwährend zwischen einem Kleinstwert und einem Größtwert schwankte. Natürlich ist diese Maschine nur ein Kuriosum geblieben.

Die Verbesserung der Saxtonschen Konstruktion durch Clarke. Auch der Londoner Mechaniker Edward M. Clarke, der sich oft die Berufsbezeichnung „magnetician", Magnetiker, beilegte, hat sich eifrig um die Verbesserung der magnetelektrischen Maschinen bemüht[3]. Bei der

---

[1] Ann. electr. 1 (1837) S. 155.

[2] Engl. Pat. Nr. 834 vom 23. November 1852.

[3] Description of E. M. Clarke's magnetic electrical machine. Phil. Mag. 3rd ser. 9 (1836) S. 262—266. — Clarke, E. M.: A description of a magnetic electrical machine. Ann. electr. 1 (1837) S. 145—155. — Clarke: Account of a series of experiments made with a large magneto-electrical machine. Trans. Proc. Lond. Electr. Soc. 1 (1837—1840) S. 73—76 (x); s. a. Pogg. Ann. 39 (1836) S. 404—406.

Saxtonschen Maschine mißfiel ihm, daß die Welle in einer Bohrung des Magnets gelagert ist, so daß sich Erschütterungen auf diesen übertragen können und ihn schwächen; auch könne man den Magnet nicht abnehmen, um ihn für andere Experimente zu verwenden[1]. Die Abhilfe bestand darin, daß Clarke den Magnet aufrecht stellte, so daß die Ankerspulen sich nicht mehr vor den Polflächen, sondern senkrecht zu ihrer Ebene bewegten (Abb. 17). Ein großer Fortschritt gegenüber den älteren Maschinen war damit gewiß noch nicht erzielt.

In den fünfziger Jahren hat der Mechaniker und Gymnasiallehrer Wilhelmus Martinus Logeman (geb. 27. April 1821 zu Amsterdam, gest. ?)[2] in Haarlem eine neue Variante der Clarkeschen Umkonstruktion von Saxtons Maschine gebaut. Während Clarke die Spulen axial, parallel zur Welle, anordnete, setzte er sie in radialer Richtung senkrecht auf die Welle und ließ sie zwischen den Polen in der Öffnung des Hufeisens rotieren. Eine solche Maschine war vermutlich auch die von Logeman auf der Londoner Ausstellung 1851 gezeigte „elektromagnetische" Maschine.

Auch Clarke hielt die Verwendung zweier verschiedener Anker für notwendig; im Gegensatz zu Saxton zog er aber zwei getrennte und nach Belieben austauschbare Anker dem Doppelanker vor, so daß sein Verfahren zwar umständlicher ist, dafür aber auch den teilweisen magnetischen Rückschluß durch den leerlaufenden zweiten Anker der Saxtonmaschine vermeidet. Trotz dieses Unterschiedes bezichtigte Saxton Clarke der „piracy',; die Verwendung zweier Anker sei seine Erfindung[3]. Clarke konnte aber einwandfrei nachweisen, daß er schon im April 1835, also Monate vor Saxton, Maschinen mit Doppelankern verkauft hatte.

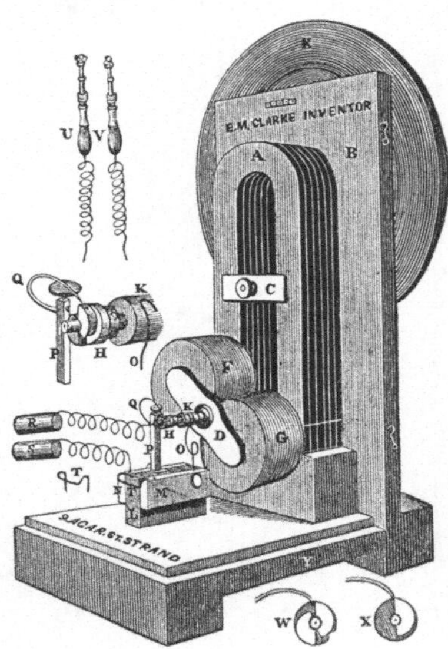

Abb. 17. Die Maschine von Clarke und ihr Stromwender. Ann. electr. 1 (1837) S. 146.

Clarke benutzte bei seinen ersten Maschinen noch Quecksilber für die Stromabnahme, doch ging er bald zum Kommutator mit Schleiffedern über. Die Anfänge der beiden Ankerspulen verband er mit einem Schleifring — damit wird diese moderne Form des rotierenden Kontaktstückes, die der Ritchieschen Scheibe überlegen ist, in die Elektrotechnik eingeführt —, von dem eine Drahtfeder den Strom abnimmt; die beiden Wicklungsenden sind zum Kommutator geführt, der ebenfalls statt der Ritchieschen Form mit axialem Stromaustritt als zweiteiliger Strom-

---

[1] Reply of Mr. E. M. Clarke to Mr. J. Saxton. Phil. Mag. 3rd ser. 10 (1837) S. 455—459.

[2] Nieuw Nederlandsch Biografisch Woordenboek, Bd. 9, Sp. 616—618. Leiden 1933.

[3] Phil. Mag. 3rd ser. 9 (1836) S. 365, 10 (1837) S. 455—459.

wender mit radialem Stromaustritt ausgebildet wurde. Dieser Stromwender ist Clarkes wesentlichster Beitrag zur Entwicklung der elektrischen Maschinen.

In Clarkes Berichten finden sich noch andere interessante Stellen, die nicht direkt auf Maschinen Bezug haben. Beiläufig heißt es an einer Stelle[1], daß man mit dem Strom der Maschine Platindraht glühend machen könne, ,,without the platina wire being inclosed in a hermetically sealed glass tube‘‘. Man darf daraus schließen, daß damals schon Versuche mit glühendem Platin in luftdicht abgeschlossenen Glasröhren gemacht worden waren; diese Vorläufer der Metallfadenglühlampe wären also älter als der früheste bisher in der Technikgeschichte bekannte Versuch mit Glühlampen, den Sir William Robert Grove 1840 machte, und über den er der Royal Society berichtete.

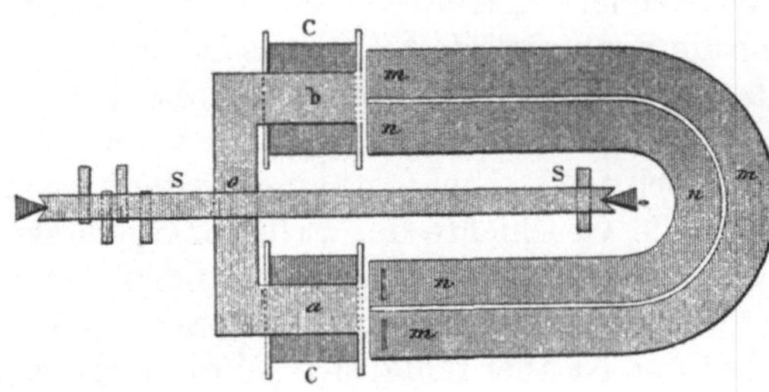

Abb. 18. Clarke's Kraftübertragungsversuch
Ann. electr. 1 (1837) S. 154.

Ferner ist bisher ganz unbeachtet geblieben, daß Clarke als erster die Möglichkeit der elektrischen Kraftübertragung nachgewiesen hat[2]. Es gelang ihm, mit dem Strom seiner Maschine eine elektrodynamische Rotationsvorrichtung zu betreiben (Abb. 18). Die Bedeutung dieses Versuches hat er damals freilich nicht erkennen können.

Sturgeons weitere Arbeiten. Sturgeon war schriftstellerisch sehr fruchtbar, aber seine Maschinenkonstruktionen sind nicht originell. Sein Hauptverdienst auf dem Gebiet der elektrischen Maschinen liegt in der Einführung des praktischen Stromwenders, und dieses Verdienst muß er mit Clarke teilen. Da

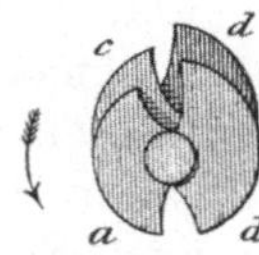

Abb. 19 u. 20. Sturgeon's verbesserte Konstruktion der Saxton-Maschine und ihr Stromwender.
W. Sturgeon. Scientific Researches. Bury 1850. Taf. 12.

neben mögen seine theoretischen Arbeiten trotz ihrer Unzulänglichkeiten doch mancherlei Anregungen gegeben haben.

Im Vorwort zu seinen ,,Researches‘‘[3] sagte Sturgeon von seiner Maschine, sie habe bei den Ärzten — in England — eine größere Verbreitung gefunden als jedes andere System. Bei seiner Maschine handelt es sich um einen Apparat der Saxtonschen Bauart, den er mit seinem

---

[1] Phil. Mag. 3rd ser. 9 (1836) S. 265.
[2] Ann. electr. 1 (1837) S. 154.
[3] Sturgeon, W.: Scientific Researches, Bury 1850. S. VI.

Stromwender versah, und bei dem er den von Clarke gerügten Mangel, daß nämlich die Welle im Magneten gelagert ist, beseitigte (Abb. 19, 20[1]). Eine andere magnetelektrische Maschine mit einem eisenlosen Anker, die er 1836 baute[2], ist ein Unikum geblieben.

Die Maschine von F. Watkins. Der Londoner Instrumentenmechaniker Francis Watkins, in dessen Firma Watkins & Hill 1833 auch Clarke gearbeitet hatte, schrieb 1835 „On magneto-electric induction"[3]. Diese Arbeit ist auch in das russische Quellenwerk zur Geschichte der Dynamomaschine aufgenommen worden, weil S. P. Thompson die hier beschriebene Maschine für einen Stromerzeuger gehalten hatte. Tatsächlich handelt es sich aber um eine elektromagnetische Maschine. Watkins sagte nicht nur, daß der Apparat an ein galvanisches Element angeschlossen wird, er sprach auch von der „production of motion", und schließlich bezeichnete er selbst in einer späteren Arbeit[4] diesen Apparat klar und eindeutig als „electromagnetic motive engine".

Der Irrtum konnte dadurch entstehen, daß Watkins vergleichend auch die Verhältnisse bei der magnetelektrischen Maschine betrachtete. Er berichtete, daß er diese Vorrichtung mit Erlaubnis des Erfinders einer Konstruktion Saxtons nachgebaut habe; aus deren Beschreibung geht ebenfalls klar hervor, daß es sich nicht um den Stromerzeuger von Saxton handelt, der übrigens gleichfalls erwähnt wird.

Eine magnetelektrische Maschine Watkinsscher Konstruktion gibt es also nicht.

Weitere Arbeiten Ritchies. Die erste zur Selbsterregung fähige Schaltung. Die Idee der Gleichpolmaschine mit festem Magnet- und Spulensystem, die zuerst $\varphi.\,\mu.$ mitgeteilt hatte, griff nun 1837 auch William Ritchie auf, ohne seinen Vorläufer zu nennen, und wahrscheinlich auch ohne ihn zu kennen. „Wenn in einer gewöhnlichen magnetelektrischen Maschine ein Draht um die Enden des Dauermagnets gewickelt wird, und ein einfacher, flacher, unbewickelter Anker sich vor den Polen dreht, dann erhält man leicht prächtige Funken und einen kaum erträglichen elektrischen Schlag[5]." Nun folgt eine nur kurze, aber ungemein interessante und für die Geschichte der Erfindungsgedanken sehr wichtige Bemerkung. Ritchie schlug nämlich vor, auf den flachen Anker ebenfalls eine Spule zu wickeln und sie mit der festen Spule in Reihe zu schalten. Diese Schaltung ist aber fähig, sich selbst zu erregen, sobald sie einen Stromwender erhält. Wenn sie auch nicht mehr und nicht weniger bedeutet als die Anwendung der zusätzlichen Selbsterregung, wie Søren Hjorth sie sich anderthalb Jahrzehnte später in England patentieren ließ, so ist doch zu beachten, daß Ritchie die

---

[1] Sturgeon, W.: Researches in electro-dynamics. Description of another magnetic electrical machine. Ann. electr. 3 (1839) S. 16—24.

[2] Sturgeon, W.: Description of a magnetic electric machine having no iron armature. Ann. electr. 2 (1838) S. 2—3; Researches 1850, S. 252.

[3] Phil. Mag. 3rd ser. 7 (1835) S. 107—113.

[4] Watkins: On electro-magnetic motive machines. Phil. Mag. 3rd ser. 12 (1838) S. 190—196.

[5] Ritchie: On the electric spark and shock from a permanent magnet. Phil. Mag. 3rd ser. 10 (1837) S. 280—281.

Vorgänge in einer solchen Schaltung nicht erkannt hat. Ein tatsächliches Verdienst um die Entwicklung der selbsterregten Maschinen kommt Ritchie nicht zu, — sofern nicht etwa Hjorth durch seine Mitteilung angeregt worden ist.

In einer Veröffentlichung hatte ein in der Geschichte der Elektrotechnik sonst nicht bekannter Physiker, Frederick W. Mullins, den Vorschlag gemacht, bei den magnetelektrischen Maschinen die Hufeisendauermagnete durch Kombinationen von Stabmagneten zu ersetzen[1]. Ritchie widersprach sofort und versuchte, Mullins Trugschluß aufzuklären, so daß diese Sackgasse der Entwicklung nicht wieder betreten wurde. Aus Mullins Arbeit ist berichtenswert eigentlich nur die Empfehlung, für elektrische Isolationen Kautschuk zu verwenden[2].

Die Gleichpolmaschinen mit unbewickelten Läufern. Die Gleichpolmaschine nach $\varphi. \mu.$ und Ritchie ist später immer wieder vorgeschlagen worden. In den Zeitschriften wurde oft die Maschine von P. A. J. Dujardin in Lille erwähnt[3], der 1844 auch ein englisches Patent darauf erhielt. In Frankreich hatte Dujardin einen Prioritätsstreit mit den Mechanikern Breton frères, die für eine solche Konstruktion seit 1841 zahlreiche Preise bekommen hatten.

Die Möglichkeit, bei festem Magnetsystem und festem Spulensystem die zur Induktion notwendigen Flußänderungen durch einfaches Ändern des magnetischen Widerstandes zu erzielen, hat wirkliche, aber nur episodenhafte Bedeutung erst im zwanzigsten Jahrhundert erhalten, als Hochfrequenzmaschinen nach diesem Prinzip gebaut wurden. Die zahlreichen englischen Patente[4] aus den fünfziger und sechziger Jahren des vorigen Jahrhunderts sind immer bedeutungslos geblieben, obwohl hochangesehene Fachleute — Wheatstone ist mit zwei, William Thomas Henley sogar mit drei Patenten vertreten — in dieser Richtung gearbeitet haben. Es ist aber nicht unmöglich, daß man in der praktischen Telegraphie gelegentlich auch Apparate benutzt hat, die nach diesem Prinzip arbeiteten.

Die Maschinen von Page. In den Vereinigten Staaten von Amerika hat sich als erster und am rührigsten Charles Grafton Page (geb. 25. Januar 1812 zu Salem, Mass., gest. 5. Mai 1868 zu Washington)[5] mit dem Bau magnetelektrischer Maschinen befaßt. Page hatte Medizin studiert, war auch Arzt geworden, beschäftigte sich aber dann vorwiegend

---

[1] Mullins: On certain improvements in the construction of magneto-electrical machines. Phil. Mag. 3rd ser. 9 (1836) S. 120—121.

[2] Ritchie: Remarks on certain proposed improvements in the magneto-electric machine. Phil. Mag. 3rd ser. 9 (1836) S. 222—223.

[3] Comptes rendus 18 (1844) S. 837, 21 (1844) S. 528, 892; Th. Du Moncel. Exposé des applications de l'électricité. 3e. éd., Bd. 2, Paris 1873 S. 206.; Engl. Pat. 11894 vom 7. Oktober 1847. Pogg. Ann. 67 (1846) S. 44.

[4] Engl. Pat. Nr. 14346 vom 13. November 1852 für William Petrie, Nr. 2457 vom 21. November 1854 für Richard Knight, Nr. 3015 vom 29. November 1861 für Edward Tyer; ferner für Henley: Nr. 2769 vom 22. November 1856, Nr. 734 vom 23. März 1861, Nr. 2464 vom 3. Oktober 1861, sowie das franz. Pat. Nr. 52574 vom 11. Januar 1862, Brevets , Bd. 84, 1876, Abt. XII/4, S. 11—13; engl. Pat. Nr. 169 vom 21. Januar 1864 für Frederick James Ritchie.

[5] Dict. Am. Biogr. 11 (1933) S. 135—136

mit physikalischen und technischen Problemen. Von 1841 bis 1852 und nach 1861 war er Prüfer am U. S. Patent Office. Für seine Versuche mit elektromagnetischen Maschinen und insbesondere zum Bau einer elektrischen Lokomotive erhielt er 1850 vom Kongreß eine Geldunterstützung.

Page ließ seine Maschine[1] im Frühjahr 1838 durch den Instrumentenmechaniker Daniel Davis Jr. in Boston anfertigen, der sie später in etwas abgeänderter Form (Abb. 21) in vielen Exemplaren und mit großem Gewinn verkaufte. Im Grunde genommen handelt es sich dabei um eine Clarkesche Maschine, bei der an Stelle des unbewickelten Ankerrückens aus Weicheisen ein zweites festes Magnetsystem tritt; die beiden Rollenspulen des Ankers, die jetzt also nicht mehr unmittelbar magnetisch miteinander verbunden sind, werden nun auf beiden Seiten von Magneten beeinflußt. Selbstverständlich hat auch diese Maschine einen Stromwender.

Die Leistung seiner Maschine, meinte Page[2], ließe sich beliebig steigern; dazu sei nur nötig, daß man auf einer Welle eine ganze Reihe

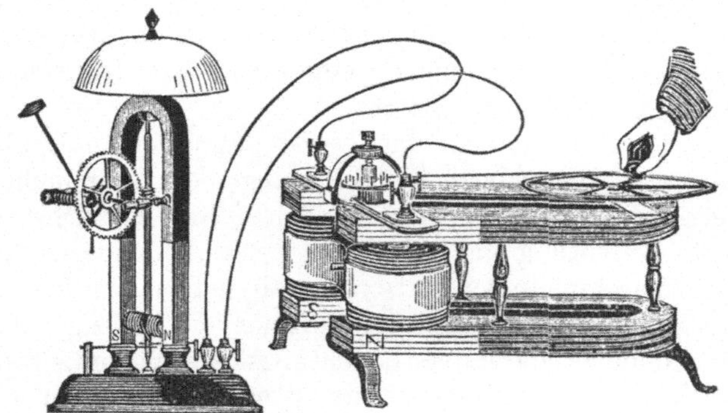

Abb. 21. Maschine von Page. Nach D. Davis jr. Manual of magnetism. 2nd ed. Boston 1847. S. 281.

von Spulensätzen anbringe — er meinte natürlich hintereinander — und die entsprechende Zahl von Magneten verwende. Er selbst habe nur aus Mangel an Mitteln noch nicht eine große Maschine bauen können, die auch die größte galvanische Batterie übertreffen würde. Er dachte daran, mit großen Maschinensätzen Lichtbogen zu speisen; dazu müßte man aber zwei Sätze mit 90° Phasenverschiebung verwenden, damit, wenn der eine gerade in der „neutralen Ebene" sei, der andere gerade sein Leistungsmaximum habe. Eine Maschine, die ganz diesem Vorschlag entspricht, aber für die Abgabe von stetigem Gleichstrom gedacht ist, hat dann einige Jahre später Charles Wheatstone sich patentieren lassen.

Auch Page hat sich mit dem Bau von Gleichpolmaschinen beschäftigt.[3]

---

[1] Page: New magnetic electrical machine of great power, with two parallel horse-shoe magnets, and two straight rotating armatures, affording each, in an entire revolution, a constant current in the same direction. Sill. J. 34 (1838) S. 163—169; Daniel Davis Jr. A manual of magnetism. 2nd ed. Boston 1847.

[2] Sill. J. 35 (1839) S. 252.

[3] Page: Researches in magnetic electricity and new magnetic electrical instruments. Sill. J. 34 (1838) S. 364—373; Magneto-electric multiplier. Sill. J. 37 (1839) S. 275—276.

Die Maschine von v. Ettingshausen. Eine der ersten deutschen Maschinen, die erste, die einem größeren Kreise bekannt wurde, hat **Andreas Ritter von Ettingshausen** (geb. 25. November 1796 zu Heidelberg, gest. 25. Mai 1878 in Wien)[1] angegeben. Ettingshausen war seit 1821 Professor an der Universität Wien, zuerst für Mathematik, seit 1834 für Physik. Seine Maschine ließ er durch den Wiener Mechaniker **Johann Michael Ekling** anfertigen; sie wurde im September 1837 der Versammlung deutscher Naturforscher und Ärzte in Prag gezeigt[2].

Bei dieser Bauart wird ein **Clarke**scher Anker unter dem Dauermagnetsystem um eine senkrechte Achse gedreht. Das Magnetsystem besteht aus sechs senkrecht stehenden und einer waagrechten Lamelle und läßt sich durch Stellschrauben heben und senken, wodurch der Luftspalt geändert werden kann. Wie schon zwei Jahre früher bei englischen Maschinen, so werden auch hier zwei „Inductoren", der eine mit parallelgeschalteten, der andere mit in Reihe geschalteten Spulen, benutzt, als „Quantitäts-Inductor" und als „Intensitäts-Inductor". Zur Zeit ihrer Erfindung soll die Ettingshausensche Maschine leistungsfähiger als jede andere magnetelektrische Maschine gewesen sein[3] (Abb. 22).

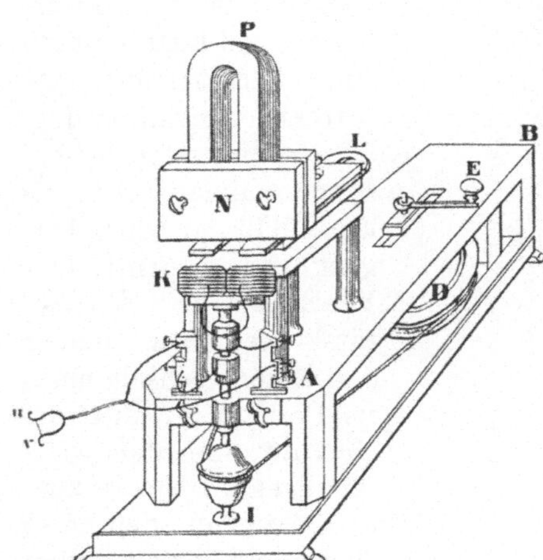

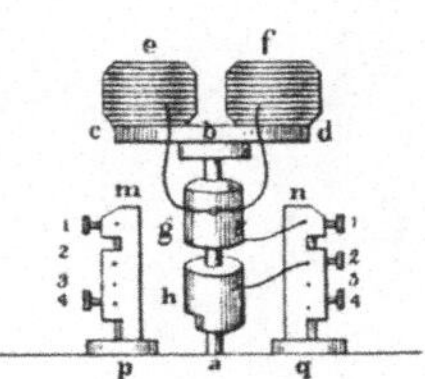

Abb. 22. Ettingshausen's Maschine und ihr Stromwender. Bericht über die Versammlung deutscher Naturforscher und Ärzte in Prag im September 1837. Prag 1838. Tafel neben S. 227.

Den Stromabnehmer richtete **Ettingshausen** so ein, daß man entweder Wechselstrom erhält oder aber einen sehr unstetigen Gleichstrom; im letzteren Falle wird durch das Verschieben der einen Feder nach dem exzentrischen Teil des einen Schleifringes nur jede zweite Halbperiode des Stromes abgenommen.

Petrinas Konstruktionen. Franz Adam Petrina (geb. 24. Dezember 1799 zu Semil a. d. Iser, gest. 27. Juni 1855 zu Prag)[4] war mit v. Ettings-

[1] **Wurzbach, C. v.**: Biographisches Lexikon des Kaiserthums Österreich, Bd. 4, Wien 1858; S. 109—111. Pogg. 3 (1898) S. 419.

[2] Bericht über die Versammlung deutscher Naturforscher und Ärzte in Prag im September 1837, von Grafen Kaspar Sternberg und Prof. J. V. Edl. v. Krambholz. Prag 1838, darin S. 227—235: Über die Einrichtung und den Gebrauch der magneto-elektrischen Maschine, welche den im September 1837 zu Prag versammelten Naturforschern und Ärzten vorgezeigt wurde. Von Andreas von Ettingshausen.

[3] Gehlers physik. Wörterb. Neue Aufl., Bd. 9/1, S. 121—124. Leipzig 1838.

[4] **Wurzbach, C. v.**: Biographisches Lexikon des Kaiserthums Österreich, Bd. 22, Wien 1870 S. 116—120; ADB. 25 (1887) S. 528—529. — **Weitenweber, Wilh. Rud.**: Denkrede auf Prof. Franz Adam Petrina. Prag 1856 (x).

hausen befreundet. Noch im Jahre 1837, dem Entstehungsjahr der Ettingshausen-Maschine, baute er sich einen eigenen Apparat nach diesem Vorbild, und bei dessen Bau und Benutzung wurde er zur Entwicklung einer eigenen Konstruktion angeregt. Petrina war der Sohn eines armen Webers und mit siebzehn Jahren noch ein völlig ungebildeter Webergeselle. Trotzdem konnte er noch eine gute Schulbildung erwerben und in Prag studieren. 1837 wurde er Gymnasialprofessor in Linz, wo er seine Maschine erfand, und 1844 Professor für Physik an der Universität Prag.

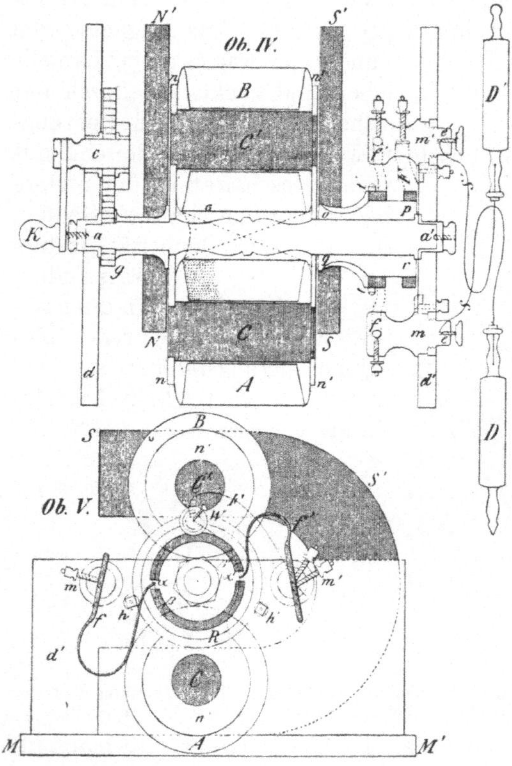

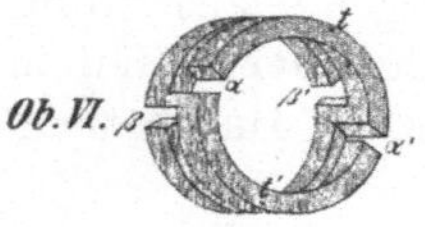

Petrina erkannte[1], wie ungünstig die Ettingshausensche Maschine als Gleichstromerzeuger arbeitete und konnte durch eine Verbesserung der Stromwendeeinrichtung diesem Mangel abhelfen. Ferner empfand er es als lästig, daß man beim Übergang von „Quantitäts"-Versuchen zu „Intensitäts"-Versuchen immer den Anker wechseln mußte. Deshalb versah er die Maschine mit dem vierspuligen Doppelanker nach Saxton, den er so einrichtete, daß man gleichzeitig von beiden Ankern Strom abnehmen konnte.

Petrina wandte sich dann der Entwicklung einer ganz anderen Bauart zu. Durch Versuche wollte er gefunden haben, daß die Ankeranordnung nach Clarke der Saxtonschen vorzuziehen sei. Er baute deshalb solche Maschinen mit Doppelanker, die sich bei den Ärzten großer Beliebtheit erfreuten. Seit Juli 1844 baute er sie als Doppelmaschinen (Abb. 23—25), also in der Art der Maschinen von Page. Solche Apparate wurden seit 1848 in Prag von dem Mechaniker W. J. Spitra hergestellt und für siebzig bis achtzig Gulden das Stück vertrieben; sie waren nach

Abb. 23—25. Petrina's Doppelmaschine und ihr Kommutator. Casopis Ceskeho Museum. 1847. Taf. neben S. 456.

---

[1] Petrina: Magneto-elektrische Maschine mit doppelter Wirkung; nebst einigen damit angestellten Versuchen. Baumg. Ztschr. 7 (1841) S. 65—78.

Petrinas Bericht[1] besser als die erste Ausführung, weil jetzt für jeden Zweck durch Versuche die günstigste Wicklung ermittelt wurde.

Die Arbeiten Wilhelm Webers. Die Arbeiten Wilhelm Webers (geb. 24. Oktober 1804 in Wittenberg, gest. 23. Juni 1891 zu Göttingen)[2] sind für die Entwicklung der elektrischen Maschinen sehr wichtig gewesen; sie waren lange Zeit das Beste und Gründlichste, was auf dem Gebiet des Elektromaschinenbaues geleistet worden ist.

Bei dem damaligen Stand der Entwicklung muß man auch das Induktions-Inklinatorium[3] von Weber und Carl Friedrich Gauß zu den magnetelektrischen Maschinen rechnen, obwohl es eigentlich als Meßgerät für die Stärke des erdmagnetischen Feldes diente. Die technische Schwierigkeit bestand bei diesem Gerät darin, daß das Erdfeld recht schwach ist; die beiden Physiker mußten daher große Windungszahlen anwenden und benötigten für Induktor und Multiplikator 20000 Fuß Kupferdraht. Weber hat für den gleichen Zweck ein auch heute noch benutztes Gerät angegeben, bei dem eine Spule zugleich Anker und Multiplikator ist, und bei dem infolgedessen der Kommutator erspart wird; es wird im Takte eines Sekundenzählers gedreht, damit die Drehzahl konstant ist.

Für die Technik wichtiger ist der Webersche Rotationsinduktor[4], eine wirkliche magnetelektrische Maschine, die Weber spätestens Ende 1837 entwickelt hatte. In einer auch für die Entwicklung der Theorie bahnbrechenden Arbeit stellte Weber fest, daß die Leistung solcher Maschinen abhängt von der magnetischen Kraft, von der Drehzahl, sowie von Größe und Gestalt der Induktorrolle. Weber glaubte, daß zwei Stabmagnete einem Hufeisenmagneten vorzuziehen seien, denn da man mit Stabmagneten die Hufeisen erst magnetisiere, müßten sie naturgemäß stärker sein. Bei der nach Weber besten Anordnung werden zwei Stabmagnete hintereinander so angeordnet, daß ihre Endflächen parallel sind, und ihr Abstand nicht größer ist, als es für den zwischen ihnen rotierenden Anker erforderlich ist. An Stelle von vier Stabmagneten könne man auch zwei Hufeisenmagnete mit gegenüberliegenden Polen verwenden. Für die Induktionsrolle führten Webers Überlegungen zu dem Ergebnis, daß sie am besten „aus lauter kreisförmigen Drahtringen" besteht; für den Anker ergibt sich Kugelform. Es sei aber nicht richtig,

---

[1] Petrina: Beitrag zur Construktion magneto-elektrischer Maschinen. Pogg. Ann. 64 (1845) S. 58—63. — Petrina: Magneto-elektrische Maschine von der vorteilhaftesten Einrichtung für ärztlichen und physikalischen Gebrauch. Linz 1844 (x). — Magneto-elektrický stroij dle nejnowějšího uspořádám jakož i theorie jeho. Od F. Petriny. Časopis Českého Museum 1847, S. 402—416. — Magneto-elektrischer Apparat nach der neuesten Einrichtung, beschrieben und erklärt von F. Petrina. Vierteljahrschrift für die praktische Heilkunde, hrsg. von der medizinischen Fakultät in Prag. 5. Jg., Bd. 3 (1848) S. 98—105.

[2] Weber, Heinr., Wilhelm Weber: Eine Lebensskizze. Breslau 1893.

[3] Weber, W.: Das Induktions-Inklinatorium. Resultate aus den Beobachtungen des magnetischen Vereins 1837, V., S. 81—96, Webers Werke, Bd. 2, Berlin 1892; S. 75—88. Pogg. Ann. 43 (1838) S. 493—511.

[4] Weber, W.: Der Rotationsinduktor. Resultate aus den Beobachtungen des magnetischen Vereins, 1838, V, S. 102—117, Webers Werke, Berlin 1892, Bd. 2, S. 119—131.

den ganzen von der Kugelfläche eingeschlossenen Raum mit Windungen auszufüllen, vielmehr gab Weber Linien bzw. Rotationsflächen gleichen Vorteils an, die von innen nach außen immer günstiger werden. Solche

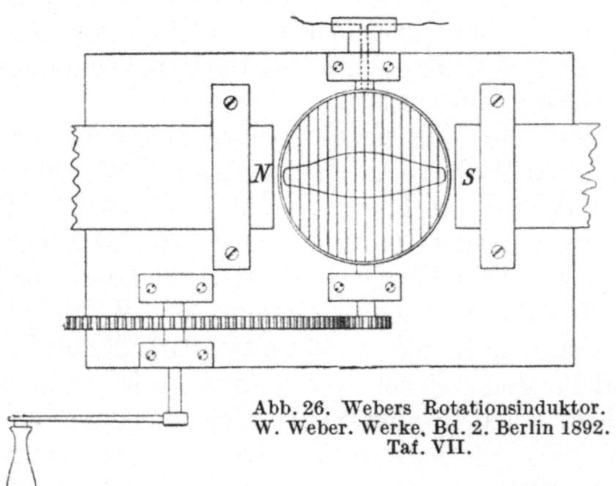

Abb. 26. Webers Rotationsinduktor.
W. Weber. Werke, Bd. 2. Berlin 1892.
Taf. VII.

Linien seien vom „Herrn Hofrat Gauß" schon vor mehreren Jahren zur Konstruktion kräftiger Rotationsinduktoren angegeben worden. Man darf aus dieser Bemerkung schließen, daß Gauß sich schon 1834, vielleicht auch noch früher, mit dem Bau von magnetelektrischen Maschinen befaßt hat, doch wissen wir leider nichts von ihnen.

Es sei besser, einen Teil des Kugelraumes mit weichem Eisen statt mit Windungen anzufüllen, doch gebe es eine Grenze, von der an Windungen angewandt werden müßten.

Weber hat einige Rotationsinduktoren durch den Göttinger Mechaniker Meyerstein anfertigen lassen. Auf einen Eisenkörper in der Form des von ihm ermittelten Körpers gleichen Vorteils wurde solange Draht gewickelt, bis der Anker Kugelform hatte; darauf wurde er aus Festigkeitsgründen mit Messingblech umgeben und erhielt einen Kommutator. Die sehr kräftige Wirkung ließ Weber hoffen, daß man mit solchen Maschinen die galvanischen Batterien verdrängen könnte (Abb. 26).

Die bisherigen Betrachtungen galten für den Fall, daß der Anker zwischen zwei hintereinander liegenden Stabmagneten rotierte. Weber betrachtet nun noch die leistungsfähigere Anordnung des

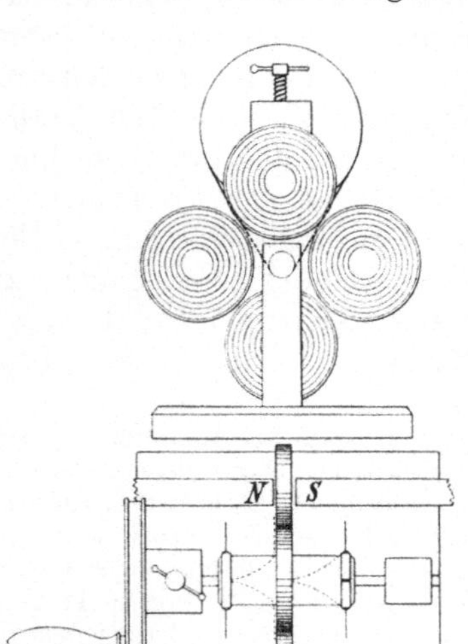
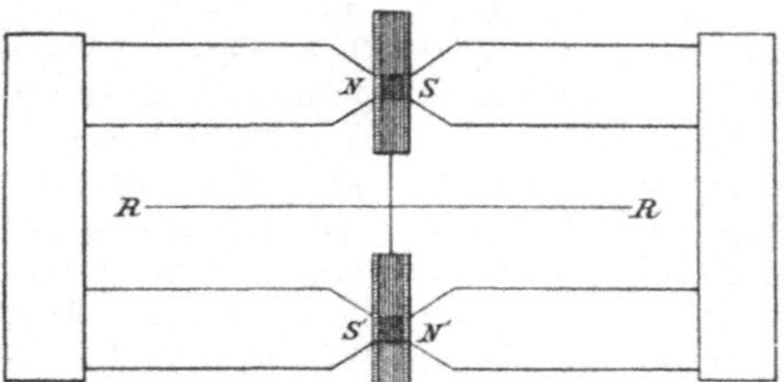

Abb. 27 u. 28. Webers Rollenankerinduktor. W. Weber. Werke. Bd. 2. Berlin 1892. Taf. VII.

Ankers zwischen zwei Paaren von Magnetpolen, bei der sich der Vorteil ergebe, daß die Wicklungsdurchmesser vom Abstand der Pole unabhängig seien (Abb. 27, 28). Er fragte sich, ob bei gegebener Drahtmenge die größere Wirkung bei großem Abstand der Pole und kleinem Wicklungsdurchmesser oder bei umgekehrten Verhältnissen erzielt werde und fand durch theoretische Betrachtungen das Leistungsmaximum bei einem Verhältnis Abstand zu Wicklungshalbmesser = 1:3,368. Damit ist zum ersten Male der Versuch gemacht worden, auf Grund wissenschaftlicher Überlegungen Gesetze für den Aufbau elektrischer Maschinen zu finden.

Die beiden Rollen, die jeweils zwischen den Magneten sich befinden, sind hintereinander zu schalten. Es ergab sich so, bei Weber als Beispiel angeführt, eine Maschinenart, die der Konstrukteur der „Alliance-Maschine", F. Nollet, sich 1850 in England patentieren ließ, und die in ähnlicher Form 1867 nochmals für S. Hjorth geschützt wurde[1].

Auch die Urform der späteren Ringankermaschinen scheint von Wilhelm Weber geschaffen worden zu sein (Abb. 29). Weber beschrieb[2] eine Maschine, die man auch später in der Patentliteratur wiederfindet, wie etwa in den Patenten des Italieners Bessolo und des Engländers M. J. Roberts[3]: sie besitzt einen aus zwei magnetischen und zwei Messingstücken zusammengesetzten ringförmigen Läufer, den man mit Hilfe eines Schnurlaufes durch die vier festen Spulen hindurchdreht. Bei seinen Bemühungen, die Verhältnisse beim Rotationsinduktor der Rechnung zugänglich zu machen, unternahm Weber auch die Bestimmung des Leistungsverhältnisses für Kugelanker und Rollenanker bei gleicher Drahtmenge. Er gelangte zu dem Ergebnis, daß die Wirkung der Rollen zweieinhalbmal größer sei als die der Kugel; diese sowie die vorige Rechnung für das Leistungsmaximum beruhen auf einer vereinfachenden Annahme über die Feldverteilung, die „Stärke der Induktion", zwischen den beiden Polflächen, wie sie einer von Gauß herrührenden Formel entspricht (Abb. 30). Der Rolleninduktor habe auch den

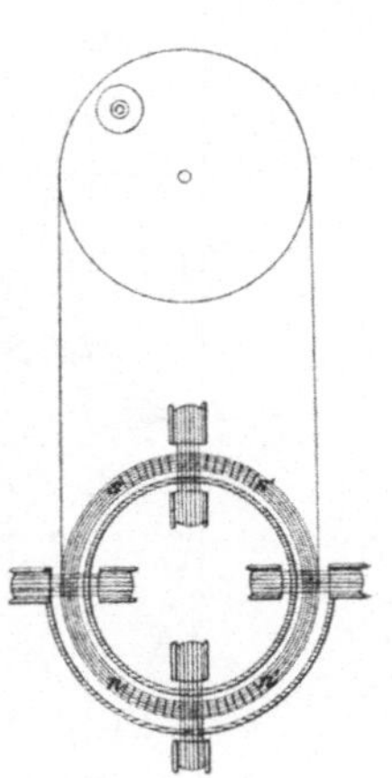

Abb. 29. Webers Stromerzeuger mit Ringmagnet. W. Weber.Werke. Bd. 2. Berlin 1892. Taf. VII.

großen Vorteil, daß er leichter auszuführen und daher billiger sei als der Kugelanker.

Die Schnelligkeit der Drehung ist nach Weber von noch größerem Einfluß auf die Leistung als die Größe der Rollen, denn die Wirkung sei ihr und den magnetischen Kräften direkt proportional, während für die doppelte Wirkung die Drahtmasse mindestens vervierfacht werden müsse. Der etwas unbefriedigende Versuch, eine Leistungsgrenze zu beweisen, beruhte darauf, daß ein kleiner Körper leichter zu drehen sei, als ein großer, daß also damit die Größe der Rollen beschränkt sei; andererseits gäbe es natürliche Grenzen der Umdrehungsgeschwindigkeit und

---

[1] Engl. Pat. Nr. 13302 vom 24. Oktober 1850 auf den Namen Shepard; Nr. 1611 vom 30. Mai 1867 auf den Namen Mennons.

[2] Weber, W.: Werke, Bd. 2, Berlin 1892. S. 131.

[3] Engl. Pat. Nr. 148 vom 19. Januar 1855 auf Bessolos Erfindung; Nr. 14198, 1858, für Martyn John Roberts.

damit eine Grenze für die Leistung. Für stärkere Ströme könne man wie
bei der galvanischen Säule verfahren, die aus Einzelelementen zusammengesetzt ist. Man könne zwei Paar Rollenspulen anwenden, auch drei und
vier Paare, die nacheinander an denselben Magneten vorbeigeführt werden müßten; es müßten aber diametral gegenüberliegende Rollen gemeinsam einen eigenen Kommutator erhalten.

Leider hatten Weber und Gauß nur wissenschaftliche Absichten.
Weber gab seine Konstruktionen nur beiläufig als erläuternde Beispiele
an und beschränkte sich bei der Ausführung auf die Bedürfnisse seines
Laboratoriums.

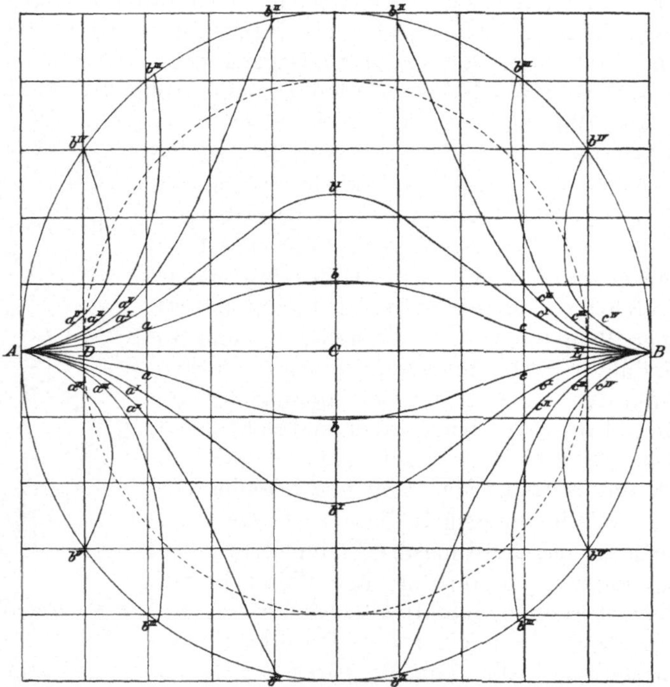

Abb. 30. Verteilung der „Induktion" im Raum zwischen den Enden zweier Stabmagnete, nach
Gauß und Weber. W. Weber. Werke Bd. 2. Berlin 1892. Taf. VII.

Die Stromwendung. Für die Erbauer magnetelektrischer Maschinen
gab es kaum ein schwierigeres Problem als das der Stromabnahme und
der Stromwendung. In den hierfür ersonnenen Konstruktionen spiegelt
sich deutlich der allmähliche Übergang dieser Maschinen vom physikalischen Demonstrationsgerät zur richtigen Maschine mit praktischen
Aufgaben.

Pixiis erste Maschine erzeugte in festen Spulen Wechselstrom und
brauchte daher keine Stromabnahmevorrichtung; seine Gleichstrommaschinen waren in sehr primitiver Weise mit der Ampèreschen Wippe
ausgerüstet und erhielten erst später die für andere Maschinen entwik-
kelten Stromwender. Ritchies Konstruktion wurde nicht weiter-
entwickelt.

Die seither nicht mehr unterbrochene Entwicklung des Stromwenders begann mit Clarke und Sturgeon. Den Strom, wie Saxton verfahren war, mit Hilfe von Scheiben und Spitzen abzunehmen, die auf der Welle saßen und in Quecksilbernäpfe tauchten, war sehr unbequem, weil das Quecksilber herausgeschleudert wurde und oft erneuert werden mußte. E. M. Clarke hat seinen Stromwender (Abb. 17) mit schleifenden Federn wahrscheinlich 1835 zuerst benutzt. Vorher, im August 1834, hatte aber schon William Sturgeon, wie er wenigstens behauptete, den „unio-directive discharger" angewandt (Abb. 20)[1]. Er hatte zunächst Ringe auf die Welle gesetzt, von denen durch Schleiffedern der Strom abgenommen wurde, und hatte dabei durch Ölschmierung für saubere Kontakte gesorgt. Der Stromwender selbst besteht aus vier oder mehr halbkreisförmigen Scheiben, die hintereinander, immer um 180° versetzt, exzentrisch auf die Welle gesetzt sind; die Feder muß im Augenblick der Stromrichtungsumkehr von der Halbkreisscheibe ablaufen, während eine andere mit ihr verbundene Feder mit einer anderen Scheibe in Kontakt kommt; diese zweite Scheibe muß natürlich mit dem anderen Wicklungsende verbunden sein.

Den ersten zylindrischen Kommutator scheinen wir wieder Wilhelm Weber zu verdanken. Weber setzte an die Welle der — zweipoligen — Maschine einen kurzen dicken Messingzylinder an, den er der Länge nach durchgeschnitten und nach Zwischenlegen eines Glasstückes wieder zusammengesetzt hatte[2]. Die zahlreichen damals aufkommenden Konstruktionen von elektromagnetischen Maschinen brauchten selbstverständlich ebenfalls Stromwender,

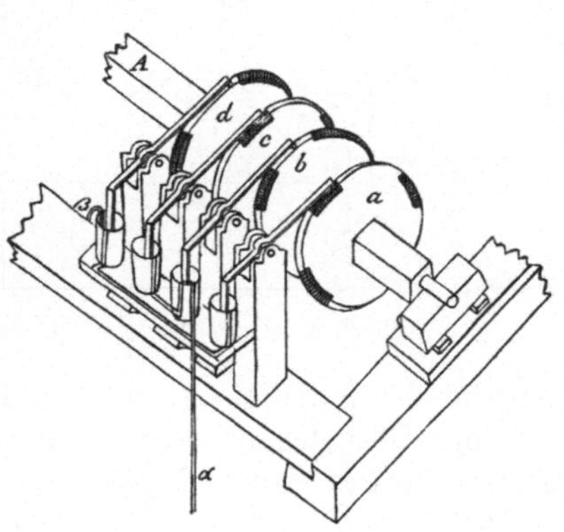

Abb. 31. Jacobi's Stromwender. Gehlers physikalisches Wörterbuch. Neue Aufl. Bd. 6/2. Leipzig 1836. Taf. 25.

doch behalf man sich hier oft noch mit Quecksilberkontakten, bevor man zum Clarkeschen Kommutator überging. Eine bemerkenswerte eigene Konstruktion teilte Moritz Hermann v. Jacobi 1835 mit[3], als die zweckmäßigste, die er nach zahlreichen Versuchen gefunden habe (Abb. 31). Der Umfang von vier Kupferscheiben, die isoliert auf der Welle sitzen, ist in acht gleiche Teile geteilt; jedes zweite Segment — je 45° — besteht aus Ebenholz. Durch das Aufeinanderfolgen von Metall und Isolierstoff wird man an einen modernen Kollektor erinnert, mit dem Jacobis Vorrichtung jedoch nicht verwandt ist; sie ist nichts

---

[1] Sturgeon, W.: Magneto-electrical experiments. Phil. Mag. 3rd ser. 5 (1834) S. 376—377; Reply to Mr. Watkins' observations, relative to the priority of use of the uniodirective discharger. Phil. Mag. 3rd ser. 7 (1835) S. 231—234.

[2] In Webers Abhandlung: Beweglichkeit des Magnetismus im weichen Eisen. Resultate aus den Beobachtungen des magnetischen Vereins VI, 1838, S. 118 bis 134 (x), Werke, Bd. 2, Berlin 1892. S. 132—145, bes. S. 134.

[3] Jacobi, M. H.: Mémoire sur l'application du magnétisme, Potsdam 1835; S. 10—15. Pogg. Ann. 36 (1835) S. 366—369.

als Sturgeons „unio-directive discharger" mit seinen vier Scheiben, der nur für eine mehrpolige Maschine umgeändert ist.

Dem Kommutator der elektrischen Maschinen verwandt sind die Schaltgeräte für schnelle periodische Stromrichtungsänderungen und Stromunterbrechungen, zu denen beispielsweise auch das Neeffsche Blitzrad[1] gehört. Sie haben gewiß auch die konstruktive Entwicklung der Stromwender beeinflußt. Nach der Erfindung des selbsttätigen

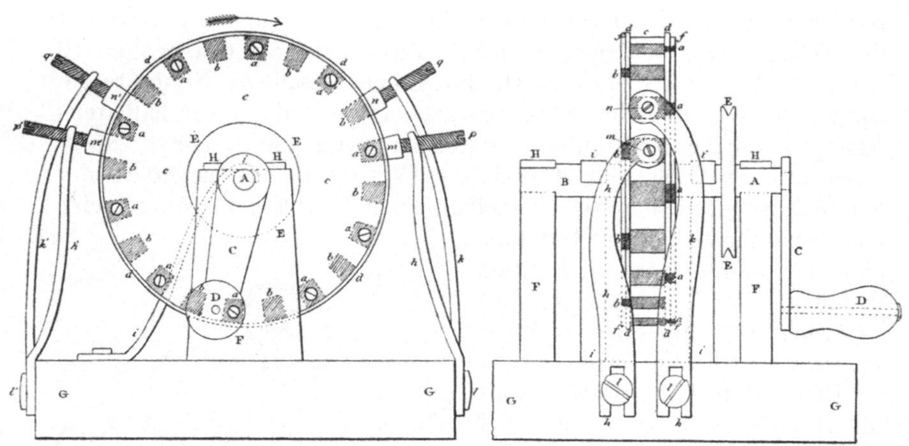

Abb. 32 u. 33. Poggendorff's Inversor. Pogg. Ann. 45 (1838) Taf. III.

Unterbrechers, des Wagnerschen Hammers, verloren sie rasch an Bedeutung. Die gelegentlich genannten Gyrotrope sind Vorrichtungen nach Art der Ampèreschen Wippe.

Auch der Poggendorffsche Inversor gehört hierher[2]. Er besteht aus einer Holzscheibe, in die am Umfang zwanzig Kupferstücke eingelassen sind; diese Kontaktstücke sind abwechselnd mit zwei Kupfer-

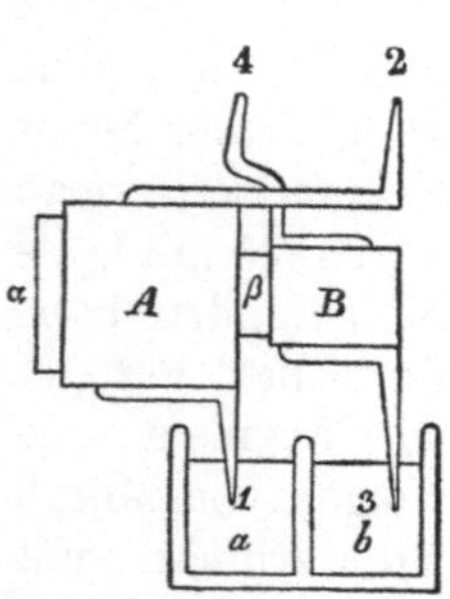

Abb. 34. Poggendorffs Stromwender mit Quecksilber. Pogg. Ann. 45 (1838) S. 392.

scheiben verbunden, die die Holzscheibe einschließen und von denen jede mit einem der beiden kupfernen Zapfen verbunden ist, um welche die ganze Vorrichtung gedreht wird (Abb. 32, 33). Der Strom wird durch Federn den Zapfen zugeleitet. Auf den Kontaktstücken am Scheibenumfang schleifen andere Kontaktstücke, die den Strom abzunehmen haben. Es ist interessant, daß Poggendorff diesen Konstruktionsgedanken nicht auf magnetelektrische Maschinen anwandte; hier machte er sogar noch von Stromwendern mit Quecksilber Gebrauch, einmal von einer Vorrichtung, wie Magnus sie in London gesehen hatte, und dann von einer eigenen Bauart (Abb. 34). Allerdings hat er auch einen quecksilberlosen Stromwender beschrieben. Diese Vorrichtung besteht aus

---

[1] Pogg. Ann. 36 (1835) S. 352—354.

[2] Poggendorff: Zusätze zu: Über einige Magnetisierungserscheinungen. Pogg. Ann. 45 (1838) S. 385—404.

zwei um 180° gegeneinander versetzten Kupferhalbringen, an die die
Wicklungsenden angeschlossen sind; die ebenfalls um 180° versetzten
Schleiffedern berühren den ganzen Stromwender auf seiner ganzen Länge,
so daß sie nach jeder halben Umdrehung mit einem anderen Halbring
Kontakt haben (Abb. 35). Natürlich ist diese Einrichtung umständlicher
als der Clarkesche Kommutator, den auch Page
benutzte, aber man erinnere sich, daß auch ein
Physiker wie Ettingshausen das Stromwende-
problem überhaupt nicht bewältigen konnte.

Die Entwicklung der Erregung. Für die Erregung
der Maschinen wurden so gut wie ausschließlich
Dauermagnete benutzt. Die Anregung von Ritchie,
daß man auch Elektromagnete benutzen könnte,
blieb ohne jede Beachtung, und aus der Tatsache,
daß keine der in der Literatur beschriebenen Maschinen mit Fremderregung durch Elektromagnete
versehen ist, könnte man fast schließen, daß man
überhaupt nicht an diese Möglichkeit dachte. Dem

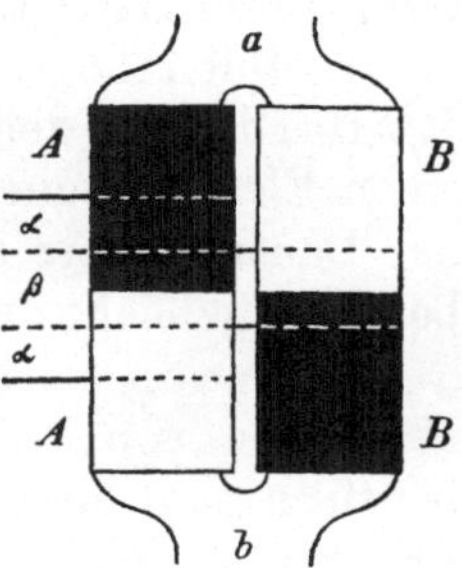

Abb. 35. Poggendorffs
Stromwender mit Schleif-
kontakten. Pogg. Ann. 45
(1838) S. 398.

ist jedoch nicht so! Sturgeon gab 1840 auf eine Anfrage in seiner Zeitschrift eine Antwort, aus der zu entnehmen ist, daß Maschinen, die statt
der Dauermagnete Weicheisenmagnete hätten, dem Publikum schon
lange bekannt seien; der Korrespondent könne einige von ihnen bei der
Firma Watkins and Hill sehen[1].

Charles Wheatstone und William Fothergill Cooke haben als
zwölften unter den dreizehn Ansprüchen ihres englischen Patentes
Nr. 10655 vom 6. Mai 1845 auch den Ersatz der Dauermagnete bei
magnetelektrischen Maschinen durch Elektromagnete aufgenommen,
aber die Erfinder dieser Anordnung sind sie natürlich nicht, und auch
von einem „Pionierpatent" kann nicht die Rede sein. Auch in Deutschland war schon vor diesem Patent allgemein bekannt, daß man bei
magnetelektrischen Maschinen Elektromagnete verwenden muß, wenn
man besonders starke Ströme erzeugen will[2].

Es wird wohl so gewesen sein, daß man ohne galvanische Elemente
auskommen wollte, denn wenn man die Verwendung solcher Stromquellen
zuließ, brauchte man keine magnetelektrische Maschine mehr; auch
mußte es den Fachleuten sinnlos erscheinen, das Magnetfeld auf kost-
spielige Weise mit Hilfe von Kupfer und Zink zu erzeugen, wenn der
Dauermagnet es ihnen umsonst lieferte. Die Apparate mit Dauermagneten waren überdies leicht tragbar und bedurften keiner Pflege,
so daß allein sie für ärztlichen Gebrauch — ihrem einzigen praktischen
Verwendungsbereich — in Frage kamen.

Für die spätere Entwicklung war es nicht unwichtig, daß Saxton
und Dove 1833 mit dem Strom magnetelektrischer Maschinen Elektromagnete erregen konnten[3]. Ein wesentlicher Grund, weshalb man nicht

---

[1] Ann. electr. 5 (1840) S. 400.

[2] Stöhrer, E.: Pogg. Ann. 61 (1844) S. 426.

[3] Phil. Mag. 3rd ser. 9 (1836) S. 364. — Dove, H. W.: Magneto-elektrische
Magnete. Pogg. Ann. 29 (1833) S. 461—464.

mit dem erzeugten Strom das Feld verstärkte, geht aus der Arbeit von Vorsselman de Heer hervor; dieser Physiker benutzte einen Elektromagnet als Anker eines Hufeisendauermagneten, dessen Tragkraft infolgedessen je nach der Stromrichtung verstärkt oder geschwächt wurde; frühere Versuche seien mißlungen, weil man die Wicklung auf den für temporären Magnetismus unempfindlichen Stahl aufgebracht habe[1].

Im Juli 1838 konnte der Abbé François Moigno gemeinsam mit Raillard durch den Strom einer Maschine von Billant (System Clarke) einen Elektromagnet erregen, dessen Tragkraft viel größer war als die der Dauermagnete in der Maschine. Leider ist dieses Experiment unbeachtet geblieben oder zu spät veröffentlicht worden[2].

Als Kuriosa seien noch die vom Erdfeld erregten magnetelektrischen Maschinen von Palmieri und Kramer genannt[3], die natürlich völlig bedeutungslos blieben. Aber zwei Jahrzehnte nach ihnen hat doch ein Franzose an eine technische Verwertung gedacht; er wollte auf die Schwungräder der Dampfmaschinen Wicklungen bringen, in denen dann bei der Drehung „ganz umsonst" Spannungen induziert werden sollten[4].

VI. Die Entwicklung der Grundlagen des frühen Elektromaschinenbaues.

Das Energieprinzip. Die Unkenntnis des Gesetzes von der Erhaltung der Energie hat sich bei den magnetelektrischen Maschinen nicht in solchem Maße ausgewirkt wie bei den elektromagnetischen Maschinen, auf die man so hochgespannte Erwartungen gesetzt hatte. Bei den mit der Hand gedrehten magnetelektrischen Maschinen mit ihren kleinen Leistungen lag eine energetische Betrachtung ja an sich schon ferne. Einen Ansatz dazu kann man aber schon in dem 1837 von Ritchie gemachten Versuch erblicken, das dritte Newtonsche Gesetz — actio = reactio — auf die imponderablen Kräfte anzuwenden; Ritchie kam hierdurch auf seine bereits erwähnte, dem Lenzschen Gesetz ähnliche Regel[5].

Das Energieprinzip Robert Mayers ist nicht eine spontane, isolierte Leistung, sondern das Endergebnis einer schon seit vielen Jahren in der Physik bestehenden Strömung. Wenn es auch bedenklich ist, Tatsachen aus dem Zusammenhang herauszunehmen, so sei doch auf die Gedanken von Mohr, Faraday und Liebig hingewiesen. Karl Friedrich Mohr hatte schon 1837 in einer Abhandlung „Über die Natur der Wärme"[6]

---

[1] Pogg. Ann. 47 (1839) S. 100—101.

[2] Moigno, F.: Traité de télégraphie électrique, Paris 1849. S. 15.

[3] Kramer: Pogg. Ann. 43 (1838) S. 304—309. — Palmieri und Linari: Pogg. Ann. 62 (1844) S. 285—287, 67 (1846) S. 244.

[4] Lamy: Von einer ökonomischen Art, einen elektrischen Strom durch den Erdmagnetismus zu erzeugen. Pogg. Ann. 102 (1857) S. 641—642; Comptes rendus Paris 45 (1857) S. 807—808.

[5] Phil. Mag. 3rd ser. 10 (1837) S. 280.

[6] Baumg. Ztschr. 5 (1837) S. 419—(x). — Haas, A. E.: Entwicklungsgeschichte des Satzes von der Erhaltung der Kraft, Wien 1909. S. 60.

behauptet, daß es in der Natur neben den chemischen Elementen nur ein einziges Agens gebe, die Energie (Kraft), deren Quantität unveränderlich sei, und die als Bewegung, Elektrizität, Magnetismus oder anderen ineinander überführbaren Formen in Erscheinung trete. Drei Jahre später hat dann Faraday für die chemische und elektrische Energie die proportionale Umwandelbarkeit ausgesprochen[1]. Bei Justus Liebig finden wir 1844 den gleichen Gedankengang[2] und darüber hinaus den Versuch, gewisse Denkschwierigkeiten zu beseitigen. „Aus nichts kann keine Kraft entstehen", heißt es hier, und „Wärme, Elektrizität und Magnetismus stehen in einer ähnlichen Beziehung zueinander wie die chemischen Äquivalente von Kohle, Zink und Sauerstoff". Es sei auch viel vorteilhafter, die Kohlen direkt unter Dampfkesseln zu verfeuern, als erst Zink mit ihnen auszuschmelzen und dieses zu verbrennen. „Man darf sich dadurch nicht täuschen lassen, daß man mit einem sehr kleinen Aufwand von Zink einen Eisendraht zu einem Magneten machen kann, der 1000 Pfund Eisen trägt; denn mit diesem Magnet sind wir nicht imstande ein einziges Pfund Eisen 2 Zoll hoch in die Höhe zu heben." Leider hat man sich aber doch täuschen lassen.

Für die Elektrotechnik ist neben den Arbeiten von J. P. Joule[3] und William Thomson die klassische Arbeit von Helmholtz[4] von großer Bedeutung; sie behandelt auch die für die elektrischen Maschinen wichtigen Energieverhältnisse bei den elektromagnetischen Erscheinungen[5].

Beim Lesen der alten Literatur erhält man den Eindruck, daß die Physiker gefühlsmäßig an eine Art Gesetz von der Erhaltung des Magnetismus glaubten, ohne daß sich ein solches jedoch quellenmäßig belegen ließe. Noch 1866 ist man aufs höchste erstaunt, daß es eine solche Konstanz des Magnetismus nicht gibt; im „Engineer", einer der führenden technischen Zeitschriften Englands, heißt es am 11. Mai 1866:[6] „The discovery that permanent magnets will give greater lifting power than they themselves possess, to bars of soft iron surrounded by insulated wire is the unveiling of a new principle so unexpected that the practical results are not easily to surmise".

Bei einem solchen Vorurteil konnte man natürlich nur schwer auf den Gedanken der Selbsterregung kommen.

Weitere Entwicklung der Erkenntnisse über den Magnetismus. Auf dem Gebiet des Elektromagnetismus galt es drei schwierige Probleme zu lösen: es war der Einfluß der Wicklung aufzuklären, das Gesetz für die Tragkraft war zu ermitteln, und schließlich mußte das Verhalten des

---

[1] Philos. Trans. Roy. Soc., Lond., 130 (1840) S. 126. — Faraday: Exp. Res. Bd. 2, S. 93.

[2] Liebig, J.: Chemische Briefe, Heidelberg 1844. S. 114—126.

[3] Joule: On the caloric effects of magneto-electricity. Phil. Mag. 3rd ser. 23 (1843) S. 263—276, 347—355, 435—443.

[4] v. Helmholtz, H.: Über die Erhaltung der Kraft, Berlin 1847; erschien auch als Ostwalds Klassiker der exakten Naturwissenschaften, Bd. 1, Leipzig 1889. S. 63—69.

[5] Für das Gesamtproblem: Arthur Erich Haas: Die Entwicklungsgeschichte des Satzes von der Erhaltung der Kraft. Wien 1909. — Schimank, H.: Geschichte des Energieprinzips, BGT 20 (1930) S. 31—46.

[6] The Engineer. 21 (1866) S. 344.

Eisens geklärt werden. Lenz hatte früher schon die Verhältnisse bei Induktionsspulen untersucht. Er hatte durch das nach ihm benannte Gesetz, dem vor der Aufstellung des Gesetzes von der Erhaltung der Energie eine sehr viel größere Bedeutung zukam als heute, festgestellt, daß die Induktionserscheinungen die einfache Umkehr der elektromagnetischen seien. Er durfte also mit Recht erwarten, daß für Induktionsspulen und die Spulen der Elektromagnete die gleichen Regeln gelten. Die experimentelle Prüfung unternahm er gemeinsam mit M. H. Jacobi.[1] Es bestätigte sich, daß die Wirkung unabhängig ist von Querschnitt und Substanz des Drahtes, während die frühere Annahme einer Unabhängigkeit vom Wicklungsdurchmesser sich als unzutreffend erwies; diese Regel gelte, auch für die Induktion, nur angenähert, und zwar um so besser, je länger der Eisenkern sei. Ferner zeigte sich wieder die Proportionalität mit der Windungszahl, die Lenz mit Berücksichtigung des über den Einfluß der Windungsweite Gefundenen in strenger Form so ausspricht: „Die Totalwirkung sämtlicher einen Eisenkern umgebenden Windungen ist gleich der Summe der Wirkungen der einzelnen Windungen".

Für die Anziehung zwischen zwei Elektromagneten oder einem Elektromagneten und weichem Eisen glaubten Lenz und Jacobi durch ihre Versuche Proportionalität mit dem Quadrat der magnetisierenden Ströme nachgewiesen zu haben; in dieser Annahme ist die unzulässige Annahme einer linearen Abhängigkeit der Magnetisierung vom Magnetisierungsstrom mit enthalten. Für die Tragkraft hufeisenförmiger Magnete gelte dieses Gesetz nicht; die Verhältnisse seien hier viel verwickelter. Die Lenzschen Ergebnisse wurden durch eine von S. Dal Negro schon 1832 gemachte Entdeckung noch ergänzt; Dal Negro fand[2], daß es gleichgültig ist, wie man die Wicklung auf den Elektromagnet verteilt.

Trotz dieser Ergebnisse konnte J. P. Joule[3] noch 1841 behaupten, es gäbe keine Regeln für die Herstellung der Elektromagnete. Er hatte für die Tragkraft der Magnete das Gesetz $P = I^2 \cdot w^2$ aufgestellt mit der einschränkenden Bemerkung, daß durch die Eisensättigung und andere Umstände Abweichungen möglich seien. Es scheint, daß das richtige Gesetz für die Tragkraft:

$$P = \frac{B^2 \cdot q}{8 \cdot \pi \cdot 981}$$

erst von J. Clerk Maxwell[4] aufgestellt worden ist. Im Bau von Elektromagneten war Joule recht erfolgreich; er hatte erkannt, daß die größte Kraft dem kleinsten Querschnitt proportional ist, und daß man zur Verringerung des magnetischen Widerstandes die Kerne so kurz wie möglich machen soll.

Als man in den vierziger Jahren damit begann, die Elektromagnete

<hr>

[1] Lenz, E., M. Jacobi: Über die Gesetze der Elektromagnete. Bull. Pét. 4 (1838) Sp. 337—362, 5 (1839) Sp. 18—22 (x); Bull. Pét. 2 (1844) Sp. 65—111; Pogg. Ann. 47 (1839) S. 225—270, 61 (1844) S. 254—280, 47 (1839) S. 401—418.

[2] Dal, Negro: Nuove esperienze ed osservazioni elettromagnetiche. Ann. scienze. 1 (1831) S. 434—437, 2 (1832) S. 273—288.

[3] Joule: On electro-magnetic forces. Ann. electr. 4 (1840) S. 474—481, 5 (1841) S. 187—198, 470—472, auch 4 (1840) S. 131—135.

[4] Maxwell, J. Clerk: A treatise on electricity and magnetism. 1873.

mehr als früher bei magnetelektrischen Maschinen zu verwenden, konnte man sich auf zuverlässige Vorarbeiten stützen für alles, was nicht gerade das Verhalten des magnetisierten Eisens betraf.

Aus der Arbeit von Lenz und Jacobi geht hervor, daß sie sehr wohl die Nichtproportionalität von Magnetisierungsstrom und Magnetismus bemerkt hatten, allein sie nahmen einen Meßfehler an und schrieben die Abweichung ihrem Strommeßgerät, einer Becquerelschen elektromagnetischen Waage, zu. Um die gleiche Zeit wurden in England Erfahrungen gesammelt, die auf die Möglichkeit einer Grenze der Magnetisierbarkeit hindeuteten. Ritchie[1] war 1837 der erste, der sich öffentlich zu ihr bekannte, und Joule schrieb 1840 ausdrücklich, daß sein Gesetz für die Tragkraft der Elektromagnete die Sättigung nicht berücksichtigen könnte. Klarheit schuf erst der Freiburger Professor Johann Heinrich Jakob Müller (geb. 1809 in Kassel, gest. 3. Oktober 1875 zu Freiburg i. B.) 1849[2]. Er hatte schon lange an der Richtigkeit des Proportionalgesetzes gezweifelt und nahm an, daß Lenz mit zu schwachen Strömen gearbeitet habe. Als er genaue Messungen machte, stellte er ganz bedeutende Abweichungen fest; die Joulesche Regel, daß das Maximum der Magnetisierung dem Querschnitt proportional sei, konnte er bestätigen. Mit dieser Arbeit Müllers[3] begannen die zahllosen Versuche, einen mathematischen Ausdruck für die Magnetisierungskurve zu finden. Müller selbst hielt folgendes Gesetz für richtig:

$$p = 220 \cdot d^{\frac{3}{2}} \cdot tang \, \frac{m}{0{,}0005 \, d^2}$$

wo d der Stabdurchmesser, m das Maß für den Magnetismus und p das Produkt Stromstärke mal Windungszahl ist. Gleichzeitig mit der Müllerschen Arbeit erschien eine andere Veröffentlichung[4], deren Verfasser das Lenzsche Proportionalitätsgesetz bestätigt zu haben glaubten. Daraufhin berichtete Müller[5] über neue Versuchsreihen, die seine früheren Ergebnisse bestätigten, und er veröffentlichte die erste bekanntgewordene Magnetisierungskurve. Müllers Arbeiten wurden besonders von Wilhelm Weber[6] warm begrüßt, dem sie für seine Theorie des Magnetismus wertvoll waren. Sie sind jedoch immer noch unvollkommen, weil sie auf der Annahme einer eindeutigen Beziehung zwischen Erregung und Magnetisierung beruhen; die Hysterese wurde aber nicht lange nachher entdeckt.

Für den Betrieb der Gleichstromdynamomaschinen ist der remanente Magnetismus von entscheidender Bedeutung. Aus älteren Arbeiten über

---

[1] Ritchie, W.: Reply to Mr. Raineys communication. Phil. Mag. 3rd ser. 10 (1837) S. 57—60.

[2] ADB 22 (1885) S. 633—634.

[3] Müller, J.: Über die Magnetisierung von Eisenstäben durch den galvanischen Strom. Pogg. Ann. 79 (1850) S. 337.

[4] Buff, H. und Zamminer: Über die Magnetisierung von Eisenstäben durch den galvanischen Strom. Liebigs Ann. 75 (1850) S. 83—94.

[5] Müller, J.: Über den Sättigungspunkt der Elektromagnete. Pogg. Ann. 82 (1851) S. 181—188.

[6] Weber, W.: Elektrodynamische Maßbestimmungen. Werke, Bd. 3, Berlin 1893. S. 541 bis 543.

die Entstehungsgeschichte des dynamoelektrischen Prinzips erhält man den Eindruck, daß dessen Entdeckung und die des remanenten Magnetismus zeitlich zusammenfallen. Das trifft aber durchaus nicht zu, denn hierher gehörende Beobachtungen haben schon 1833 Ritchie und F. Watkins[1] mitgeteilt. Sie wunderten sich, daß der Anker eines Elektromagnetes noch tagelang nach dem Abschalten des Stromes gehalten wurde, und daß sie dann noch Funken erzeugen konnten; nach Ritchie ist die „retentive force" um so größer, je härter das Eisen und je länger der magnetische Kreis ist.

Watkins spricht von der Erscheinung als etwas sehr lange Bekanntem; er spricht von „residual magnetism".

Auch Faraday[2] beobachtete 1831, daß ein Weicheisenelektromagnet seinen Magnetismus nach dem Abschalten nur allmählich verliert, und Sturgeon, der im Februar 1832 über die gleiche Erscheinung berichtete, behauptete sogar, Christie habe sie, wenigstens für Scheiben aus weichem Eisen, schon 1825 gekannt.

Den Terminus „remanenter Magnetismus" findet man zuerst 1835 bei M. H. Jacobi[3]. Jacobi spricht von der Unzweckmäßigkeit der elektromagnetischen Maschinen mit hin- und hergehender Bewegung, weil bei dem fortwährenden Zusammenschlagen von Anker und Magnet das weiche Eisen zu Stahl wird, und es dadurch „aura un magnétisme rémanent"; wie man sieht, wird der Ausdruck hier einfach für permanent gebraucht. Drei Jahre später gebraucht Jacobi ihn nicht mehr in eindeutigem Sinne. Er sagt[4], der erteilte Magnetismus verschwinde nicht völlig, „indem das Eisen nie vollkommen homogen und weich ist. Der remanente Magnetismus hängt aber größtenteils von der stahlartigen Beschaffenheit des Eisens ab, die bei größeren Massen entschiedener hervortritt". 1863, also kurz vor der Entdeckung des Dynamoprinzips, wird in einem Aufsatz in „Dinglers polytechn[5]. J.", der gelesensten deutschen technischen Zeitschrift, festgestellt, daß jedes beliebige Stück Eisen, einerlei ob weich oder hart, Eisen oder Stahl, „immer und überall, vermöge Induction durch Erdmagnetismus, ein natürlicher Magnet" sei.

So, wie man weiches Eisen für ungeeignet hielt, den Magnetismus dauernd zu bewahren, hielt man umgekehrt den Stahl für nicht temporär magnetisierbar[6]. Poggendorff konnte jedoch 1838 nachweisen[7], daß der härteste Stahl und das weichste Eisen beide sowohl permanenten als

[1] Ritchie, W.: On the power of an electro-magnet to retain its magnetism after the battery has been removed. Phil. Mag. 3rd ser. 3 (1833) S. 122—124. — Watkins, F.: On the magnetic power of soft iron. Philos. Trans. Roy. Soc., Lond. 123 (1833) S. 333—342; Pogg. Ann. 35 (1835) S. 208.

[2] Faraday Diary. 1 (1932) S. 374. — Sturgeon, W.: Scientific researches, experimental and theoretical, in electricity, magnetism, galvanism, electro-magnetism, and electro-chemistry, Bury 1850. S. 117—118, 211.

[3] Jacobi, M. H.: Mémoire sur l'application de l'électromagnétisme au mouvement des machines, Potsdam 1835. S. 4.

[4] Pogg. Ann. 45 (1838) S. 148.

[5] Dingl. J. 163 (1862) S. 111—112. Wabner, R.: Der Induktionsmagnetismus des Eisens und sein Verhältnis zur Boussole.

[6] Vorsselman de Heer: Pogg. Ann. 47 (1839) S. 100—101.

[7] Poggendorff: Pogg. Ann. 45 (1838) S. 364—366.

auch temporären Magnetismus annehmen können, und zwar beide Arten der Magnetisierung gleichzeitig und selbst bei verschiedenem Sinne. Diese Verhältnisse seien „bis in die neueste Zeit von großen Autoritäten anders dargestellt" worden, „namentlich von den Verfassern aller französischen Lehrbücher der Physik".

Poggendorff hat durch die Beseitigung dieses Vorurteils mit dazu beigetragen, daß man später Spulen für zusätzliche Erregung auf die Dauermagnete setzte. Vielleicht hat ein ähnliches Vorurteil früher auch von der Verwendung von Elektromagneten abgehalten; Ritchie[1] behauptete nämlich einmal, daß Elektromagnete bei Wirkungen auf einen gewissen Abstand den Dauermagneten bedeutend unterlegen und daher für magnetelektrische Induktion nicht geeignet seien. Die Ansicht, daß die Wirkung mit dem Quadrat des Abstandes von den Polen abnimmt, ist auch der alleinige Grund dafür gewesen, daß man schon in der Frühzeit des Elektromaschinenbaues so großen Wert auf einen engen Luftspalt legte; Überlegungen, wie wir sie heute anstellen, waren dieser Zeit fremd, obwohl man schon seit Joule mit dem Begriff des magnetischen Kreises vertraut zu werden begann.

Das Ergebnis der Untersuchungen Poggendorffs hat Jacob Brett als fünften Anspruch in sein englisches Patent Nr. 12054 vom 8. Februar 1848 aufgenommen; um ein Pionierpatent auf dem Gebiet des Elektromaschinenbaues handelt es sich aber keineswegs, trotz der Ansichten von Thompson und Kittler. Der Anspruch lautet wörtlich: „Combining permanent magnets with electro-magnets for the purpose of increasing the action of the former". Dabei handelt es sich aber nicht um die Anwendung auf magnetelektrische Maschinen; bei der fraglichen Stelle handelt es sich vielmehr um ein Relais nach dem Tauchankerprinzip, bei dem zwei Weicheisenstücke in zwei Spulen hineingezogen werden und zur Verstärkung der Kraft außerhalb der Spulen durch ein magnetisches Stück Stahl miteinander verbunden sind.

Es ist erstaunlich, daß man schon recht früh den Wert der Unterteilung des Eisenkernes erkannte. Die erste dahingehende Beobachtung teilte W. Sturgeon am 5. August 1837 der Electrical Society of London mit[2]; er hatte gesehen, daß er mit Bündeln aus isolierten Drähten als Kern glänzendere Funken erhielt, als bei massiven Eisenkernen. George Henry Bachhoffner[3] griff dieses Ergebnis auf und wandte Drahtbündel auch bei elektromagnetischen Maschinen an, und auch J. P. Joule[4] setzte sich für ihre Anwendung bei diesen Maschinen ein, wogegen G. Magnus[5] von ihrer Verwendung bei magnetelektrischen Maschinen abriet, da sie hier keine Vorteile brächten.

---

[1] Ritchie: On the cause of the remarkable difference between the attractions of a permanent and of an electro-magnet on soft iron at a distance. Phil. Mag. 3rd ser. 9 (1836) S. 81—84.

[2] Sturgeon, W.: Researches, Bury 1850. S. 307.

[3] Bachhoffner, G. H.: On the electro-magnetic machine. Ann. electr. 2 (1838) S. 207—213.

[4] Joule: On the use of electro-magnets made of iron wire for the electromagnetic machine. Ann. electr. 4 (1840) S. 58—62, auch 3 (1839) S. 438.

[5] Magnus, G.: Über die Wirkung von Bündeln aus Eisendraht beim Öffnen der galvanischen Kette. Pogg. Ann. 48 (1839) S. 95—106.

Die besten Untersuchungen über die Brauchbarkeit der Drahtkerne verdanken wir H. W. Dove[1], der sich in zahlreichen Veröffentlichungen seit 1838 um die Klärung der Magnetisierungsverhältnisse bemühte. Er gebrauchte zwar nicht Wort und Begriff „Wirbelstrom", doch wußte er, daß bei Feldänderungen im massiven Kern Ströme induziert werden, durch die die eigentlich erstrebte Wirkung vermindert wird. In ausgedehnten Versuchsreihen untersuchte er die verschiedensten Werkstoffe und Formen für Kerne, darunter auch die später von der Alliance-Gesellschaft verwendeten Hohlkerne mit einem Längsschlitz zur Unterdrückung der unerwünschten Ströme, und Kerne, die aus Blechen mit Papierzwischenlagen geschichtet sind; solche senkrecht zur Richtung des magnetischen Flusses unterteilte Blechpakete verhinderten natürlich, wie auch Dove erkannte, die Bildung „peripherischer" Ströme nicht und erschwerten überdies die „Bildung der magnetischen Polarität".[2]

Noch ein Wort über die Wirbelströme. Man bezeichnet sie gelegentlich auch als Foucaultsche Ströme, aber Léon Foucault hat erst 1855 darüber geschrieben und lediglich einen schönen Vorlesungsversuch angegeben für diese seit zwei Jahrzehnten bekannte Erscheinung.[3]

Das Prinzip der Umkehrbarkeit von Stromerzeuger und Elektromotor. Im Grunde genommen ist das Prinzip der Umkehrbarkeit bereits in dem 1833 entdeckten Lenzschen Gesetz enthalten, das Lenz selbst als das „Gesetz der Reziprozität der magnetoelektrischen und elektromagnetischen Erscheinungen" bezeichnete. Dieses Gesetz wurde rasch Allgemeingut der Physiker, besonders als das Jahr 1838 eine ganze Reihe von Berichten über gelungene Umkehrversuche brachte. Lenz selbst[4] versah eine Pixiische Maschine mit einem Kommutator, ließ einen Strom durch ihre Wicklung fließen und konnte sie dadurch in Drehung versetzen; es handele sich in diesem Falle eigentlich um eine Jacobische Maschine, bei der ein Elektromagnetsystem durch den Stahlmagnet ersetzt sei. In München machte Steinheil 1837 seinen Umkehrversuch; wie zu erwarten war, fand er die Magnetnadelablenkung bei gleicher Drehrichtung der Maschine bei Motorbetrieb umgekehrt wie bei Stromerzeugerbetrieb; daraus schloß er auf die Unbrauchbarkeit der elektromagnetischen Maschinen, weil in ihnen Gegenströme entstünden; zu beachten ist seine Beobachtung, daß die Drehzahl eines Motors steigt, wenn das Magnetfeld, etwa durch Anbringen eines magnetischen Nebenschlusses, geschwächt wird[5].

Auch die Beobachtungen Callans und Lockes, über die noch zu berichten ist, betreffen Umkehrerscheinungen; Lockes Bemerkungen

---

[1] Dove, H. W.: Untersuchungen im Gebiete der Inductionselektricität, Berlin 1842 S. 12, 13, 19, 22, 25, 30—35.

[2] Sinsteden, W. J.: Beiträge zur weiteren Vervollkommnung des magnetoelektrischen Rotationsapparates. Pogg. Ann. 76 (1849) S. 192—218.

[3] Comptes rendus 41 (1855) S. 450—452; Pogg. Ann. 96 (1855) S. 622 bis 625.

[4] Lenz: Über die Beziehung zwischen elektromagnetischen und magnetoelektrischen Strömen. Bull. Pét. III (1838) Sp. 321—326; Pogg. Ann. 44 (1838) S. 342—349.

[5] Ann. electr. 7 (1841) S. 472—473; Gelehrte Anzeigen, hrsg. von Mitgliedern der kgl.-bayer. Akademie der Wissenschaften. Bd. 5 (1837) Sp. 888—890.

beziehen sich auf die elektromagnetischen Rotationsvorrichtungen, für
die William Ritchie die Regel schon 1834 ausgesprochen hatte,[1] wahrscheinlich aber ohne genaue experimentelle Prüfung, denn seine Regel
enthält nichts über eine Richtungsumkehr. Ritchie sagte: „Bringen
wir irgend eine der in den Werken über Elektromagnetismus beschriebenen
Rotationen hervor, entfernen wir dann die Batterie, bringen die Enden
der Conductoren in metallischen Contact, und setzen durch mechanische
Mittel die Rotation fort, so wird in dem Conductor derselbe Zustand
erregt, welchen er besaß, als er mit der Batterie verbunden war". Selbstverständlich ist es nur eine alberne Anekdote, daß die Umkehrbarkeit
durch einen Zufall bei der Wiener Weltausstellung 1873 entdeckt worden
sei[2]; ein Arbeiter Gramme's habe versehentlich eine in Betrieb befindliche Maschine auf eine noch nicht gekuppelte geschaltet, die sofort zu
laufen begann. Ebensowenig ist die italienische Ansicht richtig, erst
Antonio Pacinotti habe die Umkehrbarkeit entdeckt.

Die Theorie der Maschinen. Die ersten Versuche der Physiker, die
Vorgänge in den magnetelektrischen Maschinen zu verstehen, begannen
zwar schon recht früh, doch waren sie fast ganz erfolglos. William
Sturgeon[3] kam 1833, obwohl er von seiner verfehlten und überflüssigen

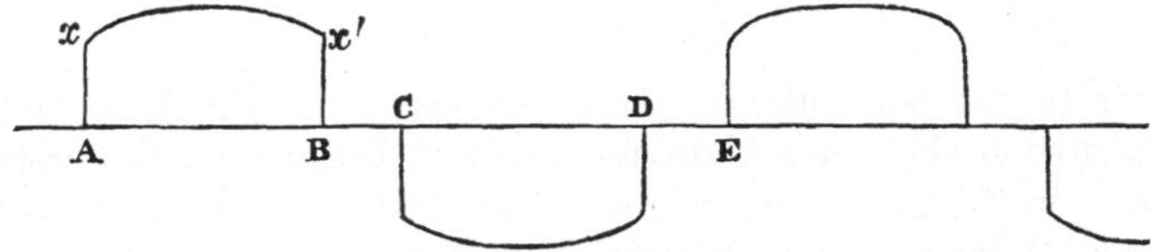

Abb. 36. Liniendiagramm des Stromes magnetelektrischer Maschinen nach Joule. Phil. Mag. 3rd
ser. 23 (1843) S. 275.

Erweiterung der Faradayschen Kraftlinienvorstellung ausging, zu interessanten Ergebnissen: bei konstanter Geschwindigkeit und gleichbleibenden magnetischen Verhältnissen wird das Maximum der Wirkung
erzielt, wenn der Körper senkrecht zu den Kraftlinien bewegt wird; für
andere Richtungen ist dieser Größtwert mit dem cos des Richtungswinkels
zu multiplizieren. 1836 wandte Sturgeon[4] diese Überlegungen auf
Maschinen an und stellte fest, daß bei diesen der Strom zwischen einem
positiven und einem negativen Maximum schwankt, und daß er verschwindet, wenn die Ebene der induzierten Schleife senkrecht zur Magnetebene steht, also mit der „neutralen Ebene" zusammenfällt. Über das
Gesetz des Stromverlaufs konnte Sturgeon noch nichts sagen. Erst
Joule wagte es 1843 ein Liniendiagramm der elektrischen Ströme zu
zeichnen, das natürlich noch nicht korrekt sein konnte[5] (Abb. 36).

---

[1] Ritchie: Phil. Mag. 3rd ser. 4 (1834) S. 11—13; Pogg. Ann. 31 (1834)
S. 203—205.

[2] Kaempffert, W.: Bahnbrechende Erfindungen in Amerika und Europa,
Berlin 1929. S. 28—29. — The first transmission of power by electricity. The
Electrician 16 (1886) S. 27—28.

[3] Sturgeon: On the theory of magnetic electricity. Phil. Mag. 3rd ser. 2 (1833)
S. 201—207.

[4] Sturgeon, W.: Researches, Bury 1580. S. 252—256.

[5] Phil. Mag. 3rd ser. 23 (1843) S. 275.

Infolge des Lenzschen Gesetzes müssen die für elektromagnetische Maschinen ermittelten Gesetzmäßigkeiten auch für magnetelektrische Maschinen gelten. Deshalb sind hier auch die diesbezüglichen Arbeiten von Lenz und Jacobi[1] zu beachten. Diese Physiker erhielten für das Maximum der Leistung die Gleichung:

$$T = \frac{z^2 \cdot E^2}{4 \cdot B \cdot k}$$

Dabei ist die Geschwindigkeit:

$$v = \frac{B}{k \cdot n^2};$$

$z \cdot E$ ist die EMK der Batterie, B der Gesamtwiderstand der Batterie, n die Windungszahl und k ein von der Bauart abhängiger Koeffizient. Man sieht sofort, daß es sich hier um nichts anderes als um die zuerst von Weber abgeleitete Gesetzmäßigkeit für das Leistungsmaximum:

Äußerer Widerstand = Innerer Widerstand

handelt.

Über die magnetelektrische Gegenspannung („Gegenstrom") hatte Jacobi schon 1835 berichtet; jetzt versuchte er sie zu berechnen. Der Gegenstrom ist:

$$G = \frac{k \cdot M' \cdot v \cdot n}{B} = \frac{k \cdot F' \cdot v \cdot n^2}{B},$$

wo F' der Strom bei laufender Maschine ist; n ist die Windungszahl, v die Geschwindigkeit und M die magnetische Intensität. Der erste Ausdruck für den (fiktiven) Gegenstrom ist korrekt, während der zweite die unzulässige Annahme der Proportionalität von Erregerstrom und Induktion enthält. Aus

$$F' = F - G = \frac{z \cdot E}{B} - G,$$

wo F der Strom bei gebremster Maschine ist, leitet Jacobi noch eine Gleichung für die „magnetische Intensität während der Bewegung" ab:

$$M' = \frac{n \cdot z \cdot E}{k \cdot n^2 \cdot v + B}.$$

In dieser Abhandlung findet sich die Bemerkung: „Bei dieser Gelegenheit muß ich frei und ohne Rücksicht bekennen, daß bisher die Construction elektromagnetischer Maschinen größtenteils nach bloßem Herumtappen geschah".

Auch ein zwei Jahre später von Lenz veröffentlichter „Beitrag zur Theorie der magnetischen Maschinen[2]" bringt eigentlich keine Erweiterung der Kenntnisse, ist aber bemerkenswert, weil darin ein Verfahren zur Bestimmung der Feldkurve angegeben wird; Lenz dreht in bestimmten Stellungen den Anker um einen kleinen Winkel und beobachtet dabei den Galvanometerausschlag. Im übrigen begegnen wir auch hier dem noch zu besprechenden verhängnisvollen Weberschen Ansatz für die maximale Stromstärke, die bei $R_i = R_a$ auftritt.

---

[1] Jacobi, M. H.: Über die Prinzipien der elektro-magnetischen Maschinen. Pogg. Ann. 51 (1840) S. 358—372; dazu eine hier nicht interessierende Forts. Bull. Pét. 9 (1851) Sp. 289—310; Dingl. J. 125 (1852) S. 438—445.

[2] Bull. Pét. 9 (1851) S. 78 (x); Pogg. Ann. 57 (1842) S. 241—254.

Für die Praxis, etwa zur Vorausberechnung von Maschinen, waren die Formeln von Lenz und Jacobi nicht zu verwerten. Das gleiche gilt auch für die von Franz Neumann in einer sonst sehr wertvollen Abhandlung mitgeteilten Formel für den induzierten Strom in den Maschinen vom Ettingshausen-Typ[1] und von einer Formel, die William Thomson 1851 aufstellte[2]. Thomson wollte aber nur nachweisen, daß die vom erdmagnetischen Feld erregte Faradaysche Scheibe zu vollkommen stetiger Leistungsabgabe fähig ist. Zur Not mögen diese Gleichungen für die theoretische Darstellung der Verhältnisse bei Leerlauf ihre Berechtigung haben, wenn auch schon für diesen Fall das Rechnen mit dem „freien Magnetismus der Pole" Schwierigkeiten macht.

Die Weberschen Regeln. Auf Wilhelm Weber (in der Arbeit über den Rotationsinduktor) geht eine Berechnungsformel zurück, die an sich zwar richtig ist, die später aber falsch verstanden wurde und in den Köpfen vieler Elektrotechniker der siebziger und achtziger Jahre großes Unheil angerichtet hat, unter anderem auch dadurch, daß sie die elektrische Kraftübertragung als aussichtslos erscheinen ließ, weil ein größerer Wirkungsgrad als 50% nicht möglich sei. Es handelt sich um die Regel: das Leistungsmaximum der Maschine wird erreicht, wenn der innere Widerstand der Maschine gleich dem äußeren Widerstand ist. Weber gewann sie ganz richtig, als er bei gegebenem äußeren Widerstand den inneren Widerstand suchte, für den die Stromstärke ein Maximum wird; der Wirkungsgrad interessierte ihn dabei nicht. Es ist heute nicht mehr festzustellen, wie die Meinung aufkommen konnte, der für diesen Sonderfall 50% betragende Wirkungsgrad sei der höchste überhaupt bei elektrischen Maschinen erreichbare. Sie wurde etwa in den Jahren 1878 bis 1884 überwunden[3], als die Erfahrung zeigte, daß sehr wohl erheblich größere Wirkungsgrade erzielt werden.

In Webers Arbeit über den Rotationsinduktor finden sich außer der bereits erwähnten Beziehung zwischen Magnetabstand und Rollenabmessungen (S. 41) noch andere Gesetze für elektrische Maschinen. Soll für den Fall $R_i = R_a$ der Strom auf das n-fache gesteigert werden, dann seien folgende Beziehungen zu beachten: Drahtlänge und Drahtquerschnitt müßten auf das n^3-fache wachsen, und die Drahtmasse müßte daher das n^6-fache betragen. Diese Regeln sind mit den Wachstumsgesetzen des modernen Elektromaschinenbaues nicht zu vereinbaren. Trotzdem bleibt Webers Versuch, die wissenschaftlichen Grundlagen und Gesetzmäßigkeiten für den Bau der magnetelektrischen Maschinen aufzufinden, eine Pionierleistung auf dem Gebiet der Elektrotechnik.

Entdeckung der Ankerrückwirkung. Während man bei elektromagnetischen Maschinen sofort entdeckte, daß die beiden relativ zueinander bewegten Elektromagnetsysteme sich auch induktiv beeinflussen, wurde

---

[1] Neumann, F.: Die mathematischen Gesetze der inducirten elektrischen Ströme. Abhandl. der Berliner Akademie aus dem Jahre 1845, S. 1 (x); = Ostwalds Klassiker der exakten Wissenschaften, Nr. 10. Leipzig 1889; darin S. 88 über den Maschinenstrom.

[2] Thomson, W.: On the mechanical theory of electrolysis. Phil. Mag. 4th ser. 2 (1851) S. 429—442.

[3] Thomson, F.: Faraday and Edison. Mech. Engng. 54 (1932) S. 225.

die entsprechende Erscheinung bei magnetelektrischen Maschinen, daß nämlich der induzierte Strom den Anker zu einem Elektromagneten macht und so auf das Feld zurückwirkt, erst spät gemacht. Die erste Mitteilung findet sich bei Jacobi 1846, der eine Abnahme der elektromotorischen Kraft der magnetelektrischen Maschine festgestellt hatte, wenn die Stromstärke zunahm. Wenn er in seinem Falle auch die Temperaturabhängigkeit des Widerstandes übersah, so erkannte er doch die Ankerrückwirkung; er hielt es für wahrscheinlich, daß die EMK der Differenz der vom Dauermagnetfeld und vom erzeugten Strom im Ankereisen hervorgerufenen „magnetischen Intensität" proportional sei[1]. Die klassische Arbeit über diese Erscheinung ist Lenz zu verdanken[2]. Lenz untersuchte eingehend die Abhängigkeit der Stromstärke von der Drehzahl und leitete aus seinen Messungen die Beziehung $F = a \cdot n - b \cdot n^2$ ab. Darin ist F die Stromstärke, n die Drehzahl/min und a, b sind Konstanten. Die Nichtproportionalität wird nicht durch die Trägheit des Eisens bei der Magnetisierung erklärt, die bereits Sturgeon angenommen und für ein Hindernis für die weitere Entwicklung der Maschinen gehalten hatte[3]. Lenz schloß aus seinen Versuchen, bei denen er die Abhängigkeit der Stromstärke von Drehzahl und Widerstand bestimmt hatte, daß die Nichtproportionalität „durch eine Rückwirkung des Stromes in den inducirten Spiralen auf die inducirenden Eisenzylinder" bedingt sei,

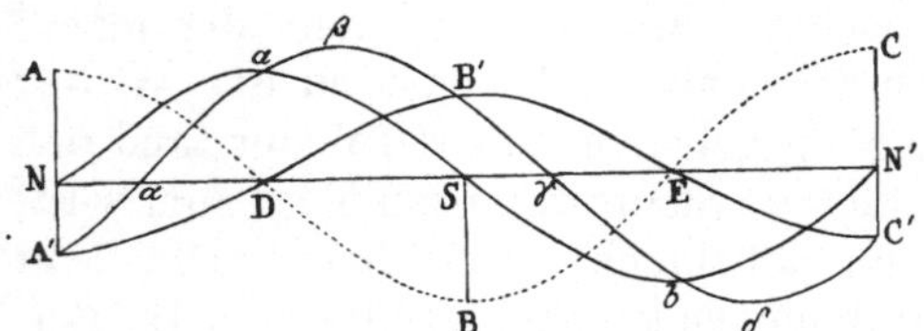

Abb. 37. Liniendiagramm von Lenz zur Erläuterung der Ankerrückwirkung. Pogg. Ann. 76 (1849) Taf. 2.

„welche Rückwirkung sich nur als Magnetisirung äußern kann". Zur Erläuterung seiner Ansichten zeichnete Lenz eines der ersten Liniendiagramme der Elektrotechnik (Abb. 37); dabei zeichnete er für die Feldverteilung längs zweier Polteilungen, zugleich über eine Periode, eine Sinuslinie, bemerkt jedoch, daß es ihm unmöglich sei, das Gesetz dieser Linie anzugeben. Aus der Feldverteilungskurve erhält man die Kurve der EMK bzw. der Stromstärke durch Differenzieren, nämlich aus den Steigungen der Tangenten. Die erhaltene Kurve ist gegen die Feldkurve um eine Viertelperiode verschoben. Der Strom erzeugt nun seinerseits ein Magnetfeld, das mit ihm in Phase und — angeblich — ihm proportional ist. Lenz stellte sich nun vor, daß dieser sekundäre Magnetismus wieder eine sekundäre EMK induziere und denkt sich die wahre EMK durch Summierung dieser EMK mit der ursprünglichen (Leerlauf-)EMK entstanden. Er zeigte, daß die Punkte Stromstärke = 0 der Kurve der wahren Stromstärke mit wachsender Belastung sich immer mehr verschieben und verlangte daher, da gerade an diesen Stellen kommu-

---

[1] Jacobi, M. H.: Über magneto-elektrische Maschinen. Bull. Pét. 5 (1847) Sp. 97—113 (x); Pogg. Ann. 69 (1846) S. 188—207.

[2] Lenz, E.: Über den Einfluß der Geschwindigkeit des Drehens auf den durch magneto-elektrische Maschinen erzeugten Inductionsstrom. Bull. Pét. 7 (1849) Sp. 257—280, 12 (1854) Sp. 46—62, 16 (1858) Sp. 177—192; Pogg. Ann. 76 (1849) S. 494—523, 92 (1854) S. 128—152.

[3] Sturgeon, W.: Researches, Bury 1850. S. 270.

tiert werden soll, daß der Kommutator mit wachsender Stromstärke bzw. Drehzahl aus der geometrischen Mitte zu verschieben sei; praktisch sei die richtige Stellung leicht zu finden, weil hier der Stromwender nicht funke.

In seiner zweiten Abhandlung berichtete Lenz, wie er eine Art von Potentialkurve experimentell bestimmte und daraus die Feldverteilungskurve ermittelte.

Johann Heinrich Koosen (geb. 17. August 1823 in Lübeck, lebte in Dresden)[1] wiederholte die Lenzschen Versuche. Er empfahl, grundsätzlich immer den Kommutator beweglich zu machen, d. h. die Bürsten zu verschieben, wie er es bei seinen großen magnetelektrischen Maschinen ebenfalls tue. Koosen machte den anerkennenswerten Versuch, die Verhältnisse bei der Ankerrückwirkung mathematisch zu erfassen. Die Form der Feldverteilungskurve hinge von Größe und Gestalt der Pole und vom Luftspalt ab; er nahm vereinfachend Sinusform an. Über den Verlauf der Vorgänge hat er noch keine klaren Ansichten, und seine Differentialgleichungen halten der Kritik nicht stand[2]. Zur gleichen Zeit bestätigte Koosen in einer anderen Arbeit[3] das im Jahre vorher (1851) von Helmholtz[4] aufgestellte Exponentialgesetz für das Entstehen und Verschwinden elektrischer Ströme. Bis dahin hatte man die Erscheinung, daß der Strom nicht sofort seinen Endwert erreicht, zwar gekannt, doch hatte man zu ihrer Erklärung annehmen müssen, das Eisen sei mehr oder weniger magnetisch träge. Auch diese Entdeckung von Helmholtz war für die Theorie der Maschinen wichtig, denn man darf nicht vergessen, daß es in dieser Zeit nur Maschinen mit offenen Ankerwicklungen gab.

Meßtechnik und Maschinenentwicklung. Für die Entwicklung der elektrischen Maschinen war es ein großer Nachteil, daß es für die elektrischen und magnetischen Größen kein allgemein anerkanntes praktisches Maßsystem gab, daß man von Strom- und Spannungsmessungen wenig, von Leistungsmessungen überhaupt nichts wußte. Prüfungen ausgeführter Maschinen durch Messungen wurden nicht vorgenommen. Es wäre deshalb bedenklich, auf Grund von Messungen mit modernen Geräten und Verfahren, die wir an solchen alten Maschinen machen, etwa einen Typ als einem anderen überlegen zu bezeichnen. Die Konstrukteure tappten bei ihrer Arbeit im Dunkeln, nur von den unklaren Vorstellungen geleitet, die sie sich über die Vorgänge in den Maschinen gebildet hatten; das, was wir messen könnten, sind zufällige Ergebnisse, die sie nicht im voraus erzielen wollten und auch nicht erzielen konnten. Bei dieser Sachlage mußte jeder Versuch verdienstlich sein, etwas an den Maschinen zu messen. Wilhelm Weber, der Begründer des Maßsystems der Elektrotechnik, behalf sich zuerst mit einem Galvanoskop, das natürlich ganz willkürlich geeicht war; da jeder Physiker seine eigene Skala hatte, war

---

[1] Pogg. Bd. 1 (1863) Sp. 1303.

[2] Koosen, J. H.: Zur Theorie der Saxtonschen Maschine. Pogg. Ann. 87 (1852) S. 386—414.

[3] Koosen, J. H.: Über die elektromagnetische Wirkung galvanischer Ströme von sehr kurzer Dauer. Pogg. Ann. 87 (1852) S. 514—540.

[4] Helmholtz, H.: Über die Dauer und den Verlauf der durch Stromesschwankungen inducirten elektrischen Ströme. Pogg. Ann. 83 (1851) S. 505—540, das Exponentialges., S. 511.

eine gegenseitige Verständigung nur schwer möglich. Weber und andere nach ihm konnten noch keine Drehzahlen messen, so daß die Gehilfen die Maschinen im Takte einer Uhr gleichmäßig drehen mußten. Lenz arbeitete mit der 1837 von Becquerel erfundenen Stromwaage. Als de la Rive auch mit Wechselströmen arbeitete, mußte er sie durch den Bimetallstreifen eines Metallthermometers fließen lassen und aus dessen Ausschlag die Stromstärke schätzen[1]. Es war deshalb wichtig, daß Poggendorff 1838 wenigstens ein Näherungsverfahren angab[2], mit dem er etwas über die Saxtonsche Maschine sagen konnte. Er schaltete nämlich in den Stromkreis einer solchen Maschine solange galvanische Elemente ein, bis der Ausschlag des Galvanoskopes verschwand; für $n = 8$ Umdr./sec ergab sich das Gleichgewicht bei drei Elementen. Diese Gegenschaltung ist der unmittelbare Vorläufer des ebenfalls von Poggendorff 1841 angegebenen Kompensationsverfahrens.

Die bahnbrechende Leistung auf dem Gebiet der elektrischen Meßtechnik verdanken wir wieder Wilhelm Weber, der durch seine früheren Arbeiten wie kein anderer berufen war, die Grundlagen für die Meß- und Prüftechnik an Maschinen zu schaffen. Sein Bericht über „Das Maaß der Wirksamkeit magnetoelektrischer Maschinen"[3] erschien 1844. Weber benutzte das Magnetometerverfahren von Gauß und bestimmte damit zunächst den Widerstand der (Stöhrerschen) Maschine; er gibt ihn zu 2850 Berliner Ellen Kupferdraht von $^2/_3$ mm Durchmesser an, da es eine allgemein anerkannte praktische Widerstandseinheit noch nicht gab. Bei der möglichen Parallelschaltung der sechs Wicklungen ergebe sich ein sechsunddreißigmal kleinerer Widerstand. Dann untersuchte Weber die Abhängigkeit der Stromstärke von der Polwechselzahl je Sekunde. Dazu ist zu bemerken, daß in dieser Zeit und noch lange nachher bei den Maschinen in erster Linie die Stromstärke interessierte; Spannungsmessungen scheinen erst üblich geworden zu sein, als sie bei den ersten Glühlampenanlagen unbedingt notwendig waren. Weber fand ganz richtig, daß die Stromstärke weniger als proportional mit der Geschwindigkeit zunimmt; er vermutet, daß es ein Maximum gibt, nach welchem die Stromstärke wieder abnimmt, gab dafür aber keine Erklärung. Für die Abhängigkeit der Stromstärke g von der Wechselzahl n gab er die Beziehung an:

$$g = \frac{a \cdot n}{1 + b \cdot n + c \cdot n \cdot n},$$

wo a, b, c Konstanten sind.

Das eigentliche Maß der Wirksamkeit ist für Weber das Produkt von Stromstärke mal äußerer Drahtlänge bzw. mal angeschlossenem Widerstand; das ist natürlich ein Irrtum, denn dabei handelt es sich nur um die Klemmenspannung, nicht um eine Leistung.

Weiter stellte Weber vergleichende Versuche an mit einer Maschine des Mechanikers Oertling in Berlin, die nach dem Vorbild der Saxtonmaschine gebaut war.

---

[1] Pogg. Ann. 45 (1838) S. 165—166.
[2] Pogg. Ann. 45 (1838) S. 390—404.
[3] Pogg. Ann. 61 (1844) S. 431—447.

Weber ermittelte dann in absolutem Maß das Wirkungsmaß eines Bunsenelementes und einer Stöhrerschen Maschine und fand letzteres um ein Drittel geringer, „ein Resultat, was die Erwartungen, die man von solchen magneto-elektrischen Maschinen gehegt hat, fast zu übertreffen scheint". Allerdings fügte er einschränkend hinzu: „Diese Maschinen werden ohne Zweifel mit der Zeit eine noch größere praktische Wichtigkeit erlangen. Denn wenn auch vor der Hand noch ihre Wirksamkeit von vielen andern galvanischen Apparaten übertroffen wird, und auch nicht zu erwarten steht, daß durch bessere Construction so viel erreicht werde, wie mit hydrogalvanischen Ketten, so haben sie doch darin einen großen praktischen Vorzug vor letzteren, daß sie unveränderlich und unabhängig von allen chemischen Prozessen sind".

Über den Wert und die Notwendigkeit solcher Messungen hat Weber richtige Ansichten. Sie seien geeignet, den „Wetteifer unter den Künstlern" zu beleben, und seien zur Verständigung zwischen Besteller und Verfertiger unentbehrlich, damit „nach den gegebenen Vorschriften die Leistungen der Maschinen vorausbestimmt und nachher erprobt würden".

N. J. Callan, der erste „Entdecker" eines „dynamoelektrischen Prinzipes". Wie breit die Grundlage des Elektromaschinenbaues war, geht auch daraus hervor, daß schon wenige Jahre nach Faradays Entdeckung die Vorgeschichte des dynamoelektrischen Prinzips mit einer damals allerdings noch falsch gedeuteten Beobachtung an einer elektromagnetischen Maschine ohne Dauermagnete begann.

Um das Jahr 1860 baute der ungarische Physiker Anyos Jedlik einen Motor in Form einer Unipolarmaschine, und er bemerkte später, daß diese Maschine, die keine permanenten Magnete hatte, auch dann als Stromerzeuger wirkte — der erzeugte Strom reichte gerade aus, die Nadel abzulenken —, wenn sie nicht erregt war. Die Maschine muß sich also vom remanenten Feld aus selbst hocherregt haben. Auf Grund dieser Beobachtung wurde Jedlik als Entdecker des dynamoelektrischen Prinzips gefeiert.

Nun hat aber Rev. N. J. Callan, Professor für Physik am R. C. College, Maynooth, in einem Brief an W. Sturgeon vom 20. Februar 1838, den Sturgeon bald darauf in seiner Zeitschrift veröffentlichte[1], genau die gleiche Beobachtung mitgeteilt. Er hatte eine elektromagnetische Maschine gebaut[2], die nach seiner Ansicht die Dampflokomotive verdrängen könnte, weil bei ihrem Einsatz die Betriebskosten auf ein Viertel sinken würden. Die Maschinen Callans enthielten keine permanenten Magnete; eine ausgeführte Maschine hatte zwei Sätze Elektromagnete zu je 12 Stück. Mit dieser Maschine machte Callan folgenden Versuch: er drehte sie, ohne daß die Batterie angeschlossen war, und bemerkte, daß er dann an den Wicklungsenden Funken erhalten konnte. Dagegen konnte er keine physiologischen Wirkungen und keine Wärmewirkung erhalten.

---

[1] Letter from the Rev. N. J. Callan. Ann. electr. 2 (1838) S. 317—318.

[2] Callan, N. J.: On a method of connecting electro-magnets so as to combine their electric powers; and on the application of electro-magnetism to the working of machines. Ann. electr. 1 (1838) S. 491—494.

Leider ist Näheres über die Maschine, über Schaltung und Stromwendung nicht bekannt. Trotzdem dürfen wir annehmen, daß es sich um die gleichen Vorgänge wie in der Dynamomaschine handelte. Zur Funkenbildung wurde der Callansche Maschinenstromkreis kurzgeschlossen und dann geöffnet. Andere Experimente mußten mißlingen, weil bei ihnen zu große Widerstände zuzuschalten waren, so daß der kritische Widerstand überschritten wurde und Selbsterregung nicht möglich war.

Callan hat die Erscheinung nicht verstehen können. Er überzeugte sich davon, daß das Eisen seiner Maschine in der Ruhe keinerlei magnetische Kraft besaß, und begnügte sich mit der Annahme, daß „the motion of the iron bars excites in them a certain magnetic power, by which an electric current is produced in the wire coiled round them".

Der italienische Physiker Francesco Zantedeschi hat Callans elektromagnetische Maschine zwar als Stromerzeuger benutzt, arbeitete dabei jedoch mit Fremderregung; Callans Beobachtung erwähnt er nicht[1].

Erst vor drei Jahren wurden Einzelheiten über Callans Leben bekannt (geb. 22. Dezember 1799 zu Darver, County of Louth, Irland; gest. 14. Januar 1864 zu Maynooth, Irland). Callan gehörte dem geistlichen Stand an und war seit 1826 Professor für Mathematik und Physik am Katholischen Maynooth College zu Maynooth in Irland, wo er auch studiert hatte. Die Elektrophysik verdankt ihm eine Reihe tüchtiger Arbeiten. Auch in der Entstehungsgeschichte des Induktionsapparates und der elektromagnetischen Maschinen spielt Nicholas Joseph Callan eine Rolle[2] *.

John Locke und die Selbsterregung. Callan scheint seine Beobachtung rein zufällig gemacht zu haben, aber bald nachdem er in England darüber berichtet hatte, wurde im „American Journal of Science" eine Arbeit von John Locke abgedruckt, der auf Grund richtiger Ansichten und planmäßiger Untersuchungen bis nahe an die Entdeckung des Dynamoprinzipes gelangte. Locke (geb. 19. Februar 1792 zu Lempster, N. H., USA., gest. 10. Juli 1856 zu Cincinnati)[3], der Sohn eines Farmers und Mühlenbauers, hatte Medizin studiert. Von 1835 bis 1853 war er Professor für Chemie am Medical College in Cincinnati. Er hat auch als Botaniker einiges geleistet und erhielt als Erfinder auf dem Gebiet der Telegraphentechnik eine Nationalbelohnung.

Locke schrieb am 28. Januar 1838 an Benjamin Silliman, den Herausgeber des „Journal" einen Brief[4], in dem es u. a. heißt: „It is

---

    * Der Verfasser möchte Herrn Prof. McLaughlin auch an dieser Stelle für die Überlassung des Sonderdruckes der Callan-Biographie danken.
    [1] Zantedeschi, F.: Memoria sugli effetti fisici, chimici e fisiologici prodotti dalle alternative delle correnti d'induzione della macchina elettro-magnetica di Callan. Ann. scienze 14 (1845) S. 110—117.
    [2] McLaughlin, P.: Dr. Callan, priest and scientist. Record of the Maynooth Union 1935, Dublin 1936. S. 8—21.
    [3] Dict. Am. Biogr. 11 (1933) S. 337—338. — Wright, M. B.: An address of the life and charakter of the late Prof. John Locke. 1857 (x).
    [4] Sill. J. 34 (1838) S. 125—130. Locke: On magneto-electricity, and electromagnetical machines.

curious to observe that electro-magnetical engines, moving by the reaction of an electro-magnet and a permanent one, are also magneto-electrical engines … electricity and motion producing each other reciprocally". Daraufhin schrieb Silliman ihm am 1. März 1838 einen Brief, in dem er ihn zur Fortsetzung seiner Arbeiten aufforderte. Schon am 10. Februar konnte Locke berichten[1], die im ersten Brief ausgesprochene Regel gelte ganz allgemein für alle elektromagnetischen Bewegungen „produced by two magnets, or by a conductor and a magnet. It may be stated as follows: If a galvanic current from a battery produces an electromagnetical motion in any piece of apparatus, and that battery be detached and a galvanometer substituted in its place, and connected with the same wire or poles of the apparatus; then, on compelling the same motion in the apparatus by hand or otherwise, the galvanometer will be deflected, showing a current of magneto-electricity in a direction opposite to that current from the battery which had produced the same motion".

Wenn der heutige Ingenieur und Physiker Lockes Bemerkungen liest, wird er sofort annehmen, die Verallgemeinerung der ersten Umkehrregel könne sich nur auf Vorrichtungen mit zwei Elektromagnetsystemen, also ohne Dauermagnete, beziehen, und Locke müsse demnach die Stromerzeugung in auf dem Selbsterregungsprinzip beruhenden Maschinen gekannt haben. Vom Standpunkt des Historikers gesehen ist dieser Schluß verfehlt. Gewiß gilt die Lockesche Regel formal auch für dynamoelektrische Maschinen, aber ihr Urheber dachte daran noch gar nicht. „Alle" elektromagnetischen Bewegungen sind einerseits die elektromagnetischen Maschinen, für die das Gesetz im ersten Briefe angegeben wurde, und andererseits die elektromagnetischen Rotationsvorrichtungen. Daß wirklich diese gemeint sind, und nicht etwa elektromagnetische Maschinen ohne Dauermagnete, beweist Lockes Aufzählung der Experimente zur Prüfung der Zuverlässigkeit der erweiterten Fassung. Die Versuche erstrecken sich auf das Barlowsche Rad, auf Faradays Rotationsvorrichtung, auf den rotierenden Zylinder[2], auf Andrews rotierenden Magnet, auf de la Rives Spule und auf zwei Galvanometer, die aufeinander geschaltet sind. Wie man sieht, handelt es sich ausschließlich um elektromagnetische Rotationsvorrichtungen, bei denen Dauermagnete verwendet werden.

VII. Die ersten Verwendungsmöglichkeiten.

Die technische Elektrochemie. Das Jahr 1840 bedeutet für die Geschichte der magnetelektrischen Maschinen einen entscheidenden Wendepunkt, denn seit dieser Zeit haben auch Techniker sich um ihre Weiterentwicklung bemüht, und seit dieser Zeit gibt es auch Patente auf diesem Gebiete. Ursachen dieses Aufschwunges waren die Aussichten

---

[1] Additional remarks, by Prof. Locke, on electricity produced by motion, and on motion produced by electricity. Sill. J. 34 (1838) S. 130—132.

[2] Daniel Davis Jr.: A manual of magnetism. 2nd. ed. Boston 1847, S. 106—115.

auf umfangreiche Anwendungen der Maschinen in der Telegraphie und in der Elektrochemie.

Warren de la Rue hatte im September 1836 eine interessante Beobachtung beschrieben[1], die vor ihm auch Daniell schon gemacht haben soll; er sah, daß das elektrolytisch niedergeschlagene Kupfer sich allen Feinheiten der Elektrode anpaßte und sie getreu wiedergab. De la Rue dachte offenbar nicht an eine industrielle Verwertung seiner Entdeckung. Im nächsten Jahre fiel M. H. Jacobi, der damals Professor in Dorpat war, die gleiche Erscheinung auf, und er begann mit der technischen Ausnutzung[2]. In der Zeit zwischen 1837 und 1840 entwickelte Jacobi ein für Handwerk und Industrie brauchbares Verfahren. Diese Erfindung wurde überall mit großen Hoffnungen aufgenommen und sofort in die Praxis eingeführt; in zahlreichen Patenten wurden Verbesserungen vorgeschlagen. Zum Glück verfügte man damals schon über einigermaßen konstante und auch technisch brauchbare galvanische Elemente, doch boten sich auch den noch unentwickelten magnetelektrischen Maschinen Aussichten. Sie wurden in der Tat auch benutzt, und Woolrich hat hier Bahnbrechendes geleistet, aber die Praktiker waren mit ihnen nicht sehr zufrieden. Um 1850 schrieb der Arzt Alfred Smee, der ein wertvolles, auch ins Deutsche übersetztes Werk über die „Elektrometallurgie"[3] verfaßt hat, daß noch immer die Batterien vorzuziehen seien. Auch aus anderen Quellen[4] wissen wir, daß man enttäuscht war; daß man Arbeit aufwenden müsse, um die Maschinen zu drehen, und daß der gelieferte Strom unregelmäßig sei, das seien große Nachteile. Die Firma Elkington hätte für ihre Werke in Birmingham eine durch eine Dampfmaschine angetriebene magnetelektrische Maschine bauen lassen, aber bald habe es sich gezeigt, daß sie den Erwartungen nicht entsprach und den galvanischen Elementen unterlegen sei. Doch schrieb ein deutscher Fachmann bald darauf, „die magnet-elektrischen Rotationsmaschinen haben zum Vergolden und Versilbern entschiedene Vorzüge vor den galvanischen Batterien"[5].

Robert Bunsen entdeckte 1851 die Gewinnung des Magnesiums, 1855 die des Aluminiums durch die Schmelzflußelektrolyse, aber dieses Verfahren blieb ebenso wie verschiedene schon entdeckte Anwendungsweisen der Elektrowärme zunächst ohne jede technische Bedeutung.

Die ersten Industriemaschinen. Sturgeon soll als erster mit Hilfe einer magnetelektrischen Maschine Metalle abgesetzt haben, die Ehre jedoch, der in Birmingham und Sheffield aufblühenden galvanoplastischen Industrie brauchbare Maschinen zur Verfügung gestellt zu haben, gebührt

---

[1] de la Rue, W.: On Voltaic electicity, and on the effects of a battery charged with sulphate of copper. Phil. Mag. 3rd ser. 9 (1836) S. 484—487.

[2] Jacobi, M. H.: Die Galvanoplastik, St. Petersburg 1840. S. I—II, 26—27. — Brief an Faraday: Phil. Mag. 3rd ser. 15 (1839) S. 161—165. — Jacobi: Invention de la galvanoplastique. Ann. chim. phys. 4e sér. 11 (1867) S. 238—248.

[3] Smee, Alfred: Elemente der Electro-metallurgie, Leipzig 1851. S. XV, 101.

[4] Bakewell, F. C.: Electric science; its history, phenomena, and application, London 1853. S. 143.

[5] Martin, A.: Repertorium der Galvanoplastik und Galvanostegie, Wien 1856. S. 66.

dem Chemiker John Stephan Woolrich in Birmingham. Sein englisches Patent Nr. 9431 vom 1. August 1842[1], in dem ihm die Verwendung magnetelektrischer Maschinen zur Herstellung galvanischer Metallüberzüge geschützt wird, ist für die Geschichte der Maschinen nur von geringer Bedeutung, denn die darin beschriebene Konstruktion ist nichts anderes als eine Saxtonmaschine mit Stromwendeeinrichtung; solche Maschinen empfahl in Deutschland damals E. Stöhrer für den gleichen Zweck[2].

Der russische Gelehrte J. Hamel, der die Birminghamer Fabriken besuchte und darüber berichtet hat[3], teilt auch mit, daß Woolrich seine

Abb. 38. Die Maschine von Woolrich im Museum zu Birmingham. Nach „Industrial Britain", Nov. 1938, Nr. 74.

erste Maschine bereits 1836 habe bauen lassen, daß ihm 1839 die ersten Versilberungsversuche gelungen seien, und daß er das Patent erst nahm, als sein Verfahren für die industrielle Verwertung reif war. Er richtete sich eine kleine Fabrik ein, in der eine kleine Dampfmaschine mehrere magnetelektrische Maschinen antrieb. Woolrich ist also wohl der erste, der vom Handantrieb zum Kraftmaschinenantrieb

---

[1] Dingl. J. 88 (1843) S. 48—51.

[2] Dingl. J. 107 (1848) S. 55—57.

[3] Hamel: Colossale magneto-elektrische Maschine zum Versilbern und Vergolden. J. prakt. Chem., hrsg. von O. Linné Erdmann und R. F. Marchand, Bd. 41 (1847) S. 244—255.

überging. Durch Hamel wissen wir auch, daß eine Woolrichmaschine dem Archäologen Braun in Rom geschenkt wurde, der sie durch eine Wasserkraftmaschine am Tiber betrieb.

Woolrich baute seine erste Großmaschine 1844 für eine Firma in Birmingham; sie befindet sich heute im Birmingham Historical Museum (Abb. 38)[1]. Das aus starken Holzbalken zusammengefügte Gestell mit den Außenmaßen 164 × 183 × 61 cm trägt vier radiale Hufeisendauermagnete, die um das Ankerrad herumgreifen. Auf diesem Ankerrad sitzen auf zur Welle parallelen Kernen acht Spulen, die bei der Drehung durch die Pollücken der Magnete hindurchbewegt werden. Diese Ankerform wurde später auch für die Maschinen der Alliance-Gesellschaft und der englischen Leuchtturmanlagen übernommen. Es wird erzählt, daß auch Faraday die Fabrik in Birmingham besuchte, um die Maschine Woolrichs zu sehen; er soll sich darüber gefreut haben, daß seine Entdeckung nun auch für das praktische Leben wichtig werden konnte.

Die Maschine, von der Hamel berichtete, war noch größer; sie hatte acht Magnete, die zwischen zwei gußeisernen Scheiben radial angeordnet waren. Ihr Läuferrad trug sechszehn Ankerspulen. Diese Maschine sollte bei 700 Uml/min arbeiten, und Woolrich glaubte, daß sie eine Pferdestärke Antriebsleistung erfordern würde. 1851 baute der Erfinder eine Maschine, die eine Tonne wog.

Magnetelektrische Telegraphie. Man muß bei der Anwendung der Magnetelektrizität in der Telegraphie zwei Möglichkeiten des Einsatzes unterscheiden. Einmal braucht die Maschine nur an die Stelle der galvanischen Batterie zu treten, zweitens kann die Quelle der magnetelektrischen Ströme aber auch zu einem organischen Bestandteil des Telegraphenapparates gemacht werden. Den zweiten Weg scheinen zuerst Gauß und Weber beschritten zu haben, als sie von der ersten Form ihrer Telegraphiereinrichtung zur Telegraphie mit induzierten Stromstößen übergingen. Patentiert wurde dieses System erst 1848, als William Thomas Henley und ein Kaufmann Foster es sich in England schützen ließen[2]. Zwei Jahre darauf nahm Werner Siemens ein ähnliches Patent, das aus einem anderen Grund sehr interessant ist[3]; Siemens nennt sich darin nämlich „electric engineer", und das ist wahrscheinlich das erste Auftreten dieser Berufsbezeichnung.

Cooke und Wheatstone ließen sich 1840 die Verwendung magnetelektrischer Maschinen bei der Telegraphie patentieren und nahmen in das Patent auch die bisher nicht geschützte Clarkesche Konstruktion auf[4]. Aber schon 1837 soll Masson bei Caen eine Telegraphenanlage errichtet haben, die mit magnetelektrischen Strömen arbeitete. Auch Carl August Steinheil hielt Induktionsströme für sehr gut geeignet zum Telegraphieren und richtete seine erste, 1837 in Betrieb genommene

---

[1] Ind. Brit. No. 74, S. 1, November 1938.
[2] Engl. Pat. Nr. 12236 vom 10. August 1848.
[3] Engl. Pat. Nr. 13062 vom 23. April 1850.
[4] Engl. Pat. Nr. 8345 vom 21. Januar 1840.

Anlage entsprechend ein; die Apparate dafür hatte er schon 1836 fertiggestellt[1].

Viele namhafte Telegraphenerfinder haben sich mit dem Bau magnetelektrischer Maschinen für ihre Anlagen befaßt, darunter Werner Siemens, Wheatstone, die Varleys, Henley, Charles T. Bright und Stöhrer. Stöhrer hat sich in Deutschland ganz besonders dafür eingesetzt, daß man solche Maschinen als Stromquellen verwenden soll. Mit diesen Arbeiten begann er 1844; er machte 1846 mit Erfolg einen Versuch auf einer acht deutsche Meilen langen Strecke, wobei er einen Nadeltelegraphen benutzte. 1849 konnte er über die von ihm eingerichtete Anlage bei der Eisenbahn Leipzig—Hof berichten, die seit zwei Jahren in ununterbrochenem Betrieb sei[2]. Der Schwierigkeit, daß während der Stromwendung keine Zeichen gegeben werden können, glaubte er nur durch den Verzicht auf die Kommutierung überhaupt, also durch die Telegraphie mit Wechselstrom, begegnen zu können.

Andere Anwendungen. M. H. Jacobi beschrieb in dem Briefe an Faraday, in dem er zum ersten Male über seine galvanoplastischen Versuche berichtete[3], wie er seinen Hörsaal durch Drummondsches Kalklicht erleuchtet habe, und daß dazu das Knallgas durch Elektrolyse gewonnen wurde. Dieser Gedanke, die elektrische Energie durch die Umwandlung in chemische Energie des Knallgases beliebig fortleitbar und teilbar zu machen, spielte damals und bis in die fünfziger Jahre hinein eine sehr große Rolle, vor allem in der englischen Patentliteratur. Es ist bemerkenswert, daß das Knallgas auch in Verbrennungsmotoren verwendet werden soll; diesen Gedanken ließ sich erstmals 1840 William Henry Fox Talbot patentieren[4]. Selbstverständlich ist ein solches Verfahren umständlich und ganz unwirtschaftlich, aber man hielt es damals anscheinend doch für durchführbar und für so aussichtsreich, daß einer zu seiner Verwertung gegründeten Gesellschaft reiche Mittel zuflossen; es war die Gesellschaft „L'Alliance".

In Amerika machte in den Jahren 1850 bis 1852 das Painesche Licht viel von sich reden, weil es „fast nichts" kostete[5]. Mit dem Strom einer von ihm erfundenen magnetelektrischen Maschine zersetzte der Erfinder Wasser und führte das entstandene Knallgas durch Terpentin, so daß es mit Terpentindämpfen angereichert wurde und infolgedessen mit leuchtender Flamme verbrennen konnte. Als sämtliche Angaben Paines über die wissenschaftlichen und wirtschaftlichen Grundlagen seiner Erfindung sich als unzutreffend erwiesen, wurde es wieder still um diese technische Sensation der amerikanischen Tageszeitungen.

---

[1] Karrass, Th.: Geschichte der Telegraphie, I, Braunschweig 1909. S. 141 bis 142.

[2] Stöhrer: Über Anwendung der magneto-elektrischen Maschinen und constanten Säulen zur Elektrotelegraphie. Pogg. Ann. 77 (1849) S. 485—493.

[3] Phil. Mag. 3rd ser. 15 (1839) S. 161—165.

[4] Engl. Pat. Nr. 8650 vom 1. Oktober 1840.

[5] Mech. Mag. 54 (1851) S. 67, 114, 128, 172, 174, 181; engl. Pat. Nr. 13 128 vom 12. Juni 1850 auf den Namen Alfred Vincent Newton.

VIII. Die Entwicklung bis zur Entstehung der Großmaschinen.

Die Entstehung der mehrpoligen Maschine. Ein bedeutender Fortschritt, der sich allerdings erst später auswirkte, war der Übergang zur Erregung durch mehr als ein Polpaar, der dem Leipziger Mechaniker Emil Stöhrer zu verdanken ist. Stöhrer (geb. 25. September 1813 zu Delitzsch, gest. 25. August 1890)[1] war der Sohn eines Arztes. Nach Abitur, Mechanikerlehre und Wanderschaft übernahm er in Leipzig ein Mechanikergeschäft und gründete später noch ein weiteres Geschäft in Dresden. Er starb in geistiger Umnachtung. Von seinen zahlreichen Arbeiten, für die ihm die Universität Jena die Ehrendoktorwürde verlieh, ist neben seinen Batterien und Induktionsapparaten eine elektromagnetische Maschine zu nennen, die er 1841 erfand. Am wichtigsten sind jedoch seine Arbeiten an den magnetelektrischen Maschinen und die Versuche, diese Maschinen bei der Telegraphie einzuführen.

Stöhrer baute seine magnetelektrischen Maschinen zunächst zweipolig nach dem Saxtontyp und konstruierte erst im August 1843 seine mehrpolige Maschine. Das schon von dem Unbekannten P. M. 1832 vorgeschlagene, aber wahrscheinlich nicht praktisch benutzte Prinzip, daß bei gleichem Stahlgewicht viele kleine Magnete wirksamer seien als ein großer, machte auch Stöhrer sich zu eigen; er hätte sich dabei auf die Feststellung zeitgenössischer Autoritäten berufen können, daß auch die Tragkraft der Magnete weniger als proportional mit dem Gewicht zunimmt. Das Feldsystem seiner sechspoligen Maschine (Abb. 39)[2] setzte Stöhrer aus drei je acht Pfund schweren Hufeisenmagneten zusammen, deren Pole ein regelmäßiges Sechseck bilden; ein gleiches Sechseck bilden die sechs Spulen des Ankers, der um eine senkrechte Welle drehbar ist. Rein äußerlich betrachtet besteht eine gewisse Ähnlichkeit mit der Pixiischen Maschine. Die Spulen lassen sich auf vier Arten schalten; die größte Spannung — dieses Wort scheint hier erstmals im Zusammenhang mit Maschinen vorzukommen — ergibt sich natürlich bei Hintereinanderschaltung. Stöhrer glaubte durch Versuche festgestellt zu haben, daß die Unterteilung des Eisens, die Verwendung von Spulenkernen aus Eisendraht, keine Vorteile bringt.

In den ersten Jahren der Starkstromtechnik soll man die Güte der Maschinen auch nach der Lebhaftigkeit des Bürstenfeuers beurteilt haben, so daß es zum Beispiel hieß, „Maschine funkt gut"[3]; daß es besser ist, wenn die Maschine nicht funkt, erkannte man bald. Aber schon bei Stöhrer kann man einen solchen auf Erfahrungen beruhenden Wandel der Anschauung feststellen. In seinem ersten Bericht hebt er noch die „Schönheit" des „brillanten Funkenspieles" rühmend hervor, während er fünf Jahre später von seinen Maschinen sagt: „Funken sind

---

[1] ADB 36 (1893) S. 322—323.

[2] Stöhrer, E.: Einige Bemerkungen über die Construktion magneto-elektrischer Maschinen und Beschreibung der zusammengesetzten magneto-elektrischen Maschine. Pogg. Ann. 61 (1844) S. 417—430. — Beiträge zu Vervollkommnung des magneto-electrischen Rotations-Apparates. Pogg. Ann. 77 (1849) S. 467—485.

[3] Meyer, H.: Fünfzig Jahre bei Siemens, Berlin 1920. S. 6.

fast gar nicht sichtbar, und das war eigentlich der Hauptzweck, den ich damit erreichen wollte, wenn es mir daran lag, eine Commutationsvorrichtung zu erzielen, welche ohne Quecksilber und Öl möglichst lange Zeit unbeaufsichtigt ihre Dienste leisten sollte". Stöhrers erster Stromwender (Abb. 39) besaß stählerne Segmente und Schleiffedern aus Stahl.

Das Deutsche Museum in München besitzt zwei Briefe[1] Stöhrers aus dem Jahre 1847, in denen er einem Kunden genaue Behandlungsvorschriften für die Maschine und eine Anleitung zur Behebung von Störungen gibt.

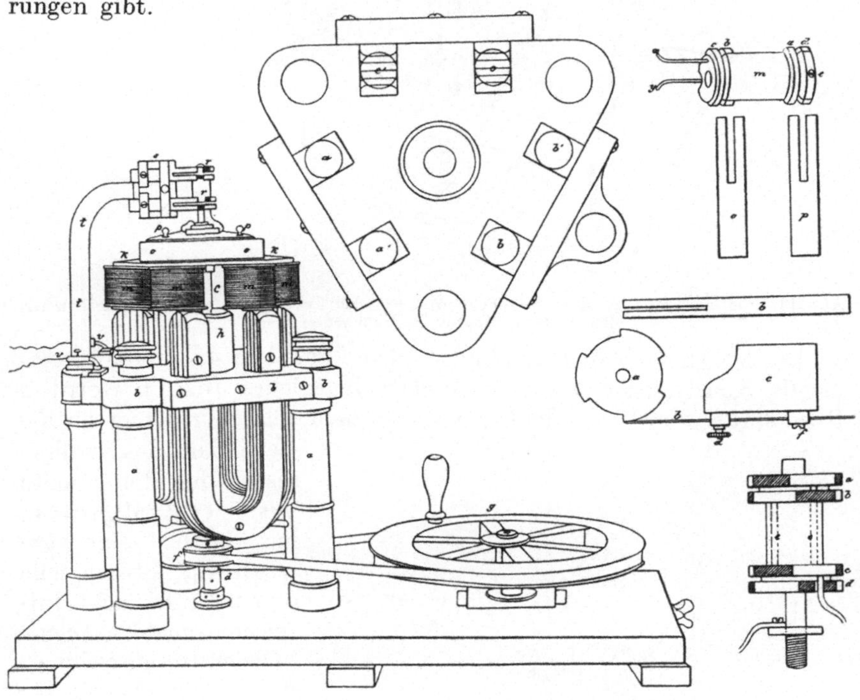

Abb. 39. Stöhrer's sechspolige Maschine und ihr Stromwender. Pogg. Ann. 61 (1844) Taf. 3.

Im Jahre 1843 machte Stöhrer Versuche mit einer Maschine, bei der innerhalb einer festen Spule ein Stabmagnet sich um eine waagerechte Achse drehte (Abb. 40)[2]; die Ströme seien wider Erwarten nur schwach gewesen. Der Erfinder benutzte diese Vorrichtung in erster Linie als elektromagnetische Maschine. Im Laufe seiner Untersuchungen ersetzte er auch den Dauermagneten durch einen Elektromagneten und machte Versuche, um die beste Polschuhform zu finden. Wenn er den Elektromagneten drehte, trat an den Enden der festen Spule eine Spannung auf, die Maschine war dann ein fremderregter Stromerzeuger. Auch bei dieser Maschine wäre wie bei den vielen anderen elektromagnetischen Maschinen ohne Dauermagnete Gelegenheit gewesen, nochmals die Callan-

---

[1] Urkundensammlung des Deutschen Museums in München, Nr. 3736.

[2] Stöhrer: Einige Versuche, diejenige Kraft, welche die electrische Spirale auf einen in derselben befindlichen Magnet ausübt, zur rotirenden Bewegung anzuwenden. Pogg. Ann. 69 (1846) S. 81—93.

5*

sche Beobachtung zu machen; es ist auch gar nicht daran zu zweifeln, daß sie gemacht worden ist, aber niemand hielt sie für mitteilenswert.

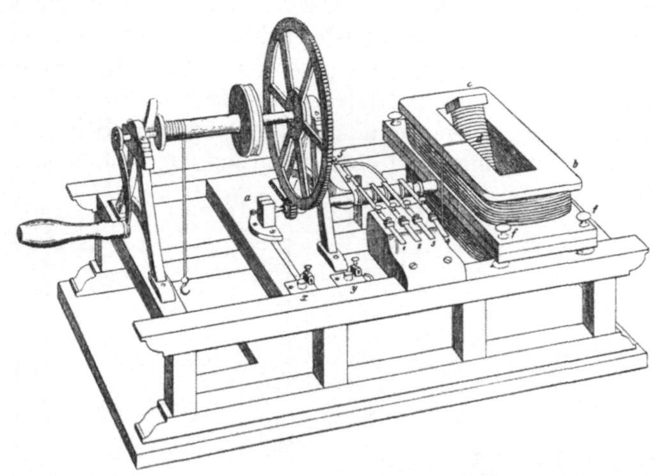

Abb. 40. Stöhrers zweipolige Maschine. Pogg. Ann. 69 (1846) Taf. 1. Eine solche Maschine besitzt das Deutsche Museum in München.

Der Maschine Stöhrers ähnlich ist die aus dem Jahre 1857 stammende Konstruktion des französischen Ingenieurs Joseph Scipion Rousselot, der einen Heißluftmotor erfunden hatte und nun für die Gewinnung des Knallgases — der Motor sollte mit einer Knallgasflamme arbeiten —eine wirtschaftliche Stromquelle brauchte[1]. Die acht Hufeisenmagnete seiner Gleichstrommaschine stehen aufrecht wie bei Stöhrer, und wie bei dessen Maschine sind auch die Ankerspulen angebracht.

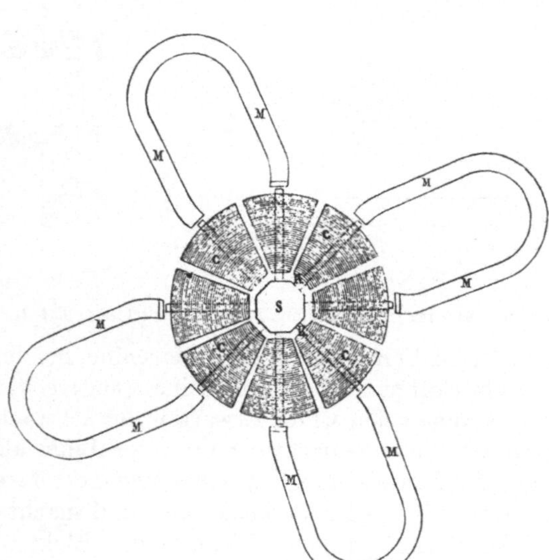

Abb. 41. Th. Allan's mehrpolige Maschine. Engl. Pat. 14 190 vom 24. 6. 1852.

Die mehrpoligen Maschinen von Allan und Starr. Mit der Stöhrerschen Maschine verwandt ist auch die mehrpolige Maschine des Ingenieurs Thomas Allan aus Edinburgh, der besonders durch seine elektromagnetischen Maschinen bekannt geworden ist. Zur Allanschen Bauart (Abb. 41) gelangt man, wenn man die Spulen nicht axial anordnet, wie Stöhrer es tat und wie man noch lange nach

---

[1] Engl. Pat. Nr. 1754 vom 23. Juni 1857.

ihm bei den Maschinen der Alliance-Gesellschaft und den Stromerzeugern von Holmes verfuhr, sondern wenn man aus ihnen Polräder mit Radialpolen wie bei den modernen Maschinen bildet. Dadurch liegen alle Magnete in einer Ebene, so daß diese Maschine wie keine ihrer Vorläuferinnen den heutigen Konstruktionen gleicht. Das Patent Allans[1] ist nicht nur durch die Beschreibung des Polrades bedeutungsvoll, es ist auch deshalb wichtig, weil es —33 Jahre vor dem Patent von Déri, Blathy und Zipernowski — die erste Beschreibung und Zeichnung eines Umspanners mit geschlossenem Eisenkern enthält (Abb. 42). Anderthalb Jahre später ließ William Thomas Henley, der sich jetzt ebenfalls schon Elektroingenieur statt wie früher Instrumentenmechaniker nannte, sich die mehrpolige Maschine mit dem Allanschen Polrad nochmals patentieren[2].

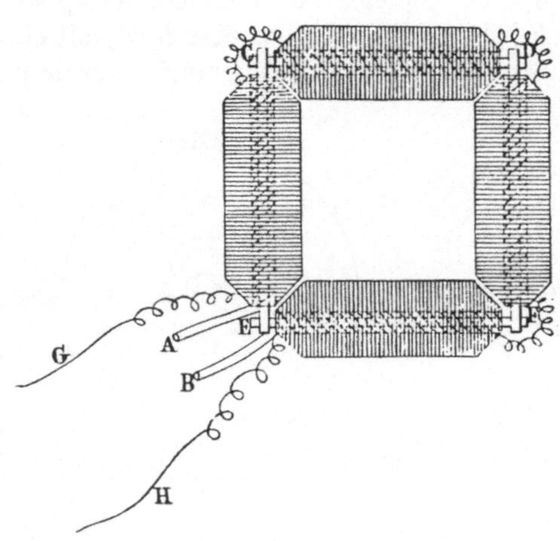
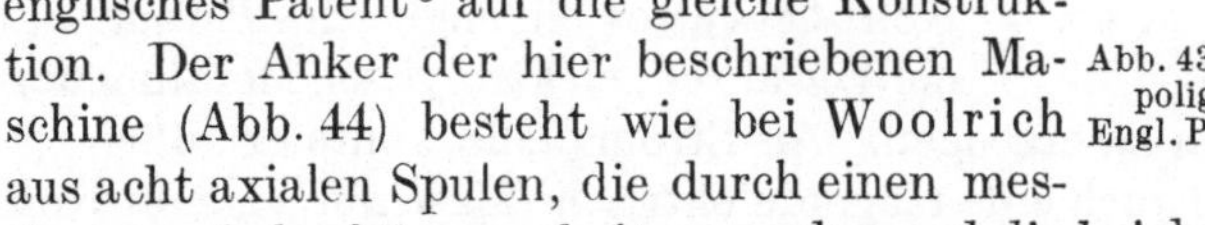

Abb. 42. Th. Allan's Transformator. Engl. Pat. 14 190 vom 24. 6. 1852.

Allerdings baute er seine Maschine wie Stöhrer mit senkrechter Welle; die drei Hufeisenmagnete kreuzen sich am Boden in einem gemeinsamen Querschnitt (Abb. 43); eine solche gemeinsame Verbindung hatte man bis dahin zu vermeiden gesucht.

Während man die mehrpoligen Maschinen von Stöhrer und Allan sich aus den zweipoligen Maschinen von Pixii oder Saxton entstanden denken kann, müssen andere mehrpolige Bauarten als Seitenstücke zu der zweipoligen Weberschen Maschine nach Abb. 28 betrachtet werden, deren Anker von beiden Seiten her dem Einfluß von Magneten ausgesetzt ist. Die erste mehrpolige Maschine dieser Art baute ein Jahr nach Stöhrer der Engländer Woolrich, sie wurde bereits beschrieben. Kurz danach nahm ein Ausländer durch den englischen Patentagenten Edward Augustin King ein englisches Patent[3] auf die gleiche Konstruktion. Der Anker der hier beschriebenen Maschine (Abb. 44) besteht wie bei Woolrich aus acht axialen Spulen, die durch einen messingenen Ankerkörper gehalten werden und die bei der Drehung zwischen den Polen von vier um den Ankerumfang greifenden Hufeisendauer-

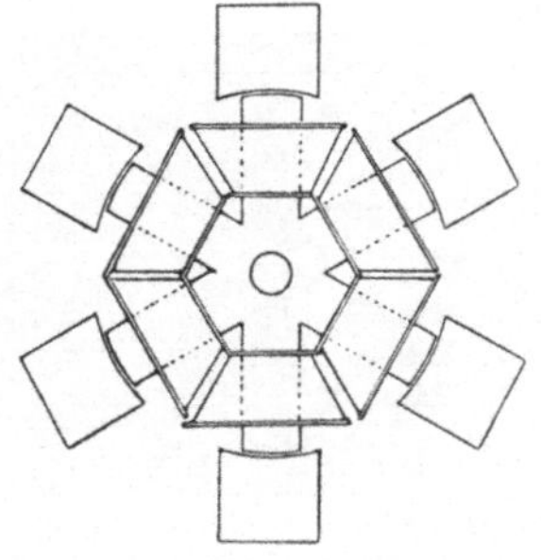

Abb. 43. Draufsicht auf die mehrpolige Maschine von Henley. Engl. Pat. Nr. 2846 vom 8. 12. 1853.

---

[1] Engl. Pat. Nr. 14190 vom 24. Juni 1852.
[2] Engl. Pat. Nr. 2846 vom 8. Dezember 1853.
[3] Engl. Pat. Nr. 11188 vom 30. April 1846; Dingl. J. 103 (1847) S. 267—270.

magneten hindurchgeführt werden. Der Stromwender hat soviel Segmente wie Ankerspulen vorhanden sind und macht wie die ganze Maschinen einen fast modernen Eindruck. Allerdings ist noch für jedes Segment eine Schleiffeder vorhanden, und je ein Spulenende ist zu einem gemeinsamen Schleifring geführt; das geschah, damit man die Ankerspulen mühelos zu beliebigen Gruppen schalten konnte, wie ja auch Stöhrer schon seine Maschine mit einem Gruppenschalter zum leichten Wechsel der Schaltung — vor dem Stromwender — versehen hatte.

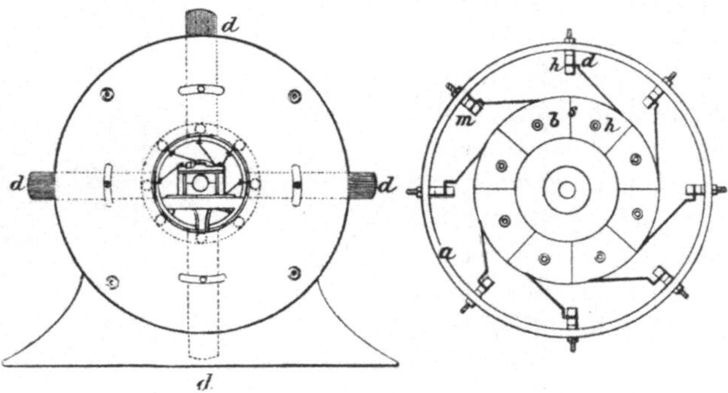

Abb. 44. Maschine von Starr. Engl. Pat. 11 188 vom 30. April 1846.

Es ist wichtig, daß der Erfinder auch die Wirbelströme („neutralizing currents") kannte und sie durch passend in den Ankerkörper gesägte Schlitze zu unterdrücken suchte. Der in der Patentschrift nicht mit Namen genannte Ausländer kann nur der Amerikaner J. W. Starr aus Cincinnati gewesen sein. In der Geschichte der Elektrotechnik ist bekannt, daß Starr, der von dem Philanthropen Peabody finanziell unterstützt wurde, die erste bekanntgewordene Glühlampe mit Kohlefaden erfand[1], und daß das englische Patent auf den Namen seines Patentanwalts, King, genommen wurde. Außerdem ist auch das französische Patent[2], dessen Inhalt sich mit dem englischen[3] deckt, „au sieur Starr, de Londres" erteilt. Leider starb Starr schon 1846 auf der Rückreise nach Amerika, erst 25 Jahre alt.

Andere mehrpolige Maschinen. Einige Monate nachdem Stöhrer seine erste mehrpolige Maschine konstruiert hatte, beantragte der Londoner Kaufmann Julius Schottländer ein englisches Patent[4] auf ein Verfahren, elektrolytisch Metallniederschläge auf Textilien zu erzeugen. Als Stromquelle wollte er außer galvanischen Batterien auch eine magnetelektrische Maschine eigener Konstruktion benutzen. Diese Maschine (Abb. 45) besteht aus einem inneren

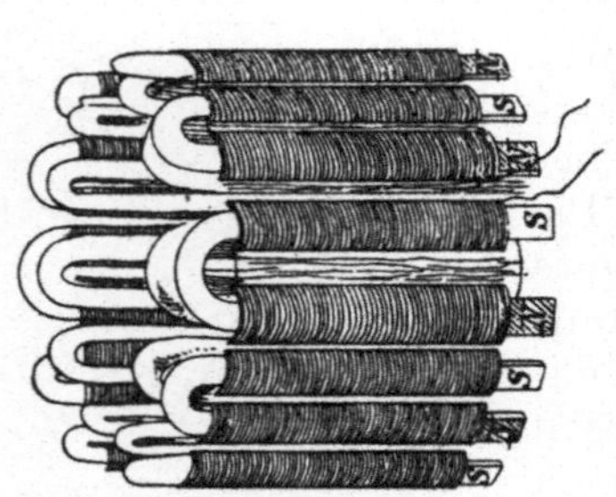

Abb. 45. Schottlaenders mehrpolige Maschine. Engl. Pat. Nr. 9982 vom 8. Dez. 1843.

---

[1] Schroeder, Henry: History of electric light, Washington 1923. S. 17—19.
[2] Nr. 4615 vom 4. November 1846. Brevets 9 (1852) S. 253—254.
[3] Engl. Pat. Nr. 11 188 vom 30. April 1846; Dingl. J. 103 (1847) S. 267—270.
[4] Engl. Pat. Nr. 9982 vom 8. Dezember 1843.

Käfig aus zehn Hufeisendauermagneten und aus einem ebensolchen konzentrischen äußeren Käfig, dessen Schenkel jedoch bewickelt sind. Alle Pole befinden sich auf der gleichen Seite der Maschine. Wird der innere Käfig gedreht, dann schwankt der Fluß, weil immer abwechselnd gleichnamige und ungleichnamige Pole sich gegenüberstehen. Von einem Stromwender ist nicht die Rede und auch über die Schaltung wird nichts gesagt. Diese Maschine ist wohl nie ausgeführt worden.

Maschinen, bei denen das Magnetsystem gedreht wird und das Spulensystem stillsteht, kamen kaum vor, weil sie als Gleichstrommaschinen zu umständlich gewesen wären. Der durch seine Telegraphen bekannte Erfinder Alexander Bain nahm 1852 ein englisches Patent[1] auf eine Wechselstrommaschine dieser Bauart, mit der er telegraphieren wollte; diese Synchron-„Maschine" (Abb. 46), die sechs Ankerspulen und zwei Hufeisenmagnete hatte, sollte durch ein Uhrwerk mit Gewichtsaufzug betrieben werden, eine Antriebsart, die auch in anderen Patenten geschützt worden ist.

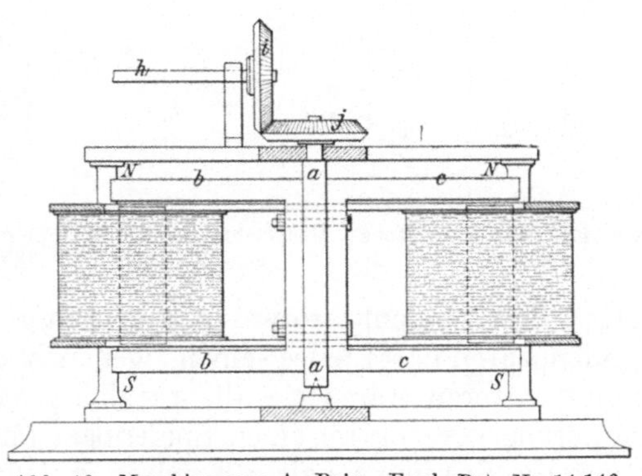

Abb. 46. Maschine von A. Bain. Engl. Pat. Nr. 14 146 vom 29. Mai 1852.

Wheatstones Mehrfachmaschine. Charles Wheatstone kam von der Telegraphentechnik aus zum Bau magnetelektrischer Maschinen. Das erste, unbedeutende Patent nahm er gemeinsam mit William Fothergill Cooke; neben zahlreichen Verbesserungsvorschlägen für Telegraphen findet man hier auch eine magnetelektrische Maschine aufgeführt, und die Patentnehmer lassen sich hier außerdem noch den schon lange bekannten Stromwender schützen. Wichtig ist dagegen das nächste Patent, das Wheatstone im Juli 1841 allein nahm[2].

Der Erfinder wollte mehrere magnetelektrische Maschinen so zu einer einzigen verbinden, daß ein stetiger Gleichstrom erzeugt werden kann. Zu seiner Zeit nämlich, und auch noch lange nachher, war die Unstetigkeit des Stromes ein schweres Hindernis für die Verwendung der magnetelektrischen Maschinen; ihre Spannung schwankte periodisch zwischen einem Maximum und Null. Unsere modernen Gleichstrommaschinen haben alle geschlossene Ankerwicklungen, also zu einer geschlossenen Reihe zusammengeschaltete Spulen, und da der Strom in diesen Spulen nacheinander und nicht wie vor hundert Jahren in allen Spulen der Wicklung gleichzeitig kommutiert wird, kennen wir diesen Übelstand heute nicht mehr. Wheatstone konnte zwar einen beachtenswerten

---

[1] Engl. Pat. Nr. 14 146 vom 29. Mai 1852; ähnlich das engl. Patent von E. Tyer, Nr. 3015 vom 29. November 1861.

[2] Engl. Pat. Nr. 9022 vom 7. Juli 1841; das frühere gemeinsam mit Cooke genommene engl. Patent Nr. 8345 vom 21. Januar 1840.

Vorschlag machen, der bis in die Nähe der richtigen Lösung führte, aber seine Maschine war trotzdem technisch unbrauchbar. Er baute eine den Maschinen von Clarke und Page ähnliche Maschine (Abb. 47, 48), verwendete aber sechs Magnete und ließ in den fünf Lücken fünf hintereinander auf einer gemeinsamen Welle sitzende Spulenpaare sich dre-

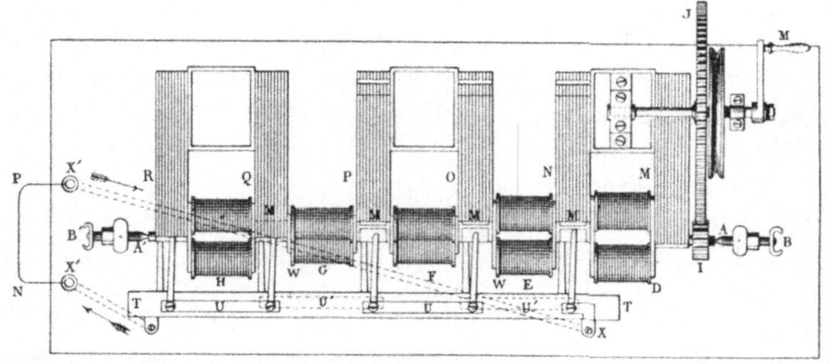

Abb. 47 u. 48. Wheatstone's Mehrfachmaschine. Aus Moigno. Traité de télégraphie électrique. Atlas. 2. Aufl. Paris 1852.

hen; diese Spulenpaare waren gegenseitig um 72° versetzt. Von den Spulenpaaren hatte jedes seinen eigenen Kommutator und hinter diesen Kommutatoren waren sie alle parallel geschaltet, so daß beim Kommutierungsvorgang im einen Spulenpaar immer noch die vier anderen Paare die Spannung halten konnten und Strom nach außen abgaben.

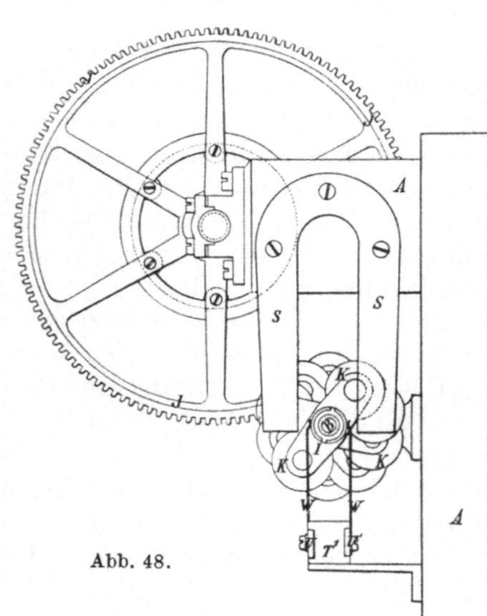

Abb. 48.

Was diese Konstruktion aber als verfehlt erscheinen läßt, das ist der Umstand, daß sie auch ohne äußere Belastung Leistung aufnehmen muß, weil in ihr Ausgleichströme entstehen. Die Augenblickswerte der EMKe in den parallelgeschalteten Spulen sind stark verschieden; es stellt sich eine mittlere Spannung ein und diese Klemmenspannung wird dadurch aufrecht erhalten, daß die Spulen mit einer EMK, die niedriger ist als diese Spannung, einen Ausgleichstrom aufnehmen. Trotz dieses grundsätzlichen Nachteils verdient Wheatstones Vorschlag hohe Anerkennung.

Für die Kommutierung schrieb der Erfinder vor, daß die stromabnehmende Feder im Augenblick der Stromwendung beide Lamellen berühren soll, damit der Spulenkreis nicht unterbrochen wird.

Der die Maschine betreffende Anspruch in Wheatstones Patent lautet: „First, the mode of constructing what I have called a magneto-

electric battery, by combining several magneto-electric machines, so
that the separate currents produced by each shall be transmitted suc-
cessively through the same circuit in such manner that each current
commences before the preceding one has ceased, whereby a continuous
current is obtained, proceeding always in the same direction".

Pulvermachers Vorschläge. Die Unterteilung des Ankereisens durch
den Aufbau der Kerne aus Eisendraht, für den in Deutschland besonders
Sinsteden eintrat, konnte sich nicht durchsetzen und blieb im wesentlichen auf Induktionsapparate beschränkt. Den heute üblichen Aufbau
des Eisenkörpers der Maschinen aus Blechen kann man bis zum Jahre
1849 zurückverfolgen. Der Wiener Ingenieur I. L. Pulvermacher, der

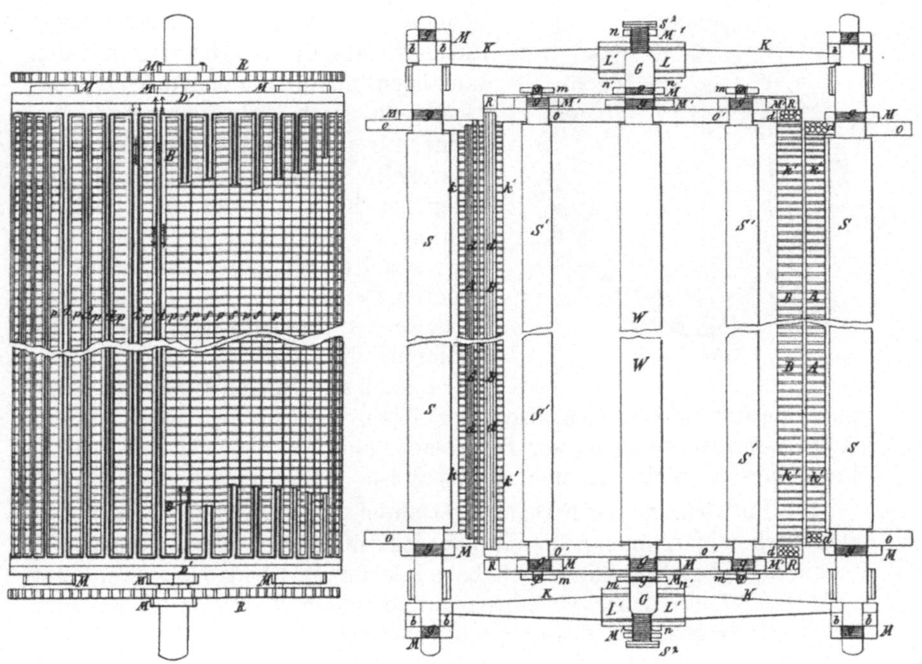

Abb. 49—51. Pulvermachers vielpolige elektromagnetische Maschine. Dingl. J. 122 (1851) Taf. 1.

sich viel im Ausland aufhielt, entwarf damals eine elektromagnetische
Maschine[1], die er auch als Stromerzeuger zu verwenden gedachte und die
im Gegensatz zu allen anderen Bauarten mit ihren kleinen Polzahlen sehr
viele Pole hatte, etwa vierzig. Die konstruktive Aufgabe löste Pulvermacher sehr geschickt dadurch, daß er Ständer und Läufer aus zahlreichen genuteten Ringen zusammenbaute, aus dünnen Platten weichen
Eisens, die durch Preßplatten und Bolzen wie die Blechpakete der modernen Maschinen zusammengehalten wurden. Bei der magnetelektrischen
Maschine soll der innere Zylinder aus permanent magnetischen Stahlringen
bestehen (Abb. 49—51). Es kann wohl kein Zweifel darüber bestehen,

---

[1] Engl. Pat. Nr. 12899 vom 15. Dezember 1849; engl. Pat. Nr. 13933 vom
29. Januar 1852; Dingl. J. 122 (1851) S. 27—28; franz. Pat. Nr. 10160 vom
12. September 1850. Brevets 20 (1855) S. 1—20.

daß **Pulvermacher** die Unterteilung nicht etwa deshalb anwandte, weil er die Wirbelströme vermeiden wollte. Die einzelnen Schichten sollen nur durch unmagnetische Werkstoffe wie Messing oder Guttapercha voneinander getrennt werden; sie sollen verzinnt sein, aber das Verzinnen und die magnetische Isolierung könne man sehr einfach in einem einzigen Arbeitsgang erledigen, indem man das geschichtete Paket in geschmolzenes Zinn taucht und dadurch einen kompakten Körper erhält. Wahrscheinlich ist für die Wahl der hohen Polzahl die gleiche Ansicht wie beim Bau der mehrpoligen Maschine **Stöhrers** maßgebend gewesen, daß nämlich bei gleichem Gewicht mit vielen Magneten mehr zu erreichen sei als mit einem einzigen. Der Aufbau aus Ringen und Platten war

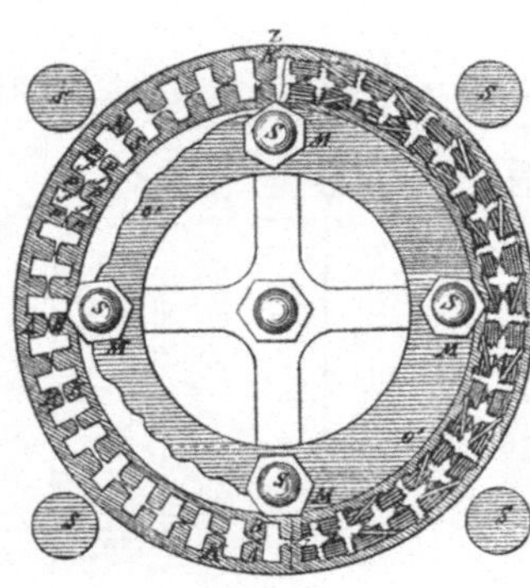

Abb. 51.

gewiß nur durch fertigungstechnische Gründe bedingt, durch die notwendige Rücksicht auf die Bearbeitung mit den damaligen unvollkommenen Werkzeugmaschinen. Auch **Pulvermachers** Maschine, für die der Erfinder zahlreiche verwickelte Stromwenderkonstruktionen angegeben hatte, scheint nie praktisch verwendet worden zu sein. **Pulvermacher** wandte sich später einer viel einfacheren Bauart zu. Er ließ sich eine Variante der **Saxtonschen** Bauart patentieren[1], die außer den beiden Läuferspulen auch zwei Spulen auf den Magnetpolen besitzt, die an sich also zur Selbsterregung fähig wäre. Gegenstand des Patents ist in der Hauptsache eine Vorrichtung zur Einstellung eines möglichst kleinen Luftspaltes.

Die Entwicklung der Erregungsverfahren. Zur Erregung der magnetelektrischen Maschinen bediente man sich seit ihren Anfängen der Dauermagnete und gelegentlich auch batterieerregter Elektromagnete. Erst 1851 taucht ein neues Verfahren auf, das sich in der Folge als sehr fruchtbar erwies, und dessen praktische Verwirklichung durch **Wilde** mit den Anstoß zur Entdeckung des dynamoelektrischen Prinzips gab.

Der deutsche Militärarzt und Physiker **Wilhelm Joseph Sinsteden** (geb. 6. Mai 1803 in Cleve)[2] hatte wie andere Physiker bemerkt, daß der vom Strom einer magnetelektrischen Maschine erregte Elektromagnet eine viel größere Tragkraft haben konnte als der Magnet in der Maschine. Diese Erscheinung gedachte er zur Erregung der Maschinen auszunutzen[3]. Mit einer der von ihm bevorzugten Maschinen **Saxtonscher** Bauart, die aber einen vierspuligen Anker besaß, wollte er den Elektromagneten in

---

[1] Engl. Pat. Nr. 2656 vom 23. Oktober 1861; franz. Pat. Nr. 53956 vom 28. April 1862, nur genannt in Brevets 84 (1876), Klasse XII/4 S. 35.

[2] ADB 34 (1892) S. 401. — **Haberling-Hübotter-Vierordt**: Biographische Lexikon der hervorragenden Ärzte aller Zeiten und Völker, Bd. 5, S. 293. Berlin und Wien 1934.

[3] **Sinsteden**: Eine wesentliche Verstärkung des magnetoelektrischen Rotations-Apparates. Pogg. Ann. 84 (1851) S. 181—213.

einer größeren fremderregten Maschine erregen, mit deren Strom die Feldmagnete einer dritten Maschine usw., „bis ins Ungeheure", „so lange man noch Herr über Maße und Gewicht ist". Die Erzeugung der Ströme „kostete nichts, als die Kraft, die nöthig ist, die Inductoren in rotirende Bewegung zu setzen"; man könne diese Ströme für elektromagnetische Maschinen verwenden, da „sie gar keine laufenden Kosten, durch Verbrauch von Zink und Säuren, verursachten".

Man erkennt aus diesen Zitaten, daß Sinsteden das Energieprinzip und Liebigs Erkenntnisse über die elektromagnetischen Maschinen offenbar unbekannt geblieben waren. Er war nur Praktiker und als Arzt auch nur Außenseiter auf dem Gebiet der Elektrophysik, und seine theoretischen Ansichten sind alle verfehlt. Aber diese Erfindung der Erregermaschine, der Gedanke der Erregung einer großen Maschine durch den Strom einer kleinen magnetelektrischen Erregermaschine, war ganz ausgezeichnet. Es ist selbstverständlich, daß dieses immerhin umständliche Verfahren nur für größere Maschinen in Frage kam und nicht für die kleinen elektromedizinischen Apparate, mit denen Sinsteden sich vorwiegend beschäftigte.

Auch Sinsteden kannte, wie aus einer späteren Arbeit[1] hervorgeht, den remanenten Magnetismus, den „permanenten Magnetismus, der bei sehr weichen Eisendrähten unbedeutend ist, und der überdies bei jedem Wechsel der Pole sich umkehrt"; daß man ihn für die Anfangserregung bei seinen Erregungsverfahren benutzen kann, scheint ihm entgangen zu sein. An der gleichen Stelle gebrauchte Sinsteden auch das Wort remanenter Magnetismus. „Der solide Eisenkern des Rotationsapparats stellt für sich einen solchen, remanenten Magnetismus behaltenden, Magneten dar."

IX. Hjorth und Jedlik.

Søren Hjorth. Vor dem Jahre 1866 kam kein Erfinder der Schaffung der Dynamomaschine so nahe wie Søren Hjorth (geb. 13. Oktober 1801 zu Ørslev Vestergaard, Dänemark, gest. 28. August 1870 zu Kopenhagen)[2]. Hjorth, der Sohn eines Gutsbesitzers, begann seine Laufbahn als Gerichtsbeamter, war dann Gutsverwalter und später Beamter bei der dänischen Finanzverwaltung. Eine technische Ausbildung erhielt er erst in reiferem Alter an dem von Ørsted geleiteten Polytechnischen Institut in Kopenhagen. Nach einer großen Auslandsreise begann Hjorth 1840 gemeinsam mit einem Freund die Werbung für den Bau von Eisenbahnen in Dänemark; er wurde 1844 technischer Direktor der Seeland-Bahn, die 1847 den Betrieb aufnahm. Überarbeitung zwang Hjorth zum Rücktritt von der Eisenbahnarbeit. Nach seiner Wiederherstellung machte er eine Reise nach England, die für die Entwicklung seiner elektrotechnischen Arbeiten entscheidend gewesen ist.

---

[1] Pogg. Ann. 92 (1854) S. 234—236.

[2] Smith, Sigurd: Søren Hjorth Inventor of the dynamo-electric principle. København 1912. — Dansk Biografisk Leksikon, Bd. X, S. 277—280. København 1936. — J. K. Gyrstinger: Slaegten Hjorth, 1934 (x).

1856, nachdem alle seine Pläne mit seinen elektrotechnischen Erfindungen fehlgeschlagen waren, kehrte Hjorth verarmt und enttäuscht nach Dänemark zurück, wo er als Vertreter einer Stahlfirma, als beratender Ingenieur und als Übersetzer sich seinen Lebensunterhalt erwarb. Seit 1862 erhielt er vom dänischen Staat eine kleine Pension. Mit elektrotechnischen Arbeiten scheint er sich nur noch gelegentlich, jedenfalls aber nicht mehr schöpferisch, beschäftigt zu haben. Auf der für die Geschichte der Dynamomaschine so wichtigen Pariser Weltausstellung des Jahres 1867 stellte auch er aus, aber seine Konstruktion[1], bei der übrigens das von ihm erfundene Erregungsverfahren nicht benutzt wurde, entsprach nicht mehr dem damals erreichten Stand der Entwicklung der Elektrotechnik.

Hjorths elektrotechnische Arbeiten. Schon 1842 versuchte Hjorth sich an dem Modeproblem der elektromagnetischen Antriebsmaschine[2], aber er hatte auf diesem Gebiet nicht mehr Glück als alle anderen, die es bearbeiteten. Man könnte auch nicht sagen, daß seine Konstruktionen sich irgendwie vor denen anderer Erfinder ausgezeichnet hätten. Im April 1848 ersuchte er die dänische Regierung um eine Unterstützung, damit er in England seine Arbeiten an der elektromagnetischen Maschine beenden könne; sie wurde ihm auf Empfehlung von Ørsted hin[3] auch gewährt. In England, wo er ein Patent[4] erhielt und seinen Elektromotor auch auf der Weltausstellung in London 1851 zeigte, wurden auf Kosten einiger Interessenten auch zwei dieser Maschinen gebaut. In das Patent wurde übrigens auch das Verfahren zur Erhöhung der Adhäsion bei Eisenbahnen aufgenommen, das Wilhelm Weber bereits 1840 angegeben hatte[5]; zwischen den Speichen der Räder sollten Spulen mit Eisenkernen angebracht werden, die sich während der Fahrt ständig durch das Feld von drei um den Radumfang greifenden Hufeisenmagneten bewegen würden und in denen ein Strom induziert werden würde, mit dem man entweder einen Adhäsionsmagnet oder eine elektromagnetische Maschine speisen könnte.

Andere elektromagnetische Maschinen ließ Hjorth sich im April 1855 in England patentieren[6].

Die Stromerzeuger von Hjorth. Wie alle anderen Erfinder von elektromagnetischen Maschinen, so sah auch Hjorth sich vor das Problem der wirtschaftlichen Stromquelle gestellt. Bei seinen Bemühungen um eine „Batterie, welche umsonst arbeitet", wandte er sich auch an den damals in Birmingham wohnenden William Siemens, der am 5. November 1849 in einem Brief an seinen Bruder Werner diesen Besuch erwähnte.

Damals begannen die Physiker und Ingenieure sich schon darüber klarzuwerden, daß die mit elektromagnetischen Maschinen gewonnene

---

[1] Engl. Pat. Nr. 1611 vom 30. Mai 1867 auf den Namen Mennons; franz. Pat. Nr. 76517 vom 21. Mai 1867 (x).

[2] Smith, S.: Søren Hjorth, 1912, S. 27ff.

[3] Oersted, H. Ch.: Scientific life and works, ed. by Kirstine Meyer, Bd. 3, Copenhagen 1920, S. CXLVI.

[4] Engl. Pat. Nr. 12295 vom 26. Oktober 1848.

[5] Weber, W.: Über magnetische Friktion. Werke, Bd. 2, Berlin 1892, S. 200 bis 211

[6] Engl. Pat. Nr. 807 und 808 vom 11. April 1855.

Energie durch den Zinkverbrauch eigentlich recht teuer erkauft sei. Auch Hjorth sah deshalb bald ganz von der Verwendung galvanischer Elemente ab und wollte nun magnetelektrische Maschinen benutzen. Da er zeit seines Lebens glaubte, daß eine magnetelektrische Maschine mehr elektrische Energie abgeben könne als sie mechanische Energie aufnimmt, daß sie also ein Perpetuum mobile sei, mußte ihn die Konstruktion dieser Maschinen besonders reizen. Wie seine noch erhaltenen Skizzenbücher beweisen, begann er 1851 mit diesen Arbeiten. Wie Sigurd Smith mitteilt, schrieb er am 1. Mai 1851 in sein Skizzenbuch neben die Skizze einer — nach A. Thomälen[1], der das Bild sah, unmöglichen — Unipolarmaschine:

„By passing the current on the said way round the electromagnets, these will of course be excited in proportion to the strength of the same, and the more they are excited, the more will the discs be influenced by the magnets, a mutual action thus taking place[2]."

Hjorth hat also als erster die glänzende Idee gehabt, bewußt den erzeugten Strom selbst mit zur Erregung heranzuziehen. Daß er diesen Gedanken beim ersten Male im Zusammenhang mit einer untauglichen Unipolarmaschine aussprach, scheint zu beweisen, daß er nicht durch die bereits gemachten Vorschläge für Maschinen, die im Läufer und im Ständer Wicklungen tragen, angeregt worden ist.

Am 24. Juni 1851 skizzierte Hjorth eine weitere Maschine nach diesem Prinzip und im Mai 1852 hinterlegte er in Kopenhagen die Beschreibung einer anderen Maschine, die offenbar der im Jahre 1867 patentierten ähnlich, aber mit zusätzlicher Selbsterregung versehen ist und für die er Stahlmagnete verwenden wollte. Am 14. Oktober 1854 beantragte er den vorläufigen Patentschutz in England für seinen Erfindungsgedanken[3], nachdem er den wesentlichen Inhalt dieses Patentes bereits im März dieses Jahres in seinem Skizzenbuch niedergelegt hatte. Die klassische Stelle in der Patentschrift lautet: „The main feature of this battery consists in applying one, two, or several permanent magnets a, of cast iron, . . ., in connection with an equal number or more electromagnets . . . in such a manner that the currents induced in the coils of the revolving armatures are allowed to pass round the electro-magnets; consequently, the more the electro-magnets are excited in the said manner, the more will the armatures be excited, and more electricity of course induced in the respective coilings; and while a mutual and accelerating force is thus produced in this manner between the electro-magnets and the armatures, an additional or secondary current is at the same time induced in the coiling of the electro-magnets by the motion of the armatures, the said current flowing in the same direction as that of the primary current after having passed the commutator". Außerdem heißt es in der Patentschrift noch: „While steel magnets also may be applied instead of cast-iron magnets, the permanent magnets may be coiled like the electromagnets, which also will serve to make them more permanent." Der Fortschritt gegenüber der Notiz aus dem Jahre 1851

---

[1] Thomälen, A.: BGT 7 (1916) S. 137.
[2] Smith, S.: S. Hjorth, 1912. S. 12.
[3] Engl. Pat. (provisional specification) Nr. 2198 vom 14. Oktober 1854.

besteht vor allem darin, daß nicht mehr der ganze magnetische Kreis aus dem magnetisch minderwertigen Werkstoff Gußeisen aufgebaut wird sondern nur noch der permanent magnetische Teil. Wenn dieser Teil aus Stahl besteht, kann er auch einen
Teil der Wicklung tragen. Diese

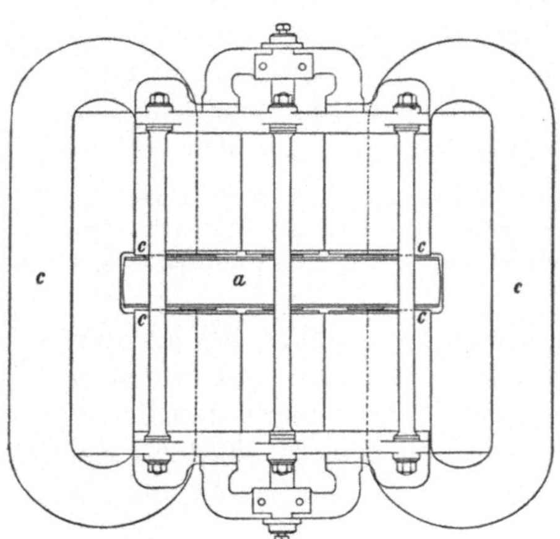

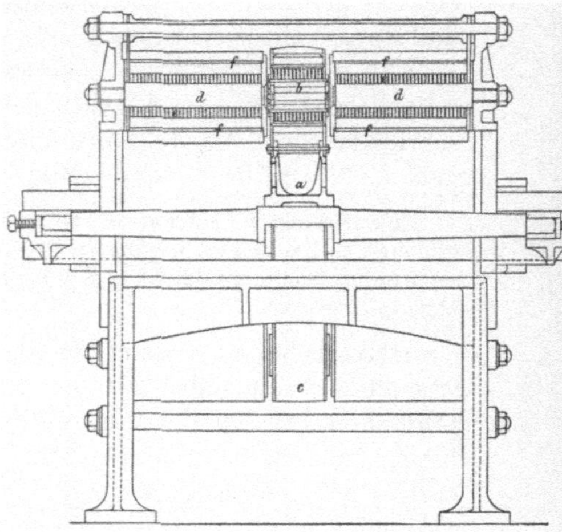

Abb. 52 u. 53. Maschine von Hjorth. Engl. Pat. Nr. 806 vom 11. April 1855.

Bewicklung des Dauermagneten ist schon oft als ein großer Fortschritt betrachtet worden, aber bei einer großen Gruppe von Gleichpolmaschinen ist sie doch schon lange bekannt gewesen.

Abgesehen von dem Erregungsverfahren bieten Hjorths Patente nichts Neues. Der Erfinder benutzte den Woolrichanker, den um die gleiche Zeit Nollet und dann auch Holmes bei ihren Maschinen anwandten. Wie bei diesen beiden Ingenieuren muß man auch bei Hjorth die saubere und stabile Maschinenbauerarbeit an seinen Konstruktionen loben (Abb. 52—54).

Das „provisional" Patent vom Oktober 1854 ließ Hjorth verfallen, nachdem er im April 1855 ein anderes Patent genommen hatte[1].

Abb. 54. Maschine von Hjorth. Aus J. Dredge. Electric Illumination. Bd. I. London 1882. S. 121.

Im Frühjahr 1854 begann Hjorth in Kopenhagen mit dem Bau seiner ersten magnetelektrischen Maschine, vermutlich entsprechend den

[1] Engl. Pat. Nr. 806 vom 11. April 1855.

im Patent 2198/1854 niedergelegten Grundsätzen; diese Maschine war im Herbst fertiggestellt. Darauf ging er wieder nach England, wo durch die Firma Malcolm & Campbell in Liverpool eine weitere, noch größere Maschine gebaut wurde, deren Konstruktion dem Patent 806/1855 entspricht.

Das dynamoelektrische Prinzip bei Hjorth? Aus dem englischen Patent Nr. 2198 vom 14. Oktober 1854 geht hervor, daß Hjorth den Vorgang des induktiven Aufschaukelns bei der zusätzlichen Selbsterregung klar erkannt hatte. Für diese Art der Erregung kommt ihm unbestritten die Erfindungspriorität zu. Daß ihm auch die Priorität für die Entdeckung des dynamoelektrischen Prinzips in seinem vollen Umfange zukomme, ist von seinem Landsmann Sigurd Smith zu beweisen versucht worden. Smith überlegte so: Hjorth spricht immer von Gußeisenmagneten oder von permanenten Magneten aus Gußeisen. Nun ist dieser Werkstoff für Dauermagnete aber wenig geeignet, und Hjorth hätte, wenn er richtige Dauermagnete hätte anwenden wollen, gewiß Stahl benutzt. Also kam es ihm nur auf den remanenten Magnetismus des Gußeisens an. Wenn er aber den remanenten Magnetismus benutzte, dann hat er auch das dynamoelektrische Prinzip gekannt.

Dagegen läßt sich fragen: warum hat Hjorth dann nicht auch für das Feldsystem gewöhnliches Eisen benutzt, wie für den Anker? Die sehr einfache Erklärung ergibt sich bei der Betrachtung der physikalischen Anschauungen seiner Zeit. Nach der allgemeinen Auffassung war Stahl nicht zur temporären Magnetisierung geeignet, während Weicheisen keinen permanenten Magnetismus behielt. Poggendorff hatte zwar die Unrichtigkeit dieser Ansicht nachgewiesen, aber bekanntlich lassen gerade solche Meinungen sich nur schwer ausrotten, sie haben ein zähes Leben, und dann bleibt ja auch die Tatsache bestehen, daß Stahl wirklich nur schwer zu magnetisieren ist. Das ist gewiß der Grund dafür gewesen, daß Hjorth zwei verschiedene magnetische Werkstoffe gleichzeitig anwandte.

Nach dem Wortlaut des Zitats vom 1. Mai muß Hjorth auch etwas über die Anfangserregung gesagt haben, doch teilt Smith die betreffende Stelle leider nicht mit; es ist wohl nicht nötig, einen Denkfehler von Hjorth anzunehmen, daß er nämlich diesen Punkt ganz übersehen habe.

Mit Sicherheit kann man nachweisen, daß Hjorth in seinen Patenten wirkliche Dauermagnete aus Gußeisen meinte. Etwa um das Jahr 1850 hatte Jonathan N. Hearder solche Dauermagnete aus Gußeisen hergestellt, mit denen man zufrieden sein konnte, und 1851 waren solche Magnete auch auf der großen Londoner Ausstellung zu sehen. Man hielt diese Magnete, für deren Herstellung eine besondere thermische Behandlung des Gußeisens erforderlich gewesen sein soll, zur Anwendung bei magnetelektrischen Maschinen für ganz besonders geeignet, denn die Stahlmagnete waren teuer, und die Maschinenleistung stieg nicht proportional dem Maschinengewicht; gegenüber Gußeisenmagneten waren Stahlmagnete nach Angaben von Hearder sechs- bis achtmal teurer. Es ist daher verständlich, daß Hjorth Gußeisen anwandte, weil dadurch die Maschinen billiger, wenn auch größer und schwerer, wurden. Er muß damit recht zufrieden gewesen sein, denn **Hearder** schreibt: „Mr. Hjorth informs me that he has adopted my suggestions with the most admirable success"[1]. Auch außerhalb Englands arbeitete man mit den billigen Gußeisenmagneten, und schon vor **Hjorth** baute sie der Professor für Physik an der Universität Löwen, **Florimond**, in vier von ihm gebauten magnetelektrischen Maschinen ein und stellte fest, daß ihre Kraft sich mit der Zeit kaum änderte[2]. **Smith** scheint auch übersehen zu haben, daß selbst heute noch Gußeisen gelegentlich für Dauermagnete verwendet wird. Daß es damals auch andere Erfinder magnetelektrischer Maschinen verwendeten, nicht nur **Hjorth** und der sonst nicht bekannte **Florimond**, beweist ein englisches Patent aus dem Jahre 1851[3]. **William Millward** aus Birmingham beschrieb darin eine Maschine ähnlich der von **Woolrich**; ihre acht Hufeisenmagnete bestehen entweder aus Stahlstäben, „or these bars may be cast or soft iron permanently magnetized. When the soft iron is used, bars of steel permanently magnetized will have to be used in connection with them"; diese Stahlstäbe müßten sich aber außerhalb des Bereiches des Ankerfeldes befinden. Die Patentschrift wurde beim Patent Office eingereicht zwei Monate, bevor bei **Hjorth** die Idee der Verwendung von Gußeisen und der zusätzlichen Selbsterregung auftaucht.

Zusammenfassend darf also festgestellt werden, daß **Hjorth** den physikalischen Vorgang der Selbsterregung klar erfaßt hat. Aber selbst wenn der Erfinder seine Maschine in die Praxis hätte einführen können, wäre ihr kein großer Erfolg beschieden gewesen, denn wegen der gleichzeitigen Verwendung von Werkstoffen mit geringer Permeabilität hätten die Vorteile der Selbsterregungsschaltung kaum ausgenutzt werden können und die Feldverstärkung hätte — zumal bei den damaligen Konstruktionen — einen unverhältnismäßigen Aufwand an Erregerleistung bedingt. Es ist sogar die Frage berechtigt, ob **Hjorth** wirklich den Selbsterregungsvorgang herbeiführen konnte.

Anyos Jedlik. Etwa gleichzeitig mit **Hjorth** hat der ungarische Physiker **Anyos Jedlik** (geb. 11. Januar 1800 zu Szémö, Ungarn, gest. 13. Dezember 1895 zu Györ)[4] sich mit dem Bau einer elektromagnetischen Maschine und mit anderen elektrotechnischen Arbeiten befaßt, und nach Ansicht seiner Landsleute soll er die erste wirkliche Dynamomaschine gebaut haben. **Jedlik** — sein eigentlicher Vorname ist **Istvan**; **Anyos** war der Ordensname —, ein Bauernsohn, hatte Naturwissenschaften studiert und war Benediktiner geworden. 1840 wurde er auf den Lehrstuhl für Physik an der Universität Budapest berufen, den er 38 Jahre lang innehatte. In Ungarn wurde er besonders durch seine physikalischen Lehrbücher bekannt. Nach seiner Angabe hat er 1828 die erste rotierende

---

[1] **Hearder**, J. N.: On cast iron permanent magnets. Mech. Mag. 67 (1857) S. 243—245; Min. J. 1851, S. 470 (x); Dingl. J. 120 (1851) S. 233—234.

[2] Polytechn. Zbl. 19 (1853) Sp. 1465, nach dem Moniteur industriel 1853, Nr. 1788 (x).

[3] Engl. Pat. Nr. 13536 vom 28. Februar 1851; Dingl. J. 122 (1851) S. 354—355.

[4] **Verebely, Laszlo**: Jedlik Anyos Két uttörö talalmanya. Budapest 1930. Englische Übersetzung in Elektrotechnika, Bd. 24, S. 213—226. Budapest 1931. — Das große Pallas-Lexikon, Bd. 9, S. 880 (x).

elektromagnetische Maschine gebaut und sie später noch verbessert; das wäre der erste Apparat dieser Art gewesen, aber Jedlik hat erst 1856 darüber berichtet.

Es wird zu oft von der Bescheidenheit und Anspruchslosigkeit Jedliks gesprochen, die ihn gehindert habe, mit seiner Entdeckung des dynamoelektrischen Prinzips hervorzutreten. Jedlik hat ohne solche Hemmungen in Ungarn und im Ausland über Dinge berichtet, die viel

Abb. 55 u. 56. Die Maschine von Jedlik und ihre Schaltung. Aus BGT 21 (1931) S. 159.

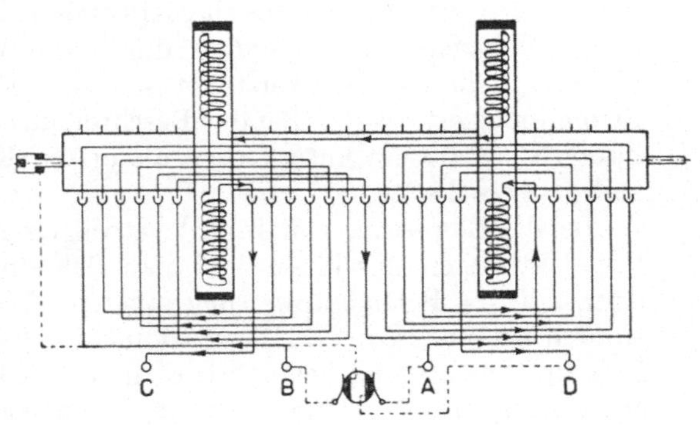

belangloser waren. Er hat trotz der angeblichen Isolierung der ungarischen Wissenschaftler auf der Weltausstellung in Paris 1855 eine ganz nebensächliche Variante des Bunsenelementes gezeigt[1], obwohl er doch damals schon seine Unipolarmaschine und sogar schon das Dynamoprinzip gehabt haben soll.

Die Maschine Jedliks. Die Maschine von Jedlik (Abb. 55 u. 56) ist als Unipolarmaschine gebaut. Auf der hohlen Läuferwelle sitzen zwei Magneträder mit je vier Polen, von denen jedes mit einem eisernen Ring umgeben ist. Alle Nordpole des einen Rades liegen außen, während beim anderen alle Südpole außen liegen; dadurch bildet sich bei eingeschaltetem Erregerstrom zwischen den Rädern ein magnetischer Fluß in axialer Richtung. Zu jedem Rad gehören sechs Leiter, deren mittlerer Teil parallel zur Welle in einer Grube im Bodenstück des hölzernen Ma-

---

[1] Exposition Universelle de Paris 1855. Rapports du Jury mixte International, Bd. 1, S. 456. Paris 1856.

schinengestelles liegen, während die beiden Endstücke radial laufen und zu Quecksilbergefäßen führen. In diese Gefäße tauchen je zwölf auf der Welle sitzende Kontaktstücke, die zusammen mit anderen, innerhalb der hohlen Welle im feldfreien Raum liegenden Leitern die Hintereinanderschaltung der ruhenden, dem Feld ausgesetzten Leiter bewirken.

Diese Unipolarmaschine besitzt keine Dauermagnete. Jedlik baute sie, weil er für gewisse Arbeiten einen Elektromotor mit möglichst konstantem Drehmoment brauchte. Die erste Mitteilung darüber findet sich im „Inventarium" des I. Physikalischen Instituts der Universität Budapest, wo die Maschine als 1861 erworben aufgeführt wird. An dieser Stelle ist auch beschrieben, wie sie bei Fremderregung als Stromerzeuger wirkt und Gleichstrom abgibt, und es wird auch gesagt, daß sie von Jedlik erfunden und in der mechanischen Werkstätte von Nuß in Pest gebaut worden sei. Nach glaubwürdigen Zeugnissen haben sowohl Jedlik als auch der Mechaniker Nuß die Entstehung der Maschine in die Zeit zwischen 1850 und 1860 verlegt; meist nimmt man als Entstehungszeit die Jahre 1851, 1852 oder 1853 an.

Zu dem Apparat gehört eine Betriebsanweisung von Jedliks Hand, von der in den Veröffentlichungen leider nicht gesagt ist, aus welcher Zeit sie stammt. Darin heißt es unter Punkt 4 (ins Deutsche übersetzt): „Wenn die Klemmen a und c untereinander mit Kupferdraht verbunden werden, und wenn an Stelle der Bunsenelemente zwischen die Klemmen b und d ein Galvanometer oder eine Tangentenbussole geschaltet wird, dann wird infolge der Drehung des Magnets in den Multiplikatorwindungen ein Strom induziert, der, indem er durch die Wicklung des rotierenden Magnets fließt, das Feld verstärkt, so daß dieses wieder einen stärkeren Strom induziert, usw". Bei der Beschreibung der Schaltung ist Jedlik insofern ein Irrtum unterlaufen, als er die Klemmen a und b miteinander verwechselte.

Bei der Bewertung von Jedliks etwaigem Anteil an der Entwicklung der elektrischen Maschinen darf man sich einzig und allein auf diesen Absatz 4 der Betriebsanweisung stützen. Wann die Maschine gebaut worden ist, und was Jedlik sonst mit ihr gemacht hat, ist in diesem Zusammenhang ganz belanglos; es gab ja schon eine große Zahl von elektromagnetischen Maschinen, an denen man das dynamoelektrische Prinzip hätte entdecken können. Entscheidend ist, wann Jedlik seine Beobachtung gemacht und niedergeschrieben hat.

Jedliks Beobachtung erscheint in einem ganz neuen Licht durch die Feststellung, daß Nicholas Joseph Callan schon 1838 die Stromerzeugung durch Maschinen ohne permanente Magnete beobachtet hatte und daß er darüber auch dem wissenschaftlichen Publikum berichtete. Das physikalische Prinzip der gegenseitigen Beeinflussung von Magnetfeld und erzeugtem Strom hatte dann Hjorth 1851 gefunden und 1855 in seinem Patent mitgeteilt. Jedlik hätte nun nach Ansicht seiner Verteidiger unabhängig von Callan dessen Beobachtung nochmals gemacht und auf sie das Hjorthsche Prinzip, das er ebenfalls unabhängig nochmals entdeckt haben soll, angewandt.

Es wäre nun die Frage zu beantworten, wann diese Entdeckungen von Jedlik gemacht wurden. Wichtig ist sie für die Technikgeschichte nicht, denn die Technik verdankt dem ungarischen Physiker nichts. Und wenn es in Ungarn nicht gelingen sollte, das Datum der Niederschrift der Betriebsanweisung und besonders des daraus angeführten Abschnittes festzustellen, oder wenn diese Niederschrift — was sehr wahrscheinlich ist — erst nach 1866 erfolgte, dann ist der Name Jedlik aus der Geschichte der Dynamomaschine überhaupt zu streichen.

X. Die Großmaschinen mit Woolrichanker.

Millwards Maschine. Erst zwanzig Jahre nach Faradays Entdeckung setzte die ununterbrochene Entwicklung von magnetelektrischen Stromerzeugern für die technische Praxis ein. Als gemeinsames Element besitzen alle diese frühen Großmaschinen das Ankerrad mit den darauf im Kreis angeordneten Axialspulen, wie Woolrich es 1844 für seine Industriemaschine benutzt hatte; es soll deshalb als Woolrichanker bezeichnet werden.

Noch vor Nollet, dem Erfinder der sogenannten Alliance-Maschine, nahm William Millward das Patent[1] auf die nach Woolrich erste Maschine dieser Art. Millward befaßte sich mit dem Überziehen von Metallen, und da in seinem Wohnort die Maschine von Woolrich in den Fabriken eingeführt worden war, hat er sie sicher durch seinen Beruf kennenlernen können. Er benutzte ein Messingrad mit senkrechter Welle, auf dem er eine gerade Zahl von Spulen, etwa sechzehn, anbrachte; dieses Rad drehte sich zwischen den Polen von acht Hufeisendauermagneten, die es am Rande umfaßten (s. auch S. 80). In das Patent wurden auch die Saxtonmaschine und eine Maschine mit unbewickeltem Weicheisenläufer aufgenommen.

Carpenters Maschine. Zwei Jahre darauf, 1853, nahm der Amerikaner Calvin Carpenter aus Pawtucket, Mass., in England, in den Vereinigten Staaten und in Frankreich Patente auf eine magnetelektrische Maschine der gleichen Bauart, mit der er stetigen Gleichstrom zu erzeugen gedachte. Diese Maschine (Abb. 57, 58) hat auf einer senkrechten Welle ein hölzernes Ankerrad, über und unter dem sich je ein Satz von acht Hufeisenmagneten in Richtung der Welle befinden. Die Pole dieser Magnete sind dem Rad zugekehrt und bilden zwei konzentrische Kreise um die Welle. Auf entsprechenden Kreisen des Rades werden zwei Sätze von Spulen mit Kernen aus Eisendraht angebracht, und zwar sollen auf dem äußeren Kreis sechzehn, auf dem inneren acht Spulen sitzen. Die Spulenkreise sind so gegeneinander versetzt, daß nicht gleichzeitig in Spulen verschiedener Kreise das Spannungsmaximum erreicht wird. Alle Spulen des Innenkreises sind in Reihe geschaltet, während die äußeren Spulen zwei Stromkreise bilden, indem die Spulen mit geradzahligen und die mit ungeraden Kennziffern je für sich zusammengeschaltet werden. Jede der drei Spulengruppen hat ihren eigenen Stromwender, bildet also

---

[1] Engl. Pat. Nr. 13536 vom 28. Februar 1851; Dingl. J. 122 (1851) S. 354 bis 355.

eine Maschine für sich; die später von Holmes benutzte Kommutatorbauart mit zwei ineinandergezahnten Hälften ist bereits von Carpenter angegeben worden. Jede der beiden Reihen eines Stromwenders hat soviel Segmente, wie die Maschine Magnete hat; die Segmentlücken der Reihen sind gegeneinander versetzt.

Die drei Spulengruppen sind hinter ihren Stromwendern parallel geschaltet, das heißt also, daß trotz der am Anfang der Patentschrift gegebenen Versicherung die neue Maschine ihren Zweck, stetigen Gleichstrom zu erzeugen, nicht besser als die alte Wheatstonesche Mehrfachmaschine erfüllt[1]; denn da die Augenblickswerte der EMKe in den einzelnen Spulengruppen verschieden sind, treten auch hier Ausgleichströme auf.

Carpenter hat seine Maschine offenbar auch praktisch ausgeführt, und dabei wird ihm wohl die schlechte Kommutierung aufgefallen sein.

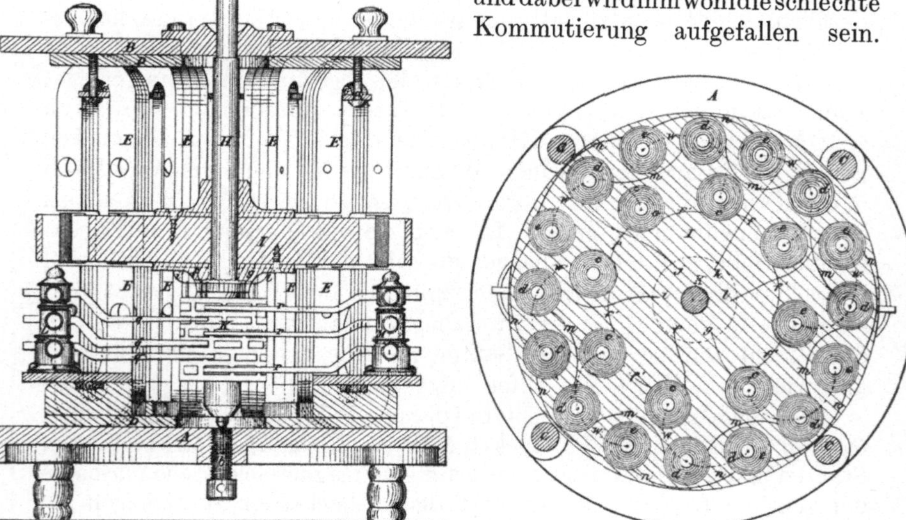

Abb. 57 u. 58. Carpenter's Maschine. Engl. Pat. Nr. 1562 vom 28. Juni 1853.

Nur so ist es zu erklären, daß er sich drei Jahre später eine merkwürdige Konstruktion eines „verbesserten" Kommutators patentieren ließ[2]. Er bestand im wesentlichen aus einem Zahnrad, das aus zwei gegeneinander isolierten Hälften zusammengesetzt war und von der Welle aus mit einem durch die Zahl der Magnete bestimmten Vielfachen der Maschinendrehzahl angetrieben wurde; ein zweites Zahnrad nahm von ihm den Strom ab. Daß die Schwierigkeiten beim Kommutieren nicht in erster Linie

---

[1] USA-Pat. Nr. 10175 vom 1. November 1853. Rep. Comm. Pat. for 1853. 1854. pt. I, S. 396; engl. Pat. Nr. 1562 vom 28. Juni 1853 auf den Namen A. E. L. Bellford; franz. Pat. Nr. 9342 vom 18. April 1853. Brevets 31 (1859) S. 54—58, auf die Namen Carpentier und Jackson.

[2] USA-Pat. Nr. 14598 vom 8. April 1856. Rep. Comm. Pat. for 1856, Bd. II (1857) S. 7.

auf die Stromwenderkonstruktion zurückzuführen sind, sondern daß sie auf der Schaltung beruhen, das hat auch Carpenter nicht erkennen können.

Beardslees Maschine. Einen anderen, nicht über das Projekt hinausgekommenen Vorschlag für eine in der Industrie zu verwendende Großmaschine machte George Washington Beardslee, ebenfalls ein Amerikaner. Beardslees Patent[1] aus dem Jahr 1859 zeigt, daß er durch die Konstruktionen von Nollet und Holmes zwar beeinflußt war, daß er im einzelnen aber durchaus originell ist. Das Prinzip ist dasselbe wie bei den anderen Maschinen dieser Art. Die Ausführung mit senkrechter Welle begründete der Erfinder damit, daß in diesem Falle der Luftspalt sehr klein gemacht werden kann, denn einmal brauche man keine Durchbiegung zu befürchten, und dann seien axiale Verschiebungen

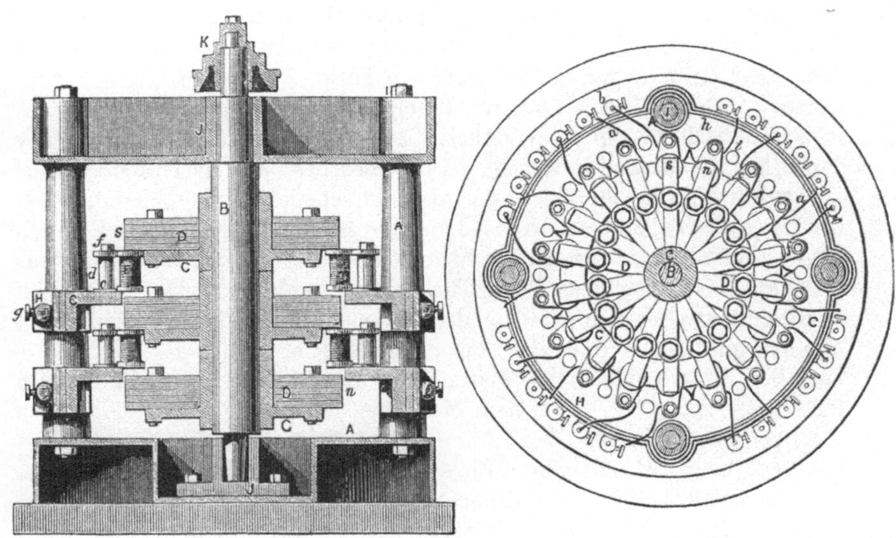

Abb. 59 u. 60. Beardslee's Maschine. The Engineer 9 (1860) S. 121.

durch Erschütterungen hier nicht möglich; in der Praxis würde allerdings der Antrieb Schwierigkeiten gemacht haben. Beardslee ließ das Magnetsystem rotieren. Das Magnetrad mit seinen radialen Polen sollte aus einzelnen Stabmagneten aufgebaut werden; es scheint, daß der Erfinder zu dieser Konstruktion durch die für Fahrzeuge damals in Gebrauch kommenden nabenlosen Räder von Thonet angeregt worden ist. Er rühmt ihr nach, daß sie sich sehr genau und billig herstellen ließe und schon deshalb dem Hufeisenmagnetkörper überlegen sei. Das Spulensystem ist dadurch bemerkenswert, daß eine Vorrichtung zur genauen Einstellung des Luftspaltes daran angebracht ist. Das Gestell der Maschine soll aus nichtmagnetischem Werkstoff bestehen (Abb. 59 u. 60).

---

[1] Engl. Pat, Nr. 1647 vom 11. Juli 1859 auf den Namen Newton; The Engineer 9 (1860) S. 121; franz. Pat. Nr. 25165 vom 26. August 1859, Brevets 65 (1871) S. 33—37; USA-Pat. Nr. 26558 und Nr. 26557 (für den Stromwender) vom 27. Dezember 1859. Rep. Comm. Pat. for 1859, Bd. I (1860) S. 748—749.

Als Synchronmaschine zur Erzeugung von Wechselstrom wäre diese Maschine vielleicht brauchbar gewesen, als Gleichstrommaschine erforderte sie aber eine umständliche Stromwendeeinrichtung, und diese ist die schwache Stelle im System Beardslees. In seinem ersten Patent gab er einen selbsttätigen mechanischen Gleichrichter an, der die Stromwendung bewerkstelligen soll; es ist bezeichnend, daß bei diesem Apparat wieder Quecksilber zur Verwendung kommt. In einem späteren Patent schlug Beardslee andere Stromwenderkonstruktionen vor[1] und beschrieb auch einen anderen Aufbau des Spulensystems. Die Spulen sollten jetzt auf einem schmiedeeisernen Jochring sitzen, so daß ein guter magnetischer Schluß für den mit ihnen verketteten Fluß möglich war; einen solchen Ring könne man ohne Bedenken auf ein gußeisernes Maschinengestell setzen, das viel billiger sei als das frühere Gestell aus unmagnetischen Werkstoffen. Es ist nicht bekanntgeworden, ob Beardslee seine Vorschläge jemals praktisch auszuführen versucht hat; in die Industrie scheinen seine Maschinen jedenfalls nie gekommen zu sein. Der Erfinder nahm 1863 noch ein Patent[2] auf einen Telegraphenapparat, in das er seine früheren Ideen hineinarbeitete.

Die Maschine von H. N. Baker. Das von dem Amerikaner Henry N. Baker aus Binghampton, N. Y., 1860 beschriebene Maschinensystem[3] ist sehr stark den damals schon im praktischen Betrieb stehenden Maschinen von Holmes und der Alliance-Gesellschaft nachgebildet. Auch Baker hoffte einen stetigen Strom erzeugen zu können. Die beiden etwas gegeneinander versetzten Woolrichräder seiner Maschine tragen je zwölf Spulen; sie drehen sich zwischen drei Magnetebenen mit je vier Hufeisendauermagneten, so daß also auf einen Magnet drei Spulen, a, b, c, entfallen. Durch eine auf der Maschinenwelle sitzende Schaltscheibe kann man wie bei der Stöhrerschen Maschine die Spulen zu verschiedenen Gruppen zusammenschalten. Alle Spulen, die gleichzeitig vor den Magneten vorbeigehen, also alle a für sich, alle b, alle c, bilden eine Gruppe für sich und haben einen eigenen Stromwender. Neu an diesen Stromwendern sind die nichtleitenden Segmente, die nicht allein die Kollektorsegmente voneinander zu isolieren haben, sondern die auch die betreffende Spulengruppe solange vom äußeren Stromkreis zu trennen haben, als die Spulengruppe mit der jeweils höchsten EMK eingeschaltet ist.

Der Kommutierungsvorgang ist nicht sehr ausführlich beschrieben, doch geht aus dem Bericht hervor, daß wirklich immer nur eine Spulengruppe eingeschaltet ist; nur im Augenblick des Umschaltens arbeiten zwei Gruppen parallel, die dann aber ungefähr die gleiche EMK besitzen. Bei dieser Schaltung könnten also keine nennenswerten Ausgleichströme entstehen, und da außerdem auch der äußere Stromkreis nicht unterbrochen wird, würde hier die bisher beste Lösung der alten Aufgabe,

---

[1] Engl. Pat. Nr. 1567 vom 18. Juni 1861 auf den Namen Newton.
[2] Engl. Pat. Nr. 41 vom 6. Januar 1863 auf den Namen Newton; franz. Pat. Nr. 56802 vom 31. Dezember 1862. Brevets 84 (1876), Abt. XII/4 S. 28—30.
[3] USA-Pat. Nr. 29850 vom 4. September 1860. Rep. Comm. Pat. for 1860. 1861, Bd. I, S. 630; Sci. Amer. New ser. 3 (1860) S. 289—290; Dingl. J. 164 (1862) S. 339—343.

stetigen Gleichstrom wie in den galvanischen Batterien auch mit Maschinen zu erzeugen, vorliegen.

Die Bakersche Maschine wurde von der Firma John A. Collier & Co. in Binghampton praktisch ausgeführt, es ist aber nicht bekannt, ob sie irgendwo nutzbringend eingesetzt und in mehr als einem Stück gebaut wurde. Hinsichtlich des Energiebedarfs war der Erfinder recht optimistisch, da er das Gesetz von der Erhaltung der Energie nicht kannte; man benötige nur die Kraft — er rechnete mit zwei Pferdestärken —, die zur Überwindung des gleichförmigen Widerstandes der Reibung erforderlich sei.

Die Gesellschaft L'Alliance. Die Maschinen der späteren Alliance-Gesellschaft beruhen auf den Plänen und Patenten des belgischen Physikers Florise Nollet. Nollet (geb. 16. September 1794 zu Elouges, Hainaut, gest. am 11. Januar 1853 zu Ixelles) hatte Naturwissenschaften studiert und war später einige Zeit Apotheker, bis er 1835 Professor für Physik an der Universität Brüssel wurde; 1840 trat er zur Ecole militaire in Brüssel über[1]. Nollet hat eine große Zahl belgischer Patente genommen.

1849 griff er die englische Idee wieder auf, Wasser elektrolytisch zu zersetzen und das Knallgas für Licht- und Kraftzwecke zu verwerten, und wollte sie durch Schaffung geeigneter Maschinen technisch und wirtschaftlich ausführbar machen. Daß er auch an andere Anwendungsmöglichkeiten dieser Maschinen dachte, beweist ein französisches Patent[2] „au sieur Nollet" auf ein galvanoplastisches Verfahren. Nollet starb jedoch, ohne seine Absichten ausgeführt zu haben, und hinterließ nur die Pläne. Diese Pläne gingen in den Besitz einer französisch-englischen Gesellschaft über, der „Electrische Kraft Cop.", wie William Siemens sie nannte[3]. Der Hauptsitz dieser Gesellschaft soll Genua gewesen sein; man trug sich mit der Absicht, überall Zweigniederlassungen zu gründen. Der Techniker dieses Unternehmens, ein Dr. Augustino Carrosio, erhielt am 2. Oktober 1852 ein vorläufiges englisches Patent (Nr. 613) auf die Verwendung von elektrolytisch erzeugtem Knallgas, doch wurde sein Anspruch schließlich zurückgewiesen. Carrosio, der Vorsitzende des Unternehmens, ein Marquis Cusani, und vier andere „leitende Herren" waren im Mai 1853 in London, um hier Maschinen Nolletscher Bauart in Auftrag zu geben und um William Siemens als Mitarbeiter zu gewinnen. Dieser berichtete darüber in einem Brief an seinen Bruder, aber noch bevor dessen Antwort eintraf, hatte er schon eingewilligt, für sechs Monate die Leitung der Versuche dieser Gesellschaft zu übernehmen. Werner Siemens hatte in seinem Brief vom 22. Mai 1853[3] ganz energisch abgeraten: „Hinsichtlich des Kraftschwindels bin ich ganz bei meiner alten Meinung geblieben und rathe Dir Deinem Renommée nicht durch Eingehen auf solche Allotria zu schaden, wenn auch die Anerbieten lockend sind".

---

[1] Biographie nationale de Belgique, Bd. 15, Sp. 816—818. Bruxelles 1899.
[2] Brevets 19 (1855) S. 5.
[3] Briefe von William Siemens an Werner Siemens vom 16. Mai, 20. Mai, 15. Mai 1853, und von Werner an William vom 22. Mai 1853 im Siemens-Archiv.

Nach William Siemens Bericht waren die Männer dieser Gesellschaft, als er sie in London kennenlernte, „im siebenten Himmel" und verfügten über zwei Millionen Francs Kapital. Sachverständige Zeitgenossen, wie Le Roux und Graf Du Moncel, sprachen von „kühnen Spekulanten, die von reichen und mächtigen Personen gefördert werden". Unter diesen „mächtigen Personen" ist niemand anders als Napoleon III. zu verstehen[1]. Er hatte bekanntlich den Ehrgeiz, es Napoleon Bonaparte in allem gleich tun zu wollen. Napoleon Bonaparte hatte nun die Elektrophysik in jeder Hinsicht zu fördern gesucht; er hatte Volta geehrt, wie nur wenige Gelehrte geehrt worden sind, und hatte einen großen Preis für Fortschritte auf dem Gebiet des Galvanismus ausgesetzt. Nun trat an seinen Neffen „un charlatan italien nommé Carrosio" heran, entwickelte das damals so beliebte Knallgasprojekt — mit einer kleinen Abänderung: die Energie des Knallgases sollte in Groveschen Gasbatterien wieder in elektrische Energie zurückverwandelt werden —, und Napoleon entschloß sich, dieses großartig aussehende Projekt zu fördern. Die entscheidenden Versuche wurden in Paris im Hôtel des Invalides gemacht; sie fielen ganz ausgezeichnet aus, — weil die Schwindler vorsichtshalber in den Kellern eine starke Bunsenbatterie aufgestellt hatten, deren Wirkung sie den ahnungslosen Prüfern und dem Kaiser gegenüber ihrer Maschine zuschrieben. Nach diesem Erfolg, der „bewiesen" hatte, daß die Leistungen der Maschine wirklich den Ankündigungen entsprachen, wurde die Gesellschaft L'Alliance gegründet. Die Société L'Alliance begann natürlich sofort mit der Ausgabe von Aktien, die dann bis in die achtziger Jahre gültig waren.

Als der Schwindel aufgedeckt wurde, verschwanden die Betrüger und ließen nichts als Pläne und unvollkommene Maschinen zurück, doch gelang es ihrem Nachfolger, den Ruf des Unternehmens zu retten und einen Verzicht auf die begonnenen technischen Arbeiten zu verhindern. Dieser Mann, Auguste Berlioz, begann nun die Einrichtungen und Patente der Gesellschaft für die Einführung der elektrischen Beleuchtung mit Bogenlampen einzusetzen. Nach vielen Jahren führten diese Arbeiten auch zu einem allerdings nur vorübergehenden Erfolg, an dem Joseph van Malderen, ein intelligenter Handwerker und früherer Mitarbeiter von Nollet, wesentlichen Anteil hat.

Nollets Patente. Im Auftrag von Nollet nahm Edward Clarence Shepard im Oktober 1850 ein englisches Patent[2] auf eine magnetelektrische Maschine, auf ihre Verwendung zur elektrolytischen Gewinnung von Knallgas und auf die Verwertung des Knallgases zur Beleuchtung und für einen atmosphärischen Gasmotor. Die hier beschriebene Maschine gehört zum Weberschen Typ nach Abb. 28, sie hat aber vier Hufeisenmagnete von 48 cm Länge, zwei auf jeder Seite des mit vier Spulen versehenen Ankerrades, das sich zwischen ihren Polen dreht. Nollet ist hier offensichtlich noch auf der Suche nach der besten Form der Großmaschine; er dachte sogar daran, den Anker wie beim Waltenhofenschen Pendel zwischen den Magnetpolen hin- und herschwingen

---

[1] L'origine de la machine de l'Alliance. L'Electricité 4 (1881) S. 154.
[2] Engl. Pat. Nr. 13302 vom 24. Oktober 1850.

zu lassen oder ihn nach Art der Dal Negroschen Maschine auf einem kleinen Wagen zwischen ihnen zu bewegen.

Diejenige Form der Nolletschen Maschine, die nachher in den Besitz der Alliance-Gesellschaft überging, ließ der Erfinder sich zuerst in Frankreich patentieren[1]. Im ersten, vom 26. April 1851 datierten Teil dieses Patentes werden allerdings noch die Konstruktionen des älteren englischen Patentes aufgeführt, nur daß bei der Maschine nach Weber die Magnete auf einer Seite fortfallen; man könnte sie jetzt als vierpolige oder doppelte Saxtonmaschine bezeichnen. Ob Nollet sich bei der Wahl der endgültigen Bauform, die sich im Zusatz vom 24. April 1852 zum französischen Patent beschrieben findet, von der Woolrichschen Bauform hat beeinflussen lassen, ist ungewiß. Sie ist vermutlich aus dem Bestreben heraus ent-

standen, durch Anwendung von mehr als einem Ankerrad die Maschinenleistung zu erhöhen. Das wäre aber bei der ersten Form mit ihren parallel zur Welle liegenden Hufeisenmagneten nicht möglich gewesen; daher wurden die Magnete jetzt radial angeordnet, während das Ankerrad unverändert bleiben konnte (Abb. 61). Die Maschine der Patentschrift ist achtpolig, aber jedes der vier Ankerräder hat viel mehr als acht Spulen. Das Magnetsystem hat noch zwei verschiedene Polteilungen für die Pole des gleichen Magnetes und für den Abstand der Magnete.

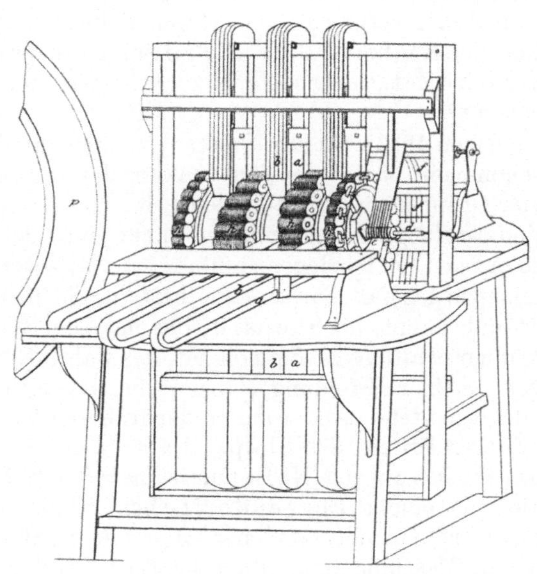

Abb. 61. Erste Form des Alliance-Maschine.
Brevets 24 (1856) Taf. 48, Abb. 11.

Nollet und seine Mitarbeiter scheinen mit großer Energie an der Weiterentwicklung der Maschinen gearbeitet zu haben. Die nächste Konstruktion, die auch praktisch ausgeführt wurde und für die wieder Shepard das englische Patent nahm[2], brachte als wesentlichen Fortschritt die Anwendung von nur einer Polteilung für das Feldsystem, also einen etwas wirtschaftlicheren Aufbau der Maschine. Gegenüber der ersten Industriemaschine von Woolrich fällt bei der neuen Nolletschen Bauart vor allem der Ansatz zu einer solideren maschinentechnischen Konstruktion auf. Dieser Fortschritt ist um so mehr anzu-

---

[1] Franz. Pat. Nr. 11649 vom 26. April 1851 mit Zusatz vom 24. April 1852. Brevets 24 (1856) S. 259—267.

[2] Engl. Pat. Nr. 14197 vom 6. Juli 1852 auf den Namen Shepard.

erkennen, als noch Jahrzehnte nachher auch von namhaften Firmen beim Bau elektrischer Maschinen maschinentechnische Gesichtspunkte stark vernachlässigt wurden und dieses Gebiet ganz den Feinmechanikern überlassen war. In der Patentschrift wird mitgeteilt, daß eine Maschine mit zwanzig Ankerrädern gebaut worden sei, und daß bei so großen Maschinen ein drittes Lager aus einem unmagnetischen Metall in der Mitte des Ankerrades eingebaut werden muß. Von den Spulen, die axial angeordnet auf Kernen aus Eisenrohr sitzen und von denen jede mit fünfhundert Fuß Kupferdraht von $^1/_{32}$ Zoll Durchmesser bewickelt ist, kommen je zwei auf eine Polteilung. Dadurch erhält man zwei voneinander unabhängige Ankersysteme, bei Wechselstrom ein unverkettetes Zweiphasensystem. Wie früher schon im französischen Patent, so wird auch jetzt wieder die Ausführung mit bewegtem Feldsystem und ruhendem Anker vorgeschlagen. Gegen Ende des Jahres 1853 versuchte der Berliner Kaufmann J. H. F. Prillwitz ein preußisches Patent auf die neue Nolletsche Maschine zu erlangen, doch wird sein Gesuch abgelehnt[1].

Schon 1853 wird der Übergang zu einer Art Vierphasenmaschine vorgenommen. Jedes der fünf Ankerräder soll sechzehn Spulen besitzen, vier Gruppen zu je vier Spulen a, b, c und d. Alle gleichnamigen Spulen sind parallelgeschaltet, und die Enden eines jeden dieser Spulensätze sind zu eigenen Schleifringen geführt; jeder arbeitet auf sein eigenes Wasserzersetzungsgefäß, das an seine beiden Schleifringe angeschlossen ist. Es ist unbekannt, ob Shepard, der das englische Patent[2] auf diese Maschinenschaltung genommen hat, der wahre Erfinder ist; er spricht zwar von „meiner Erfindung“, aber es handelt sich doch nur um eine nicht sehr bedeutende Änderung an der früheren Nolletschen Maschine. Ein weiteres Patent, das Shepard aber wohl selbständig genommen hat[3], bezieht sich auf eine Nolletmaschine mit acht Spulen auf dem Ankerrad, die mit einem Poggendorffschen Kommutator versehen ist. Da Shepard auf der Londoner Ausstellung 1862 selbst eine magnetelektrische Maschine ausstellte, scheint er sich doch selbständig im Elektromaschinenbau betätigt zu haben und nicht lediglich Agent gewesen zu sein.

Die Alliance-Maschine der Praxis. Es ist nicht recht klar, wie die Leiter der Alliance-Gesellschaft Jahre hindurch ihre Arbeiten fortführen konnten, denn einträglich kann der Bau ihrer Maschinen auf keinen Fall gewesen sein. Wir wissen, daß diese Maschinen vor allem als Stromquellen für Beleuchtungsanlagen gedacht waren, und daß sie durch ihre Verwendung bei Leuchtturmanlagen Berühmtheit erlangten; nur im Leuchtturmbetrieb konnten sie sich überhaupt halten. Die erste derartige Anlage mit Alliance-Maschinen kam am 26. Dezember 1863 auf

---

[1] Feldhaus, F. M.: Zur Geschichte der Dynamo-Maschine. Z. phys. chem. Unterr. 30 (1917) S. 100—103.

[2] Engl. Pat. Nr. 1587 vom 1. Juli 1853 für E. C. Shepard; franz. Pat. Nr. 9177 vom 10. Februar 1853 mit Zusätzen vom 4. Oktober 1853 und vom 28. November 1853. Brevets 30 (1858) S. 85—93; USA-Pat. Nr. 15596 vom 19. August 1856. Rep. Comm. Pat. for 1856. Bd. 2 (1857) S. 6.

[3] Engl. Pat. Nr. 2987 vom 2. Dezember 1857 für E. C. Shepard.

dem Südleuchtturm von Kap La Hêve in Betrieb, und am 7. September 1865 wurde auch der Nordleuchtturm auf elektrischen Betrieb umgestellt; es folgten am 15. Februar 1869 der Leuchtturm von Kap Grisnez und im gleichen Jahr die Anlagen von Odessa und Port Said[1]. Für die Türme von La Hêve wurde ein besonderes Maschinenhaus errichtet, in dem zwei 8 PS-Lokomobilen und vier magnetelektrische Maschinen aufgestellt waren; die anderen Anlagen hatten je zwei Maschinen. Bis zum Jahre 1879 gab es außer diesen, von der Alliance-Gesellschaft eingerichteten und fünf weiteren, in England mit Holmes-Maschinen versehenen Leuchttürmen keine anderen Anlagen dieser Art. Viel mehr als zehn Maschinen, die im Durchschnitt 12 500 frcs kosteten, kann die Alliance-Gesellschaft also kaum geliefert haben.

Da diese Gesellschaft und Holmes einen beharrlichen Kampf mit den Behörden und mit Schwierigkeiten aller nur denkbaren Art um die Einführung der elektrischen Leuchtturmbeleuchtung ausfochten, kommt ihnen um die Entstehung der modernen Starkstromtechnik ein sehr viel größeres Verdienst zu als vielen Erfindern, die nie über die Abfassung einer Patentschrift hinausgekommen sind. Wenn den Alliance- und den Holmes-Maschinen auch manche Verbesserung gefehlt haben mag, die in den Patenten anderer vielleicht schon beschrieben war, so hatten sie den papierenen Konstruktionen doch voraus, daß sie sich im Dauerbetrieb halten konnten und dadurch Wegbereiter der Dynamomaschine wurden. Hier läßt sich wie in der Geschichte der Dampfmaschine und des Dieselmotors auch für den Nichttechniker verständlich die Tatsache beweisen, daß mit der bloßen Erfindungsidee allein noch lange kein technischer Fortschritt erzielt ist.

In dem Kampf für und gegen die elektrischen Anlagen auf Leuchttürmen wurden zahlreiche Wirtschaftlichkeitsberechnungen aufgestellt. Für die stündlichen Betriebskosten wurden z. B. folgende Angaben gemacht[2]:

Zinsen und Tilgung der Maschinenkosten . . .	0,28 frcs
Kohlen	0,40 ,,
Lohn eines Mechanikers	0,35 ,,
Schmierung und Unterhaltung der Maschine . .	0,07 ,,
	1,10 frcs

Der Betrieb mit einer Bunsenbatterie würde sich auf 11,30 frcs gestellt haben.

Über die Alliance-Maschine der Praxis liegen zahlreiche Berichte vor, wahrscheinlich mehr als überhaupt Maschinen gebaut worden sind. In Deutschland wurde sie besonders durch einen Aufsatz im Dinglerschen Journal[3] bekannt, der über die auf der Londoner Ausstellung 1862 gezeigte Konstruktion berichtete. Diese Maschine hatte ein Ankerrad

---

[1] Douglass, J. N.: The electric light applied to lighthouse illumination. Min. Proc. Instn. civ. Engrs. 57 (1879) S. 77—165.

[2] Moncel, Th. Du: Exposé des applications de l'électricité. 3e éd. Bd. 2, S. 199, Paris 1873, nach Reynaud. Sur l'éclairage et le balisage des côtes de France. Paris 1864.

[3] Dingl. J. 167 (1863) S. 104—111.

mit vier Scheiben, die je sechzehn Spulen besaßen und sich zwischen fünf Magnetebenen zu je acht radial angeordneten Hufeisenmagneten drehten (Abb. 62); jeder Magnet wog zwanzig Kilogramm und konnte achtzig Kilogramm tragen. Bei einer Geschwindigkeit von 300 U/min sollte jede Spule wie ein Bunsenelement wirken. Photometrische Messungen ergaben eine Lichtstärke der von der Maschine gespeisten Lampe von 125 Carcellampen (zu 40 g Ölverbrauch stündlich); das entspräche 900 Kerzen bei einem Energiebedarf von 1,5 PS und 0,30 frcs stündlichen Betriebskosten, zu denen noch 0,30 frcs Kapitalkosten hinzukämen. Mit Leuchtgas käme die gleiche Lichtstärke auf 3—6 frcs, mit Öl auf 7,5 frcs und mit Bunsenelementen auf 10 frcs. Man sieht, daß diese wenig vertrauenswürdige Rechnung die Vertreter des Leuchtgases auf den Plan rufen mußte.

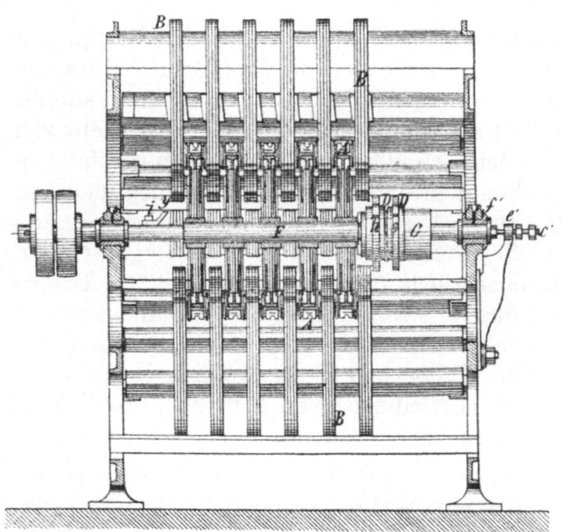

Abb. 62. Alliance-Maschine. Dingl. J. 167 (1863) Taf. 2, Abb. 14.

Wenn mit der Alliance-Maschine Gleichstrom erzeugt werden sollte, wurde der Poggendorffsche Stromwender benutzt. Bezeichnend für die Schwierigkeiten, die man damit hatte, ist die Äußerung eines französischen Fachmannes: „Rien de plus simple en théorie que cet appareil mais rien de plus désespérant dans la pratique!" Unter diesen Umständen war es von großer Bedeutung, daß der Konstrukteur der Maschinen, van Malderen, darauf aufmerksam gemacht wurde, daß es bei allen Wärmewirkungen des elektrischen Stromes mit Einschluß des elektrischen Lichts auf die Stromrichtung überhaupt nicht ankomme, daß man für das elektrische Licht also Wechselstrom benutzen und auf den Kommutator bei den Maschinen ganz verzichten kann[1]. Das war nach der Erfindung der Serrinschen Bogenlampe und ihres Reglers 1859 auch praktisch möglich.

Auch anderen Problemen wußte man zu begegnen. Auf den Spulenkern, einen eisernen Hohlzylinder von vier bis fünf Millimeter Wandstärke, wurde die Wicklung nicht in Form eines massiven Leiters aufgebracht, vielmehr hatte schon Nollet zur Unterdrückung der Wirbel-

---

[1] Le Roux, F. P.: Les machines magnéto-électriques françaises et l'application de l'électricité à l'éclairage des phares. Bull. Soc. Encour. Ind. nat. 2e sér. 4 (1867) S. 677—711. — Le Roux, F. P.: Etudes sur les machines magnéto-électriques Ann. chim. phys. 3e sér. 50 (1857) S. 463—478.

ströme die Unterteilung des Leiters vorgeschlagen. Nollet hatte nur vier voneinander isolierte Teilleiter angewandt, doch ging die Alliance-Gesellschaft bei ihren großen Maschinen bald zur Unterteilung in acht und noch mehr Leiter über[1]. Die ersten Maschinen waren mit Baumwolle und Gummilösung isoliert, aber dieses Verfahren bewährte sich nicht und man ging deshalb auf Vorschlag von Rühmkorff zur Verwendung einer Lösung von Bitumen und Terpentin über.

Die Erfahrung lehrte ferner, daß man wegen der Durchbiegung der Welle nicht mehr als sechs Ankerscheiben zulassen soll, und daß bei stillstehender Maschine die Magnete durch Eisenstücke geschlossen werden müssen, wenn man ihren Magnetismus erhalten will. Die Magnete, die durch eine Holzkonstruktion im gußeisernen Maschinengestell gehalten wurden, waren der kostspieligste Teil der ganzen Konstruktion. **Die Alliance - Maschine im Jahre 1866.** Über die Fortschritte, die die Alliance-Gesellschaft bis 1866 erzielte, sind wir durch die auf den Namen des Direktors Auguste Berlioz genommenen Patente und Zusatzpatente genau unterrichtet. 1858 entschloß man sich, unter Beibehaltung der bisherigen Zahl von sechzehn Spulen je Ankerrad sechzehn Pole je Magnetebene zu verwenden statt acht wie bisher, und damit den Anker besser auszunutzen. Jedes Ankerrad hatte seinen eigenen Stromwender, und man verwendete viel Mühe darauf, das Feuern zu vermeiden. Ein solcher Kommutator besteht aus zwei ineinandergezahnten Teilen und hat soviel Zähne oder Segmente, wie das Ankerrad Spulen besitzt[1].

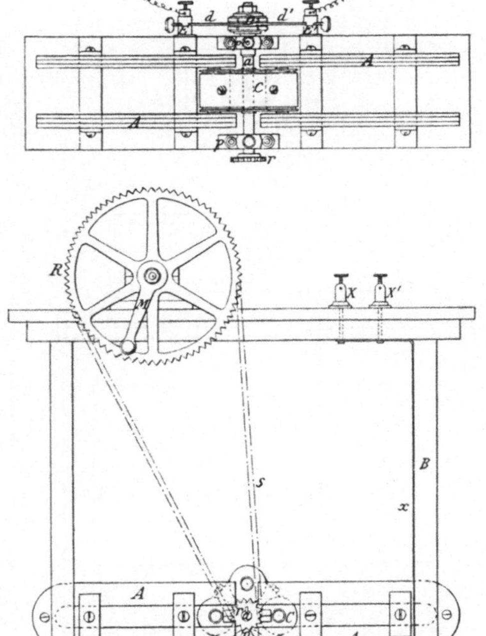

Abb. 63. Kleine Alliance-Maschine für die Industrie. Brevets 69 (1870) Taf. X.

Sehr beachtenswert ist die Aufzählung der Verwendungsarten für die mit den Maschinen erzeugte „dynamische Elektrizität". Hier steht die

[1] Franz. Pat. Nr. 21590 vom 10. Juli 1858 mit Zusätzen vom 14. März 1859, 17. Dezember 1859, 9. August 1865 und vom 7. Dezember 1866, Brevets 69 (1870) S. 147—157; USA-Pat. Nr. 58960 vom 16. Oktober 1866. Rep. Comm. Pat. for 1866. Bd. 2 (1867) S. 1327.

elektrische Beleuchtung natürlich an erster Stelle; die Beleuchtung von Bergwerken, Leuchttürmen, Tunnels und Eisenbahnanlagen wird besonders aufgeführt. Es folgen die Galvanoplastik, die elektrolytische Metallgewinnung und die Telegraphie. Sehr wichtig ist Nr. 5 dieses Anwendungsprogramms: „La production d'une force motrice", und Nr. 7 mit der Erzeugung und industriellen Verwertung der Elektrowärme ist nicht weniger interessant. Zur Durchführung dieses Programmes werden 1866 vielseitig verwendbare kleinere Maschinen geschaffen, mit nur einem Ankerrad zu vier oder acht Spulen (Abb. 63); die eine dieser Maschinen ist offenbar einer schon 1854 von Sinsteden beschriebenen Maschine nachgebildet (Abb. 64)[1].

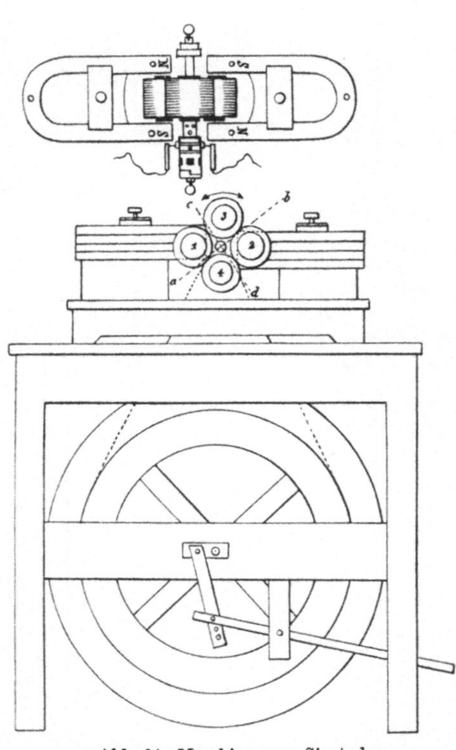

Abb. 64. Maschine von Sinsteden.
Pogg. Ann. 92 (1854) Taf. I.

Wechselstrom soll verwendet werden, wo es nur immer möglich ist. Bei den Wechselstrommaschinen wurde ein Wicklungsende mit dem Ankerkörper verbunden und ein Lager als Stromabnehmer benutzt. Bei den Stromwendern der Gleichstrommaschinen entschloß sich die Gesellschaft 1859 zur Aufgabe der bisher verwendeten Schleiffeder mit einstellbarer Flächenpressung zugunsten der früher schon von Holmes eingeführten Schleifrolle.

1865 tauchte zum ersten Male in der Elektrotechnik das Problem des Parallellaufs von Wechselstromsynchronmaschinen auf[2]. Man verlangte von der Alliance-Gesellschaft, daß in den Leuchtturmanlagen bei trübem Wetter zwei Maschinen gemeinsam auf eine Lampe arbeiten sollten. Die Ingenieure der Gesellschaft sahen damals keine andere Möglichkeit als die starre Kupplung der Maschinen. Eine Scheibe der Scheibenkupplung war auf einem Wellenende axial verschiebbar, so daß das Kuppeln leicht möglich war.

Die Maschinen von Holmes. Im Jahre 1856 trat der Londoner Chemiker Frederick Hale Holmes mit seinen Vorschlägen für die Konstruktion der magnetelektrischen Maschinen hervor. Ein Jahr früher war es ihm auf der Pariser Weltausstellung gelungen, elektrische Bogenlampen mit dem Strom magnetelektrischer Maschinen zu speisen, obwohl

---

[1] Pogg. Ann. 92 (1854) Taf. 1.
[2] Wie S. 93[1], Zusatz vom 7. Dezember 1866; ebenda S. 156—157.

alle Fachleute das Zusammenarbeiten von Maschine und Lampe für unmöglich gehalten hatten; der bekannte französische Physiker Becquerel soll nach dem gelungenen Versuch gesagt haben, nur ein Narr oder ein Engländer hätte etwas derartiges für möglich halten können[1]. Holmes war Mitarbeiter der Pariser Gesellschaft gewesen und hatte nach deren Zusammenbruch 1853 zur Umstellung auf Bogenlichtanlagen geraten, doch wies man ihn ab und verlachte ihn. Er ging dann nach Belgien und schließlich nach England. Noch in Paris hatte er mit dem Bau einer Maschine eigener Konstruktion begonnen[2].

Die erste, in englischen und französischen Patenten[3] beschriebene Holmes-Maschine ist offensichtlich der Alliance-Maschine nachgebaut, die Holmes bei seiner Tätigkeit in Paris ja hatte entstehen sehen und bei deren Entwicklung er vielleicht selbst mitgearbeitet hat. Seine Maschine hat wie ihr Vorbild Ankerräder mit je sechzehn Rollenspulen und hat je acht Magnete in einer Ebene, hat also soviel Spulen wie Pole, während die Alliance-Gesellschaft diesen Fortschritt erst in das Patent von 1858 aufnahm. Die später für die Holmes-Maschine typische Form wird noch nicht beschrieben, aber man kann feststellen, daß Holmes schon eigene Wege geht. Aus den theoretischen Arbeiten von Lenz und anderen Physikern zog er den Schluß, daß man die magnetelektrischen Stromerzeuger mit

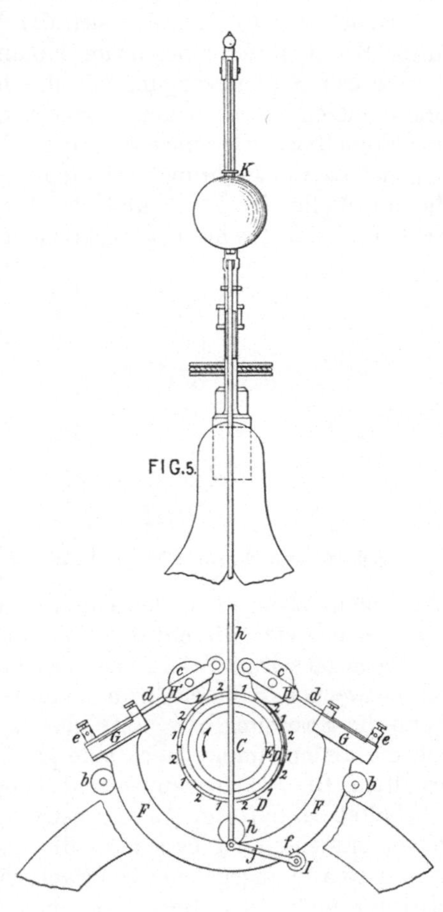

Abb. 65. Bürstenstellungsregler und Stromwender von Holmes. Engl. Pat. Nr. 573 vom 7. 3. 1856.

einem Fliehkraftregler versehen müßte, der die bei der jeweiligen Dreh-

---

[1] Clark, D. K.: The exhibited machinery of 1862, London 1864. S. 286—289. — Holmes, F. H.: On magneto-electricity and its application to lighthouse purposes. Engineer, Dec. 1863, S. 337—338; desgl. Electrician 4 (1863) S. 66—68, 81—82, 92—94 (x).

[2] Gladstone, J. H.: Lighthouse illumination by magneto-electricity. Quart J. Science 1 (1864) S. 70—75.

[3] Engl. Pat. Nr. 573 vom 7. März 1856; franz. Pat. Nr. 16293 vom 26. April 1856. Brevets 56 (1867) S. 323.

zahl beste Stellung der Stromabnehmerfedern an den Stromwendern einzustellen und damit das gefürchtete Bürstenfeuer zu verhindern hätte (Abb. 65). Die Ankerräder 1, 3, 5 seien gegen die Räder 2, 4 und 6 um einen kleinen Winkel zu versetzen. Als Anwendungsgebiete für seine Maschine gab Holmes an die elektrische Beleuchtung, die Gewinnung von Eisen und Stahl, die elektrolytische Gewinnung von Metallen aus ihren Erzen und die Erzeugung von Koks.

Danach wandte Holmes sich der Verbesserung der Stromwendung durch Konstruktion eines neuen Kommutators und dem alten Problem der stetigen Stromerzeugung mit Maschinen zu[1]. Sein Stromwender hat breite Fugen zwischen den Segmenten, damit Störungen durch Staub und Fremdkörper vermieden werden, aber diese Fugen dürfen dann nicht in genau axialer Richtung verlaufen, weil sonst die Stromabnahme durch die an Stelle der sonst üblichen Federn von Holmes verwendeten Schleifrollen fortwährend unterbrochen werden würde. Der Kommutator

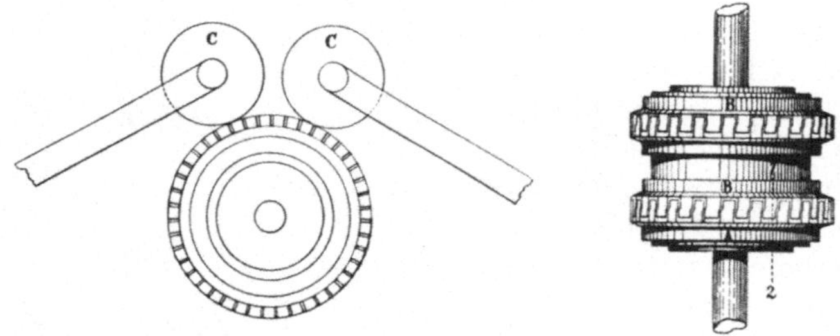

Abb. 66 u. 67. Stromwender von Holmes. Engl. Pat. Nr. 1998 vom 20. Juli 1857

(Abb. 66 u. 67) ist wie in den Patenten anderer Erfinder aus zwei Hälften zusammengesetzt, die mit den Zahn-Segmenten ineinandergreifen.

Die gegenseitige Versetzung der Ankerräder um einen kleinen Winkel soll bezwecken, daß der Strom im äußeren Kreis nie ganz verschwindet; wenn die Spannung bzw. EMK der einen Gruppe gerade verschwindet, soll die andere immer noch eine gewisse Klemmenspannung aufrechterhalten. Die Spulengruppen sind schon vor dem Kollektorring parallelgeschaltet, so daß der Ausgleichstrom nicht über den Stromwender zu gehen braucht, aber besser als die anderthalb Jahrzehnte früher von Wheatstone angegebene Mehrfachschaltung ist diese Einrichtung von Holmes auch nicht. Besser ist schon das Verfahren zur Gewinnung des „compound current", das aber ganz dem Bakerschen Vorschlag[2] entspricht. Wie es bei unseren Mehrphasengleichrichtern geschieht, sollten aus den Spannungswellen der einzelnen Spulengruppen die Bereiche (90 bzw. 60°) um das Spannungsmaximum herausgeschnitten und durch den Kommutator an den äußeren Stromkreis gelegt werden, der damit in grober Annäherung konstante Spannung haben würde. Holmes paßte seinen Stromwender aber nicht diesem Prinzip an, so daß ihm ein besonderer Erfolg versagt blieb.

---

[1] Engl. Pat. Nr. 1998 vom 20. Juli 1857; franz. Pat. Nr. 21372 vom 1. Mai 1858. Brevets 69 (1870) S. 1—5.
[2] Siehe Anm. 3, S. 86.

Die Holmes-Maschine in der Praxis. Diejenige Form der Holmes-Maschine, die später praktisch verwendet wurde, wird zuerst in einem für die Geschichte der Elektrotechnik wichtigen englischen Patent vom Oktober 1857 beschrieben[1]. Wie bei der Alliance-Maschine ruht auch hier das Magnetsystem, wenn der Erfinder auch die Möglichkeit offenließ, die Magnete rotieren zu lassen. Die Magnete sind zu Magnetebenen zusammengefaßt und in Metallrahmen eingebaut (Abb. 68—71). Da ein möglichst kleiner Luftspalt erwünscht war, wurden die Lager als Doppel-

Abb. 68—71 (Abb. 69, 70, 71 s. S. 98). Die Maschine von Holmes. Engl. Pat. Nr. 2628 vom 14. Okt. 1857.

kegellager ausgebildet und damit axiale Verschiebungen verhindert; Schutzstreifen um die Ankerräder sollten eine Mindestspaltweite sichern und damit die Ankerwicklung vor Beschädigungen durch Streifen an den Magneten schützen.

Für die Gestaltung des inaktiven, tragenden Teiles der Maschinen schrieb Holmes mit Angabe von Einzelheiten den gotischen Stil vor; glücklicherweise war diese merkwürdige Mode im Maschinenbau damals schon im Abflauen begriffen und hat außer bei Holmes im Elektromaschinenbau nie eine Rolle spielen können. Die Radkörper bestehen aus Gußeisen und sind so gestaltet, daß sie die Spulen gut aufnehmen

---

[1] Engl. Pat. Nr. 2628 vom 14. Oktober 1857.

können. Zur sicheren Befestigung der Spulen kann man ihre Kerne auch als Schrauben ausbilden, die sich leicht in die Ankerräder einsetzen lassen.

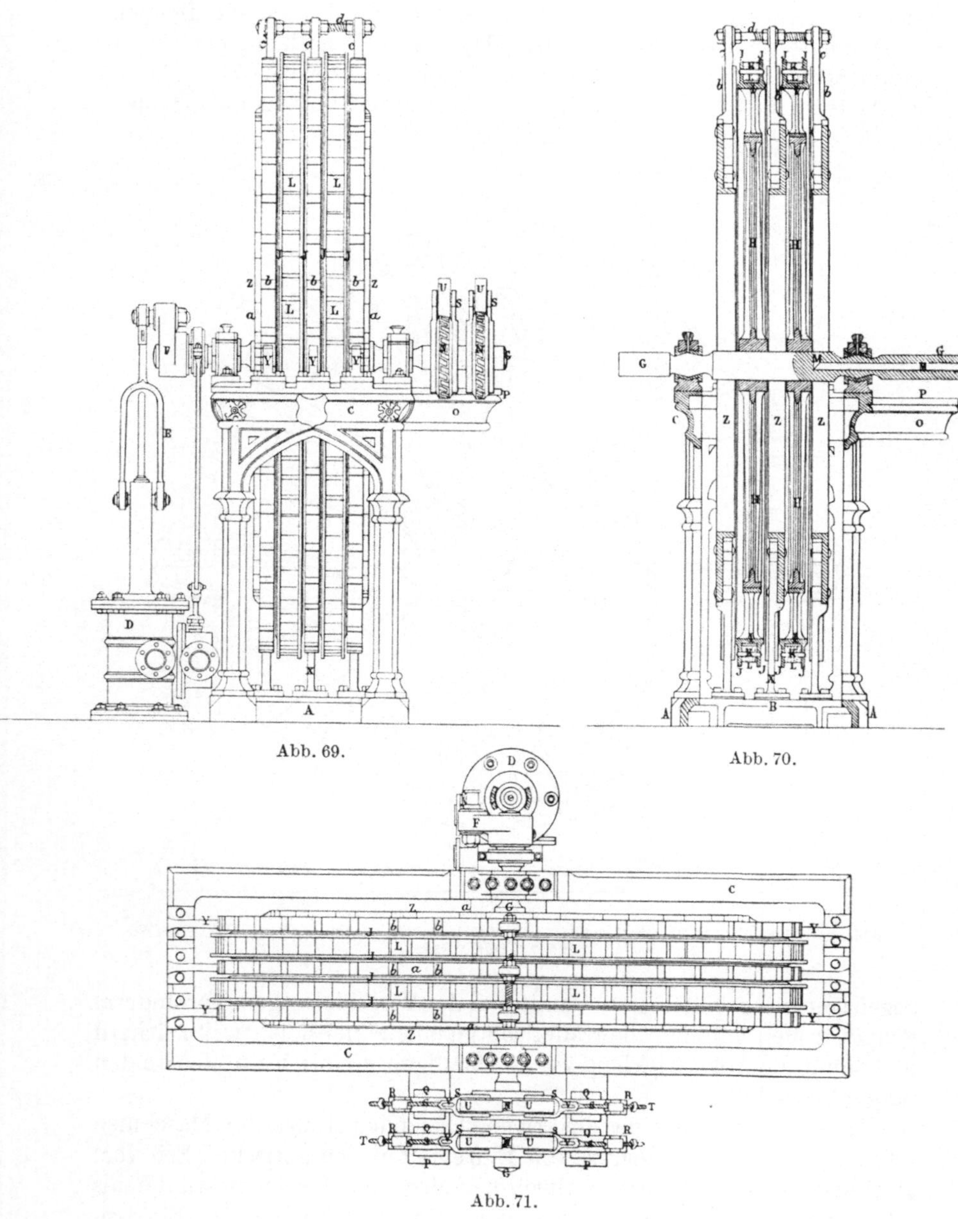

Abb. 69.

Abb. 70.

Abb. 71.

Sehr wichtig ist die direkte Kupplung dieser Stromerzeuger mit den Dampfmaschinen, die sich endgültig allerdings erst viel später durchsetzen konnte. Holmes rühmte als großen Vorteil dieser Anordnung, daß er nicht mit 200—1000 U/min arbeiten mußte, sondern durch passende Gestaltung seiner Maschine 85 U/min nicht zu überschreiten brauchte; er habe dadurch erschütterungsfreien Gang erreichen können und sei in der Lage gewesen, den Luftspalt kleiner machen zu können als andere Konstrukteure. Auf starren Zusammenbau sei besonders geachtet worden. Selbstverständlich mußte die Drehzahlbeschränkung durch entsprechende Vergrößerung aller Maschinenabmessungen erkauft werden.

Wie bereits erwähnt, hatte Holmes schon 1853 mit dem Bau der ersten Maschine begonnen, aber erst 1857 hören wir von einem praktischen Versuch, den das Trinity Board, die englische Behörde für das Leuchtturmwesen, unter Faradays Leitung in Blackwall anstellen ließ; diese Versuche am Versuchsleuchtturm von Blackwall begannen im März. Im Mai 1857 wurde mit Holmes der Vertrag für die Einrichtung des Leuchtturms von South Foreland abgeschlossen.

Die in Blackwall geprüfte Maschine war abweichend von der Patentschrift mit einem festen Ankersystem aus fünf Spulenebenen zu je vierundzwanzig Spulen versehen und besaß ein rotierendes Feldsystem, das aus sechs Rädern mit je sechs Magneten bestand; es kamen also zwei Spulen auf eine Polweite. Sie wurde mit 600 U/min betrieben und erforderte 2½ PS Antriebsleistung. Der Raumbedarf wurde zu $5 \times 5 \times 4,5$ Fuß angegeben, das Gewicht zu 2 tons. Die mit dieser Maschine gemachten Erfahrungen haben Holmes zu einer wesentlichen Änderung seiner Ansichten veranlaßt, besonders zur starken Verminderung der Drehzahl und zum Verzicht auf die Ausführung mit festem Anker[1].

Obwohl also die Versuche bewiesen haben müssen, daß die vorgeführte Maschine noch unzweckmäßig war, waren Faradays Berichte doch im wesentlichen zustimmend[2], wenn er auch kurz vorher noch auf dem Standpunkt stand, daß das Holmessche Licht für Leuchttürme nicht verwendet werden sollte; für Leuchttürme käme nur in Frage, was sich anderswo schon als durchaus zuverlässig bewährt habe. Das Trinity House entschloß sich nun auf Faradays Vorschlag, mit zwei Maschinen einen Versuch im praktischen Betrieb zu machen. Diese Maschinen sind entsprechend der Patentschrift gebaut. Jede von ihnen nahm einen Raum von $9'3'' \times 5'6'' \times 9'6''$ ein und wog 5¼ tons; die mit den Stromerzeugern direkt gekuppelten Dampfmaschinen leisteten je 2¾ HP bei 90 U/min. Sechzig Magnete zu je 48 lbs, die in drei Ebenen angeordnet waren, und einhundertsechzig Spulen auf zwei Ankerrädern bildeten das aktive System[1]. Diese Maschinen kamen am 8. Dezember 1858 auf dem Leuchtturm von South Foreland in Betrieb.

Faraday war mit den Betriebsergebnissen sehr zufrieden und äußerte sich auch in Veröffentlichungen sehr anerkennend über das „magnetelektrische Licht"[2]. Sein Verdienst um die Einführung dieser Neuerung

---

[1] Douglass, J. N.: The electric light applied to lighthouse illumination. Min. Proc. Instn. civ. Engr . 57 (1879) S. 77—165.

[2] Jones, Bence: Faraday, Bd. 2, S. 371, 393, 394, 404—405, 420. London 1870. — Faraday: On lighthouse illumination — the electric light. Proc. Roy. Soc., Lond. III (1858—1862) S. 220—223; Phil. Mag. 4th ser. 19 (1860) S. 320; s. a. Engineer 8 (1860) S. 231.

beim Leuchtturmwesen, mit dessen Bedürfnissen er als Mitarbeiter des
Trinity House seit Jahrzehnten vertraut war, darf man nicht gering ein-
schätzen. Er setzte sich von Anfang an für eine noch sehr unvollkommene
Technik ein, und es ist mit Recht gesagt worden, daß er dem elektrischen
Licht große Opfer brachte und daß die häufigen Reisen und Fahrten im
Kanal bei jedem Wetter viel zur letzten Krankheit des Siebzigjährigen
beitrugen[2]. Den letzten seiner zahlreichen Berichte schrieb er im Mai
1865. Nach seinem Gutachten über die Anlage von South Foreland war
das dortige elektrische Licht stärker als jedes andere, das er bisher
gesehen habe; es sei auch stetig und leicht zu bedienen. Nachteilig seien
der verwickelte Bau und damit die Empfindlichkeit der Anlage, die kost-
spielige Bedienung durch hochwertige Arbeiter und die hohen Strom-
kosten. Der kleine Lichtbogen sei als Lichtquelle sehr viel günstiger als
die großen Flammen der Ölfeuer.

Frischen, der nachmalige Mitarbeiter von Werner Siemens, hatte
die Anlage von South Foreland gesehen und berichtete, daß man dort
mit Wassermangel zu kämpfen habe. Die gotischen Pfeiler der Maschinen
müßten als Kondensatoren dienen[1].

Am 1. Februar 1862 kam auch auf dem Leuchtturm von Dungeness
eine Holmes-Anlage in Betrieb[2], die ebenfalls oft von Faraday besucht
und begutachtet wurde. Man rechnete aus, daß auf die Lichteinheit be-
zogen das neue Licht nur 10% teurer sei als das alte Öllicht. Die Ergebnisse der Dauerversuche waren aber nicht gerade ermutigend. Das
Licht versagte häufig wegen der Unvollkommenheit der Maschinen und
Apparate, so daß gelegentlich wieder das Öllicht einspringen mußte. Im
Leuchtturmbetrieb ist jedoch Sicherheit erstes Gebot, und deshalb verlor
das Trinity House trotz der günstigen Berichte Faradays das Interesse
am magnetelektrischen Licht und kam erst wieder darauf zurück, als
die günstigen Ergebnisse der mit Wechselstrommaschinen der Alliance-
Gesellschaft arbeitenden französischen Leuchtturmanlage von Kap La
Hève bekannt wurden. Daraufhin wurden im Frühjahr 1867 zwei der
neuen Holmesschen Wechselstrommaschinen gekauft und auf der
Weltausstellung in Paris im Betrieb vorgeführt.

Wurden die Maschinen berechnet? Ob die Maschinen der Alliance-
Gesellschaft und von Holmes durchgerechnet worden sind, wissen wir
nicht. Die Ansätze von Weber und Lenz zu einer Theorie der Maschinen
waren nicht weitergeführt worden, so daß dem Praktiker keine Unterlagen
zur Verfügung standen. Anscheinend hat man die Maschine lediglich
nach Gefühl und Erfahrung dimensioniert und erst die fertige Maschine
durch Ausprobieren dem jeweiligen Zweck angepaßt. Dazu brauchte
man nur die in allen Patenten erwähnte Möglichkeit auszunutzen, durch
passende Kombination der Ankerspulen die gewünschte Stromstärke
— wir würden sagen Spannung — einstellen zu können; hatte man auf
diese Weise grob den Spannungsbereich eingestellt, dann konnte man
durch Verändern der Drehzahl und unter Umständen durch Anwendung

---

[1] Heeren: Über elektrische Beleuchtung. Polytechn. Zbl. 26 (1860) Sp. 1044
bis 1047.

[2] Jones, Bence: Siehe Anm. [2], S. 99.

einer der Vorrichtungen zum Verändern des Luftspalts immer noch eine Feinregelung vornehmen. Das Zeitalter der reinen Empirie fand ein Ende, als später der Elektromaschinenbau sich zu einer großen Industrie entwickelte, deren Kunden die Einhaltung vorgeschriebener Bedingungen verlangten und in der der Wettbewerb einen ökonomischen Aufbau der Maschinen verlangte; die Festlegung großer Kapitalien in Grenzleistungsmaschinen, die sich ohne Vorausberechnung nicht rechtfertigen ließe, zwang ebenfalls zur Verfeinerung der Theorie und der Berechnungsverfahren.

Holmes scheint bei seinen Arbeiten nur den einen Grundsatz gekannt zu haben, daß das Gewicht des Ankereisens dem Magnetgewicht proportional sein soll; es soll $1/_{50}$ bis $1/_{48}$ betragen[1]. Der Luftspalt soll so klein wie nur möglich sein; deshalb dürfe man beim Aufbau der Maschinen auch kein Holz benutzen, da es sich verziehen würde, so daß der Anker streifen und die ganze Maschine zerstört werden könnte, wie es auch tatsächlich schon bei einer Maschine in Brüssel geschehen sei.

XI. Die Ringläufermaschinen.

Ringmagnetmaschinen. Auch die Ringankermaschinen von Pacinotti und Gramme, bei denen die Ankerwicklung auf einem Weicheisenring sitzt, haben ihre Vorgeschichte. Rein geometrisch gesehen hat als ihre Urform die von Wilhelm Weber 1837 erfundene Maschine nach Abb. 29 zu gelten. Während aber Webers Maschine als Stromerzeuger gedacht war, sollten spätere Maschinen dieser Art in der Regel als elektromagnetische Maschinen, als Elektromotoren, dienen.

Hierher gehört auch die 1842 von dem niederländischen Kantonrichter Pieter Elias (geb. 18. April 1804 in Amsterdam, gest. 22. Februar 1878 im Haag)[2] erfundene elektromagnetische Maschine[3]. Ihr Läufer ist wie bei Pacinot-

Abb. 72. Elektromotor von Elias.
La Lumière électrique 7 (1882) S. 14.

___

[1] Clark, D. K.: The exhibited machinery of 1862, London 1864. S. 286—289.

[2] Nieuw nederlandsch biografisch woordenboek, Bd. 5, Sp. 155—156, Leiden 1921; Pogg. 1 (1863) Sp. 657.

[3] Elias, P.: Beschrijving eener Maschine ter anwending van het Elektro-

tis Elektromotor ein Weicheisenring, aber Elias machte ihn durch sechsmaligen Wechsel des Wickelsinnes auf dem Umfang sechspolig, während der Ringanker des italienischen Erfinders nur zweipolig ist; der Ständer ist in der gleichen Weise gebaut (Abb. 72). Der wie die Ständerwicklung in zwei parallele Zweige zerlegten Läuferwicklung wird der Strom über einen sechsteiligen Stromwender zugeführt, so daß man also von einer Pacinottischen Maschine mit nur einem Kollektorsegment pro Pol reden könnte. Das bedeutet aber, daß in der Maschine von Elias beim Kommutieren stets der Strom in der ganzen Wicklung auf einmal umgeschaltet wird, während bei Pacinotti diese Stromumkehr allmählich, von Wicklungselement zu Wicklungselement fortschreitend, erfolgt. Auf der Pariser Elektrizitätsausstellung 1881 hat man also zu Unrecht für Elias die Priorität der Erfindung der späteren Ringankermaschinen beansprucht, denn seiner Maschine fehlt deren wesentliches Kennzeichen, die geschlossene, unterteilte Wicklung; für die geometrische Form hatte er aber in Weber schon einen Vorläufer. Es ist interessant, daß durch die in Paris gezeigte Maschine von Elias offensichtlich die Erfindung eines Wechselstrommotors angeregt worden ist; wenigstens entspricht das heute im Science Museum in London aufbewahrte Modell des 1891 erfundenen Einphasenmotors von Langdon-Davies in allen Einzelheiten der ein halbes Jahrhundert älteren Maschine[1].

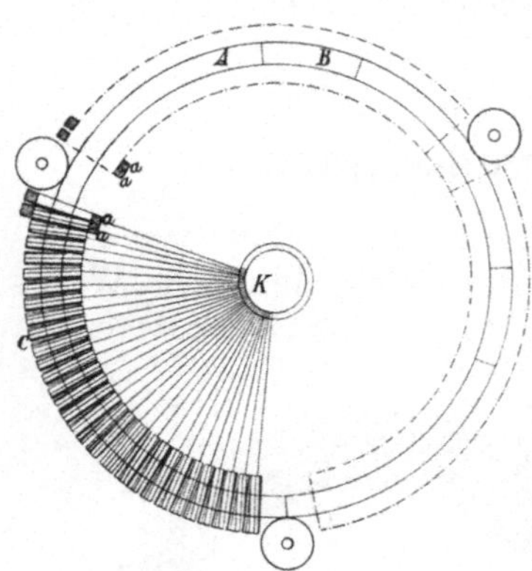

Abb. 73. Ringläufermaschine von Roberts. Engl. Pat. Nr. 13 613 vom 3. Mai 1851.

Geschlossene Wicklungen bei Ringläufermaschinen. Da die Wicklungen der Ringmagnet- und Ringankermaschinen räumlich geschlossene Ringe bildeten, lag es nahe, sie auch elektrisch zu schließen. Derartige geschlossene Wicklungen sind vor Pacinotti von mindestens drei Erfindern, wahrscheinlich unabhängig voneinander, angewandt worden, von Werner Siemens bei seiner Tellermaschine, die aber keinen Ringläufer hatte, im Jahre 1851, im gleichen Jahre von Martyn John Roberts und zwei Jahre darauf von Bessolo, einem Landsmann Pacinottis.

Den zeitlich ersten Bericht über eine geschlossene Wicklung haben wir in einem wahrscheinlich für Martyn John Roberts 1851 genommenen englischen Patent[2]. Der Erfinder beschrieb darin eine ausschließlich für Motorbetrieb gedachte Webersche Ringmaschine mit einem aus magnetischen und unmagnetischen Teilen zusammengesetzten Ringläufer

---

magnetism as beweegkracht. Haarlem 1842 (x); Lumière électr. 7 (1882) S. 13 bis 14.

[1] Catalogue of the Collections in the Science Museum. Electrical Engineering. London 1927. S. 28 und Taf. VII.

[2] Engl. Pat. Nr. 13613 vom 3. Mai 1851 auf den Namen J. J. Greenough aus Washington, USA.; engl. Pat. Nr. 14198 vom 6. Juli 1852 für Martyn John Roberts.

(Abb. 73). Nun ist diese Maschine ebenso wie die ihr ähnliche von Bessolo viel zu verwickelt gebaut, als daß sie die dem Einsatz der elektromagnetischen Maschinen entgegenstehenden Hindernisse hätte überwinden können, aber nichtsdestoweniger ist ihre Bedeutung für die Entwicklungsgeschichte der elektrischen Maschinen jedenfalls nicht geringer als die der ungleich öfter genannten Maschine von Pacinotti. Das magnetische Kernstück sollte von einem in der Ringwicklung wandernden Magnetfeld mitgenommen werden und durch geeignete konstruktive Einrichtungen Energie nach außen abgeben. Das Wandern des Feldes wurde nun in geschickter Weise dadurch bewerkstelligt, daß immer nur eine gewisse Zahl von Windungen erregt war, soviel eben dem magnetischen Ringstück benachbart waren, und daß durch einen geeigneten Kommutator neue Windungen in der Bewegungsrichtung des Feldes zur gerade erregten Windungsgruppe hinzugeschaltet, am anderen Ende dieser Gruppe aber die entsprechende Windungszahl abgeschaltet wurde. Der Erfinder dieser geschlossenen Wicklung hob ausdrücklich die Stetigkeit des Drehmoments hervor. An eine Verwendung seiner Maschine als Stromerzeuger scheint er nicht gedacht zu haben.

Zwei Jahre später soll auch der Italiener Bessolo auf die gleiche ausgezeichnete Idee gekommen sein.

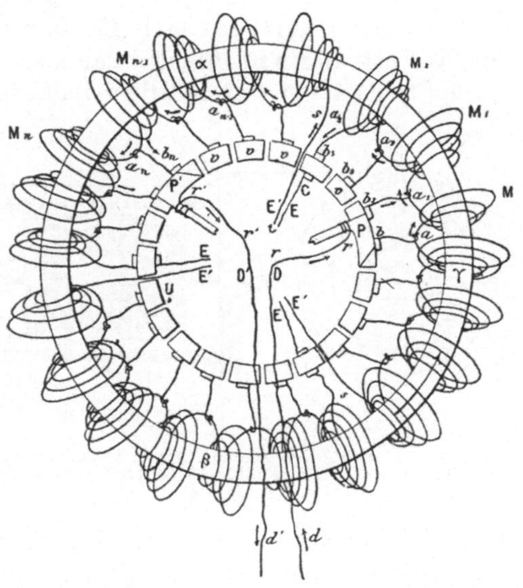

Abb. 74. Ringläufermaschine von Bessolo.
Th. Du Moncel u. Fr. Geraldy. L'électricité comme force motrice. Paris 1884. S. 75.

Die für ihn in England und Frankreich genommenen Patente[1] enthalten ebenfalls das soeben beschriebene Verfahren zur Erzeugung des Wanderfeldes (Abb. 74).

Die sehr umständliche Übertragung des Drehmomentes nach außen war die Ursache dafür, daß solche Maschinen nie in der Praxis versucht wurden und daß sie nicht einmal bekannt wurden. Auch der 1867 entstandene und von seinem Erfinder auf der Pariser Weltausstellung dieses Jahres gezeigte Kravoglsche Motor blieb aus diesem Grunde bedeutungslos.

---

[1] Engl. Pat. Nr. 148 vom 19. Januar 1855 auf den Namen Peter Armand le Comte de Fontaine Moreau; franz. Pat. Nr. 22114 vom 19. Januar 1855 auf den Namen Henry Gilbee, Brevets 44 (1863) S. 84—96; eine Broschüre von Bessolo (x). — Geraldy, F.: Le moteur électrique de A. Bessolo. Lumière électr. 10 (1883) S. 462—468.

Es bleibt noch die Frage nach der Herkunft der Konstruktionsidee dieser Maschinen zu klären. Zweifellos geht ihr Prinzip auf diejenige Gruppe von elektromagnetischen Maschinen zurück, bei denen ein Magnet sich kolbenartig in einer Spule bewegte, so daß eine Bewegung wie bei der Dampfmaschine entstand. Der Wunsch, von der unstetigen Bewegung dieses Tauchmagnets zu einer stetigen Bewegung überzugehen, führt fast automatisch zu den Maschinen von Roberts und Bessolo.

Pacinotti und die Maschine von Larmenjeat. Bisher führte man den Ursprung der Ringankermaschine und der geschlossenen Wicklung auf Antonio Pacinotti zurück. Daß diesem Physiker zum mindesten nicht das ausschließliche Verdienst um diese Erfindungen zukommen kann, zeigen die Daten der Patente von Roberts und Bessolo.

Antonio Pacinotti (geb. 17. Juni 1841 zu Pisa, gest. 24. Mai 1912 zu Pisa[1]) studierte in Pisa und nahm am italienischen Unabhängigkeitskampf teil. Als er sich mit dem Bau seiner ersten Ringläufermaschine beschäftigte, war er neunzehn Jahre alt. Später war er Professor für Physik in Bologna und dann in Pisa, hat aber die Entwicklung der Elektrotechnik nicht gefördert.

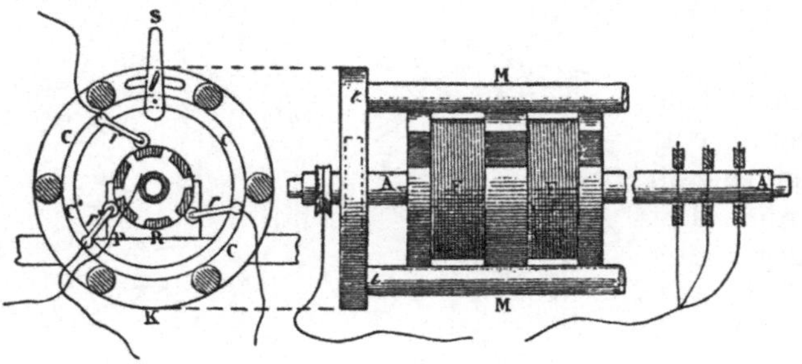

Abb. 75. Elektromotor von Larmenjeat.
Th. Du Moncel u. Fr. Geraldy. L'électrité comme force motrice.
Paris 1884. S. 102.

Man darf mit Sicherheit annehmen, daß Pacinotti die Broschüre seines Landsmannes Bessolo über den Bessolo-Motor gekannt hat, wenn er auch nur zugab, von De la Rives Lehrbuch der Elektrophysik[2] beeinflußt worden zu sein und andere Literatur nicht nennt.

Aus seinen Aufzeichnungen[3] wissen wir, daß er im Juli 1858 sich zuerst mit elektromagnetischen Maschinen zu befassen begann, und daß es die von Larmenjeat konstruierte und 1855 mit Erfolg auf der Pariser Weltausstellung gezeigte Maschine[4] war, die ihn dazu anregte. Diese Maschine (Abb. 75) hatte einen aus sechs Weicheisenstäben gebildeten unbewickelten Ständer und einen aus drei etwas gegeneinander versetzten „Kreis-Elektromagneten" (électro-aimants circulaires) bestehenden Läufer; ein solcher Kreismagnet wird von zwei auf der Welle sitzenden Spulen gebildet, die durch drei eiserne Scheiben von größerem Durch-

---

[1] Finzi, L., A. Pacinotti: Elektrotechn Z. 33 (1912) S. 629—631; Selbstbiogr. in Pacinotti I, S. 565—571.

[2] de la Rive, A.: Traité d'électricité théorique et appliquée, 3 Bde. Paris 1854 bis 1858, hier I, S. 281 ein Ringmagnet.

[3] Pacinotti: Bd. 2, S. 675—677.

[4] Du Moncel, Th. und Fr. Geraldy: L'électricité comme force motrice, Paris 1884. S. 101—103.

messer gehalten werden. Am Umfang jeder dieser Scheiben sind nun
sechs Nuten eingeschnitten und mit Kupfer ausgelegt, so daß die stehen-
gebliebenen Zähne aus Eisen wie Radialpole wirken und auf die Ständer-
stäbe Anziehungskräfte ausüben. Von hier hat Pacinotti also die Anregung zur Verwendung von Nuten. Er bildete die Maschine von
Larmenjeat um, indem er u. a. die Kreismagnete durch einen permanent magnetisierten eisernen Hohlzylinder ersetzte, der durch vier Mes-
singsegmente in axialer Richtung unterteilt war. Damit war der Anschluß an die älteren Ringmagnetmaschinen hergestellt[1]. Übrigens
wurde ein dem Motor von Larmenjeat entsprechender Stromerzeuger
1860 dem Pariser Ingenieur Jean
Henry Cazal patentiert[2]; die
Maschine ist zu diesem Zweck
vereinfacht worden und hat im
Läufer nur noch eine Axialspule,
während der Ständer jetzt acht
Dauermagnete besitzt. Höchst
interessant ist die Zukunftsmusik
in Cazals Patent: mit seinen Maschinen könnte man die Wasser-
fälle in den Gebirgen und die
Wasserkräfte der großen Ströme
ausnutzen und viele Millionen PS
gewinnen! Ähnliches findet man
auch in einem zwei Jahre älteren
Patent[3] von Edward Henry
Cradock Monckton. Dieser Erfinder wollte die Energie des
Windes ausnutzen; er wollte mit
Hilfe von Windrädern Wasser-

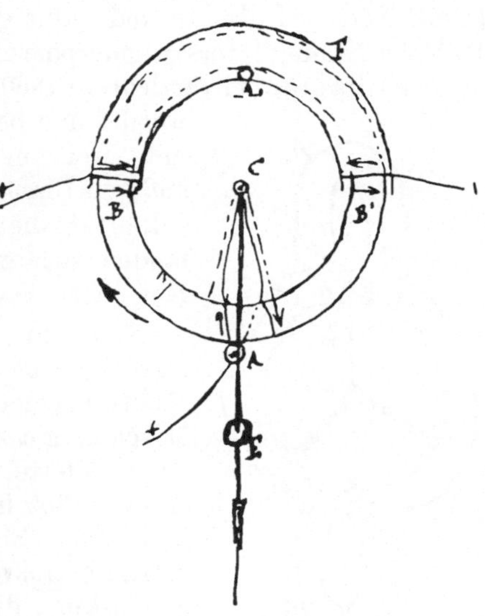

Abb. 76. Pacinottis Meßgerät.
Pacinotti II. S. 680.

speicherbecken füllen und aus diesen wieder Wasserkraftmaschinen
zum Antrieb der Stromerzeuger speisen und wies ganz besonders darauf
hin, daß bei seinem System die Energieabgabe wegen des Ausgleichs-
beckens von den Schwankungen der Windstärke nicht beeinflußt werde.
Moncktons Patentschrift ist sehr unklar gehalten, und da sie keine
Bilder enthält, kann man sich keine klare Vorstellung von seinen Konstruktionen elektromagnetischer Maschinen machen. Einmal sind Spulen
auf einen unmagnetischen, in seiner Ebene rotierenden Ring gewickelt,
und um den Umfang dieses Ringes greift ein aus abwechselnd magnetischen und unmagnetischen Stücken zusammengesetzter Hohlring. Es
ist unmöglich zu entscheiden, ob es sich hier etwa um eine mehrpolige
Ringankermaschine Pacinottischer Bauart handelt.

Pacinottis Ringankermaschine. Den Ringkern findet man auch bei
einem von Pacinotti 1858 erdachten Meßgerät, einem Elektrodynamo-
meter. Ein geschlossener, um eine waagrechte Achse drehbarer Eisenring

---

[1] Siehe Anm. 3, S. 104.
[2] Engl. Pat. Nr. 1386 vom 3. Juni 1864 auf den Namen W. Clark.
[3] Engl. Pat. Nr. 2772 vom 14. Oktober 1862.

trägt eine in sich geschlossene Wicklung, an deren oberstem und unterstem Punkt die Stromzuführung fest angeschlossen ist (Abb. 76)[1]. Die obere Hälfte des Ringes bewegt sich in einer koaxialen festen Ringwicklung, die mit ihr in Reihe geschaltet ist. Bei Stromdurchgang wird der Ring durch elektrodynamische Kräfte verdreht.

Durch die gleichzeitige Beschäftigung mit diesem Instrument und den Ringläufermaschinen muß nun Pacinotti auf den Gedanken gekommen sein, bei den Roberts- und Bessolo-Motoren die Rollen von Läufer und Ständer zu vertauschen und damit ihren Bau wesentlich zu vereinfachen. Also war das Magnetstück jetzt fest, während die Ringspule mit ihrem Kern sich drehte und dafür gesorgt wurde, daß wie früher mit Hilfe des Kommutators Ständerpole und Läuferpole räumlich benachbart blieben. Pacinotti verzichtete 1860 noch auf einen besonderen Stromwender und behalf sich damit, daß er den Strom mit zwei um 180° versetzten Federn der am äußeren Umfange blankgemachten Ringwicklung zuführte[2]; die beiden Stromzuführungsstellen befanden sich zwischen den Polen zweier in der Ringebene liegenden Magnete (Abb. 77).

Schon im April 1860 baute Pacinotti eine Maschine mit nur einem festen Magneten, einem Elektromagneten, die auch als magnetelektrische Maschine gut arbeitete und wie erwartet Gleichstrom lieferte. Es ist dies die Maschine, über die er dann 1865 in der Zeitschrift „Nuovo Cimento" berichtete. Eine 1860 verfaßte Arbeit „Elettrocalamite trasversali. Applicazione di questo nuovo sistema di calamite alla costruzione di una macchina elettro-magnetica" wurde damals nicht veröffentlicht, weil der Erfinder erst noch Versuche mit einem größeren Modell anstellen wollte[3].

Abb. 77. Urform von Pacinottis Maschine.
Pacinotti Bd. II. S. 681.

Die Veröffentlichung im „Nuovo Cimento"[4] erschien dort trotz des angegebenen Erscheinungsdatums erst 1865. Die von Pacinotti hier beschriebene Maschine (Abb. 78—81) besitzt einen Ring mit sechzehn Zähnen, der durch vier Messingarme mit der senkrechten Welle verbunden ist. Man hat diesen Ring als den ersten Nutenanker bezeichnet, aber das ist Ansichtssache und anscheinend auch Sache der nationalen Voreingenommenheit, denn der Doppel-T-Anker von Werner Siemens ist einige Jahre älter und ist ja schließlich auch ein Nutenanker; viel wichtiger für die Geschichte der Elektrotechnik ist die Tatsache, daß der Nutenanker der modernen Maschinen erst 1882 für den Schweden

---

[1] Pacinotti: Bd. 2, S. 678—681.
[2] Pacinotti: Bd. 2, S. 681—682.
[3] Pacinotti: Bd. 2, S. 681—682, 685—695.
[4] Pacinotti, A.: Descrizione di una macchinetta elettro-magnetica. Il Nuovo Cimento. Giornale di fisica, chimica e storia naturale 19 (1863) S. 378—384; Neudruck Bergamo 1912, darin S. 63—77 auch deutsche Übersetzung.

Wenström patentiert wurde und daß er erst einige Jahre danach von
Charles E. L. Brown in die praktische Starkstromtechnik eingeführt
wurde[1].

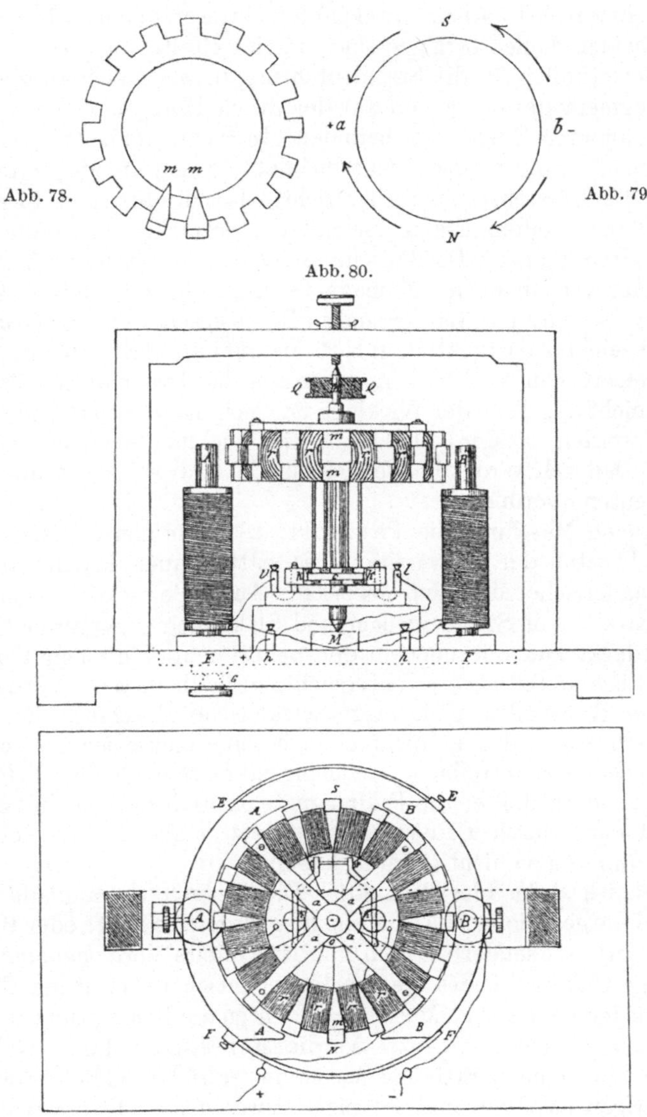

Abb. 78.

Abb. 79.

Abb. 80.

Abb. 81.

Abb. 78—81. Pacinottis Maschine. Nach Nuovo Cimento 19 (1863).

Pacinotti sagte nichts über den Zweck der Zähne an seinem Anker;
wahrscheinlich dienten sie aber dazu, die neun Windungen der einlagigen
Spulen sauber nebeneinander aufbringen zu können. Seitlich sind die

[1] Elektrotechn. Z. 45 (1924) S. 1097.

Spulen durch Holzkeile voneinander getrennt. Von den sechzehn Verbindungsstellen der insgesamt sechzehn zu einer geschlossenen Ankerwicklung hintereinander geschalteten Spulen führen Drähte zu den sechzehn messingenen Kollektorsegmenten, die auf zwei Kollektorringe verteilt und hier in Schwalbenschwanznuten eingesetzt sind. Die Segmente auf den beiden Kollektorringen sind um eine Breite versetzt, so daß die beiden Schleifrollen für die Stromzuführung immer gleichzeitig auf dem Messingsegment des einen und auf der durch Holz isolierten Segmentlücke des anderen Ringes sich befinden. In Pacinottis Zeichnung sind die Stromzuführungen falsch eingezeichnet; sie sind um 90° gedreht. Im Text ist die Bürstenstellung aber richtig beschrieben und Pacinotti hätte die mitgeteilten Ergebnisse mit der gezeichneten Stellung auch nicht erhalten können. Die Polschuhe der beiden unten durch ein Joch miteinander verbundenen Feldmagnete umfassen je $^3/_8$ des Ankerringumfanges. Ständer und Läufer sind in Reihe geschaltet. Als Gründe für die Wahl seiner Konstruktion gab Pacinotti an, daß dabei der Strom nicht unterbrochen wird und infolgedessen das Drehmoment stetig sei, und daß nicht alle Teile der Wicklung zugleich magnetisiert und entmagnetisiert werden, sondern allmählich ein Wicklungselement nach dem anderen. Dadurch werde die Zahl der Funken zwar vermehrt, ihre Stärke aber bedeutend vermindert.

Die kleine Maschine, die Pacinotti 1860 für das technisch-physikalische Institut der Universität Pisa hatte bauen lassen, sollte als elektromagnetische Maschine arbeiten. Auch Pacinotti kannte die Umkehrbarkeit von Stromerzeuger und Elektromotor, wenn er sie auch nicht entdeckt hat, wie noch in den neuesten italienischen Veröffentlichungen behauptet wird; er untersuchte deshalb auch die Verwendbarkeit seiner Konstruktion als magnetelektrische Maschine. Es ist nun höchst interessant, daß er nicht einfach seine elektromagnetische Maschine mechanisch antreibt — vielleicht hat er es doch ohne Erfolg versucht —, sondern daß er die Feldmagnete entweder durch eine Batterie erregt oder sie durch Dauermagnete ersetzt. Das dynamoelektrische Prinzip kann er also nicht gekannt haben.

Das Schicksal der Idee Pacinottis. Die Technik verdankt den Ringanker und die geschlossene Ankerwicklung weder Roberts oder Bessolo noch Pacinotti, sondern Gramme. Nur blinde Voreingenommenheit und völlige Unkenntnis des Wesens der technischen Arbeit und der Vorgeschichte der elektrischen Maschinen konnten die Behauptung aufstellen und dulden, Grammes ganzes Verdienst bestünde darin, Geldgeber interessiert und eine marktfähige Maschine vertrieben zu haben, während er im übrigen ein Dieb und Betrüger gewesen sei. Pacinotti ist zu seiner Konstruktion nicht durch planmäßige Forscherarbeit gekommen und auch nicht durch das Streben, der dem Einsatz der magnetelektrischen Maschinen entgegenstehenden Schwierigkeiten Herr zu werden. Aus seinen Aufzeichnungen geht vielmehr klar hervor, daß dem zufälligen Ausgangspunkt bei seinen Arbeiten eine wesentliche Rolle zukam. Wie vor ihm schon Roberts und Bessolo, so hat auch er es bei der Mitteilung einer Idee bewenden lassen, und diese Idee ist nicht besser als die seiner

Vorläufer. Die Tragweite des Prinzips der geschlossenen Wicklung für die Technik hat er vermutlich erst dann erkannt, als andere es in die Praxis eingeführt und große Erfolge damit erzielt hatten.

Der Belgier Zénobe Théophile Gramme war im Jahre 1865 Werkführer in der Fabrik von Froment in Paris, als eines Tages Pacinotti hier erschien. Pacinotti weilte im Sommer dieses Jahres in England und Frankreich, um die Organisation der meteorologischen Beobachtungen in diesen Ländern zu studieren. Er zeigte dem Leiter der Fromentschen Fabrik, Dumoulin, einen Sonderdruck seiner Veröffentlichung im „Nuovo Cimento" und erklärte ihm die Maschine. Schließlich schlug er ihm auch vor, diese Maschine in verbesserter Form und mit waagerechter Welle im großen zu bauen. Bei einer Unterhaltung über diese Fragen in den Werkstätten soll nun auch ein Werkführer zugegen gewesen sein, in dem Pacinotti einen Fürsprecher für seine Pläne erblicken zu können glaubte; er setzte diesem deshalb bis in alle Einzelheiten und Feinheiten seine Konstruktion und seine theoretischen Ansichten auseinander. Aber zuletzt kam die angestrebte Zusammenarbeit doch nicht zustande. Erst als er im November 1905 die Geschichte seiner Erfindung schrieb[1], teilte Pacinotti den Namen dieses Werkführers mit: es soll Gramme gewesen sein.

Als Gramme den Ringanker zu einem technisch brauchbaren Element der elektrischen Maschinen gemacht hatte und 1871 darüber in der Pariser Akademie der Wissenschaften berichtete, erhob auch sofort Pacinotti Anspruch auf die Erfinderehre[2]. Werner Siemens setzte sich als Mitglied der Jury der Wiener Weltausstellung 1873 warm für Pacinottis Prioritätsrechte ein und regte in einem Brief vom 12. Februar 1875 die Neuausgabe und Übersetzung der Veröffentlichung im Nuovo Cimento an. Über den wahrscheinlichen Ausgangspunkt der Arbeiten Grammes waren die Fachleute daher aufgeklärt, und es hätte ihnen möglich sein können, die Verdienste beider Männer gerecht beurteilen zu können.

Als 1867 das dynamoelektrische Prinzip bekannt wurde, baute auch Pacinotti sich nach dem Vorbild der Laddschen Maschine eine Dynamo. Es ist höchst beachtenswert, daß er dabei nicht die angeblich von ihm erfundene geschlossene Wicklung benutzte, sondern daß er wie Ladd mit zwei Doppel-T-Ankern mit offenen Wicklungen arbeitete[3]. Es war Gramme, der zuerst die geschlossene Wicklung bei der Dynamomaschine anwandte.

Grammes Arbeiten. Zénobe Théophile Gramme (geb. 4. April 1826 in Jehay-Bodignée, Belgien, gest. 20. Januar 1901 in Paris), der Sohn eines Steuerbeamten, hatte das Tischlerhandwerk erlernt und war als Modelltischler bei der Gesellschaft L'Alliance in Paris zuerst mit der

---

[1] In delucidazione della storia delle macchine elettrodinamiche con elettrocalamita trasversale ad anello. Elettricista, ser. 2, Bd. 4 (1905) S. 341—(x); auch in Pacinotti, Bd. 1, S. 187—214.

[2] Gramme: Comptes rendus 73 (1871) S. 175—178. — Pacinotti: Comptes rendus 73 (1871) S. 543.

[3] Pacinotti: Sopra una piccola macchina dinamo-elettrica. Il Nuovo Cimento ser. 2, Bd. 3 (1870) S. 127—(x); auch in Pacinotti, Bd. 1, S. 20—24.

Elektrotechnik in Berührung gekommen[1]; auch bei Rühmkorff hatte er gearbeitet. 1861 nahm er sein erstes Patent auf eine elektrische Bogenlampe und zwei Jahre darauf das erste seiner Patente auf elektrische Maschinen[2]. Das Datum eines Zusatzpatentes, der 12. Oktober 1865, ist wichtig, denn Pacinotti hat nach seiner Darstellung wenige Wochen vorher im Beisein Grammes ausführlich die Idee des Ringankers und der geschlossenen Wicklung erläutert, die Gramme ihm gestohlen habe. Die in dem genannten Patent beschriebene Maschine hat aber nichts mit Pacinottis Konstruktion zu tun und gehörte zum Typus der Alliance-Maschine, die Gramme bei seiner früheren Tätigkeit bei der Alliance-Gesellschaft genau kennengelernt hatte. Der Anker dieser Maschine (Abb. 82 u. 83) wird aus vier Gußeisenrädern zusammengebaut, auf deren Umfang in kupferne Ringe je zweiunddreißig Woolrichspulen gesetzt werden. Die Magnete liegen wie bei den Holmes-Maschinen radial und sind in eine hölzerne Haltekonstruktion gebettet; die beiden äußeren Magnetebenen besitzen je sechzehn, die drei inneren je zweiunddreißig Magnete. Die umständliche Beschreibung des Stromwenders dieser Maschine zeigt, daß Gramme die geschlossene Ankerwicklung und ihre Vorteile offenbar nicht gekannt hat, denn er vereinigt alle Spulen zu einer offenen Wicklung, deren Enden er an den Stromwender anschließt. Es ist daher nicht ausgeschlossen, daß Pacinotti sich getäuscht, oder aber daß Gramme Pacinottis Erläuterungen nicht verstanden hat; in letzterem Falle hätte er die geschlossene Wicklung wirklich noch einmal nacherfinden müssen.

Von der beschriebenen Maschine ausgehend entwickelte Gramme fünf verschiedene Maschinentypen, die er sich 1867 in Frankreich patentieren ließ[3]. Darunter befindet sich eine Maschine mit unbewickeltem Läufer, aber keine mit einem Ringanker oder einer geschlossenen Wicklung, und wenn Gramme die Dauermagnete mit vom Maschinenstrom durchflossenen Wicklungen versehen oder sie ganz durch Elektromagnete ersetzen will, so hat er darin zahlreiche Vorläufer. Interessant ist sein Vorschlag, das Funken der Stromwender durch Kondensatoren zu vermindern. Der Ringanker findet sich auch nicht in den beiden Zusätzen zu diesem Patent vom 21. November 1868 — hier wird das dynamoelektrische Prinzip aufgenommen — und vom 13. August 1869.

Gramme erhielt für seine Verdienste um die Schaffung einer technisch brauchbaren Dynamomaschine von der französischen Regierung 1878 eine Nationalbelohnung; die Pariser Akademie der Wissenschaften verlieh ihm den Voltapreis.

Die Maschine von Henri Louis Félix Worms de Romilly. Henri Louis Félix Worms de Romilly ließ sich 1866 ein Patent erteilen auf die Ausnutzung des Aragoschen Rotationsmagnetismus zur Stromerzeu-

---

[1] Elektrotechn. Z. 22 (1901) S. 118; Z. VDI 45 (1901) S. 178.

[2] Franz. Pat. Nr. 51023 vom 31. August 1861 auf eine Lampe, in Brevets 81 (1873) Abt. XII/2 S. 22—26,; auf die Maschine franz. Pat. Nr. 61275 vom 24. Dezember 1863 mit Zusatz vom 12. Oktober 1865. Brevets 86 (1877) S. 28—29, Abt. XII/2.

[3] Franz. Pat. Nr. 75172 vom 26. Februar 1867 mit Zusätzen vom 21. November 1868 und vom 13. August 1869. Brevets 102 (1883), Abt. XII/2, S. 11—19.

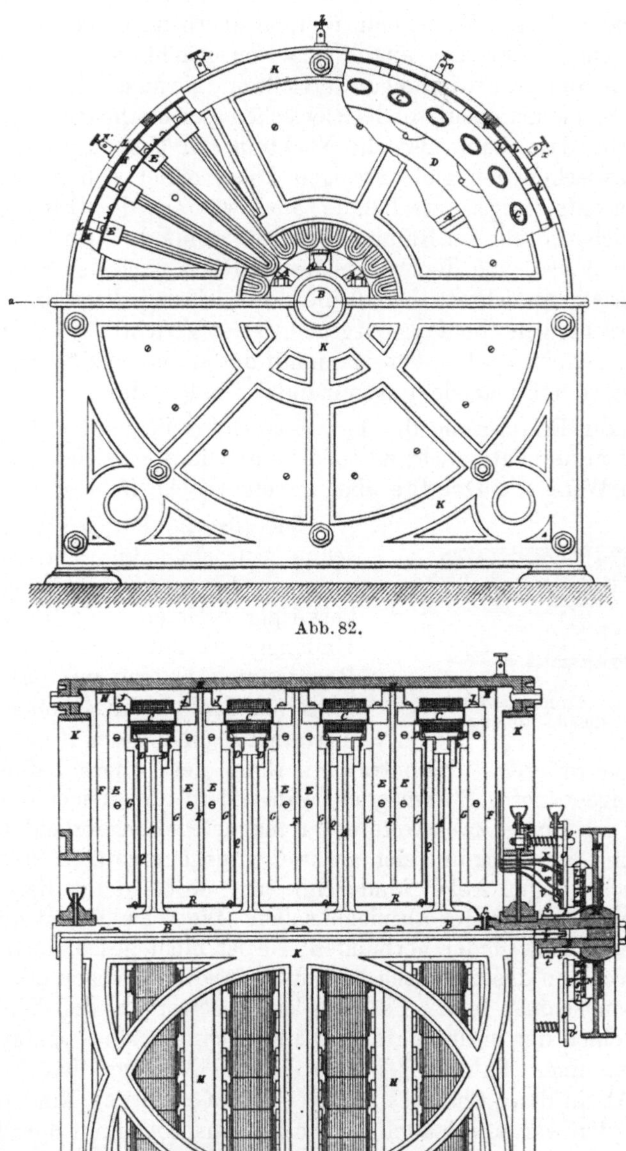

Abb. 82.

Abb. 83.

Abb. 82—83. Gramme's erste Maschine. Brevets 86 (1877) Abt. XII/2.

gung. Diese Erscheinung hatte zwar schon Faraday bei seiner Scheiben-
Unipolarmaschine benutzt, aber Worms de Romilly wies mit Recht
darauf hin, daß die mit solchen Vorrichtungen erzeugte Spannung nur

niedrig sei, und daß der Strom sich schon zu einem großen Teil innerhalb der Scheibe schließe. Wenn man nun, so überlegte er, die Scheibe des Faradayschen Versuches aus Weicheisen macht, sie mit diametral laufenden Kupferdrahtwindungen versieht und sie nicht wie bei Faraday zwischen ungleichnamigen, sondern zwischen gleichnamigen Magnetpolen rotieren läßt, dann kann man die Nachteile der Unipolarmaschine vermeiden. Zwischen den gleichnamigen Polen bildet sich in der Eisenscheibe der entgegengesetzte Pol, der auch während der Drehung immer an der gleichen Stelle im Raume bleibt. Worms de Romilly schließt nun so: die Flüsse von den beiden festen Polen nach der Scheibe sind entgegengesetzt gerichtet, so daß die durch sie bei der Drehung induzierten Spannungen ebenfalls entgegengesetzt gerichtet sind; laufen sie auf der einen Seite nach außen, dann auf der anderen Seite der Scheibe nach innen, so daß man sie hintereinander schalten darf.

Bilder zur Erläuterung der hier gemachten Vorschläge finden sich noch nicht in der Patentschrift[1] sondern erst in dem viele Jahre später erschienen Werk von Dredge über die elektrische Beleuchtung[2].

Abb. 84. „Trommelanker" von Worms de Romilly.

Eine für die Praxis gedachte Maschine soll einen aus Flacheisen zusammengebogenen ringförmigen Ankerkörper besitzen; eine Hälfte seines Umfanges ist mit einer Wicklung im Rechtssinn (Dextrorsum), die andere mit einer Linkswicklung versehen (Sinistrorsum), und dieser Ring kann um seine Achse rotieren. Diametral innerhalb des Ringes befindet sich ein fest angeordneter Stabmagnet, während in der gleichen Richtung außerhalb des Ringes zwei weitere Stabmagnete so angebracht sind, daß der Ring mit der Wicklung sich an zwei entgegengesetzten Stellen zwischen gleichnamigen Polen hindurchbewegt, wobei dann die oben beschriebenen Vorgänge sich abspielen sollen. Die Wicklung ist mit einem zweiteiligen Stromwender verbunden; sie ist nicht geschlossen, so daß diesen Maschinen das technisch bedeutsamste Kennzeichen der anderen Ringläufermaschinen fehlt. Es ist bekannt geworden, daß Worms de Romilly einen der in der Patentschrift beschriebenen Apparate durch Lefebvre, einen Fabrikanten von Lenoir-Motoren, hat herstellen lassen[3]. Als in den „Comptes rendus" über Grammes Ringanker berichtet worden war, erhob auch er Prioritätsansprüche mit dem Hinweis auf das Datum seines Patentes und auf die ausgeführte Maschine.

Eine andere Konstruktion könnte man, wenigstens hinsichtlich der geometrischen Anordnung der Spulen, als Trommelanker bezeichnen (Abb. 84). Sechs oder acht Spulen werden mit 180° Spulenweite um einen als Hohlzylinder ausgebildeten eisernen Ankerkörper gewickelt;

---

[1] Franz. Pat. Nr. 70679 vom 3. März 1866; Les Mondes. Rev. hebdomad. scienc. 25 (1871) S. 465—472.

[2] Dredge, James: Electric illumination., Bd. I, S. 672—680. London 1882

[3] Comptes rendus 73 (1871) S. 726—729.

sie sind in Reihe geschaltet und bilden eine offene, mit einem zweiteiligen Stromwender verbundene Ankerwicklung. Von Nuten ist in der Beschreibung nicht die Rede. Dieser Anker soll sich zwischen ungleichnamigen Magnetpolen drehen.

Das Patent von Worms de Romilly blieb unbekannt und hatte auf die praktische Entwicklung nicht den geringsten Einfluß. Es gewährt einen interessanten Einblick in die Denkweise der damaligen Elektrotechniker.

Mit Worms de Romilly darf der Pariser Bankier Hippolyte Worms nicht verwechselt werden, der sich 1860 um die Verbesserung der magnetelektrischen Maschinen bemühte[1].

XII. Die ersten Arbeiten von Werner Siemens.

Die Tellermaschine. Zweifellos hat Werner Siemens (geb. 13. Dezember 1816 in Lenthe, gest. 6. Dezember 1892 in Berlin), der eine gründliche mathematische und physikalische Bildung besaß und sich stets auf dem Laufenden hielt, die in den Zeitschriften beschriebenen magnetelektrischen Maschinen gekannt. Aus seinem umfangreichen, im Siemens-Archiv in Berlin aufbewahrten Briefwechsel wissen wir, daß er spätestens im Frühjahr 1851 mit der Entwicklung eigener Konstruktionen auf diesem Gebiet begann. Am 10. März 1851 ist in einem Brief an seinen Bruder William Siemens (geb. 4. April 1823 in Lenthe, gest. 19. November 1883 in London) erstmals die Rede von einem „rotirenden magnet.-electr. Apparat", der viele Versuche erfordere; am 22. April heißt es dann, daß es mit dem „Magnetelectromotor" leider langsamer als erwartet vorwärtsgehe, und daß er vielleicht nicht zur Londoner Ausstellung geschickt werden könnte. Siemens wollte ihn für die Berliner Feuermeldeanlage verwenden.

Über die Beziehungen von William Siemens zur Vorgängerin der Alliance-Gesellschaft und über die ablehnende Stellung von Werner Siemens zu diesem Unternehmen ist bereits berichtet worden.

Am 14. Februar 1855 teilte Werner Siemens seinem Bruder Karl mit „Wir bauen jetzt einfache magnetelectr. Maschinen die wir vielleicht mit Vortheil als Batterien verwenden können"[2], und am 12. März schrieb er noch einmal von dem zu erwartenden Aufschwung des Geschäftes durch die „Anfertigung von Telegraphen und Magnetelectromotoren für die ganze Welt", und er empfahl, die Kunden auf „uns. neuen mechanischen Batterien (die sich gewiß sehr gut machen, rotirender Teller, umgekehrte elektromagnet. Maschine)" aufmerksam zu machen. Das war der Anfang des Elektromaschinenbaues bei Siemens. Unter „Elektromotor" ist dem damaligen Sprachgebrauch entsprechend ein Stromerzeuger zu verstehen.

Die erwähnte „Tellermaschine" ist ein Gleichstrom-Gleichstrom-

---

[1] Engl. Pat. Nr. 3142 vom 21. Dezember 1860 auf den Namen des Agenten J. H. Johnson.

[2] Siemens: Briefe, Bd. 1, S. 110.

Umformer[1] (Abb. 85 u. 86); nach **Zetzsche** wäre dieser Apparat der 1851 gebaute und in London ausgestellte „Magnetelectromotor". Eine auf einem Kugelzapfen sitzende eiserne Scheibe macht bei dieser Maschine eine Taumelbewegung ähnlich einem auf die Kante gestellten Teller und wälzt sich dabei nacheinander über jeden der im Kreise angeordneten Elektromagnete. Durch den Teller selbst werden dabei Kontakte gesteuert, die die in der Bewegungsrichtung zwischen der tiefsten und der höchsten Stelle des Tellers liegenden Elektromagnete an die Batterie legen; wie bei den Ringläufermaschinen von **Roberts** und **Bessolo** werden immer nur einzelne Magnete geschaltet. Durch die einseitige Anziehung wird der Teller in ständiger Bewegung gehalten. Nun tragen die Magnete noch eine zweite Wicklung, und diese sekundären Wicklungen sind zu einer geschlossenen Wicklung hintereinander geschaltet, in der die zum Telegraphieren auf langen Leitungen erforderlichen hohen Spannungen induziert werden. Wenn **Zetzsches** Datierung richtig ist

Abb. 85.

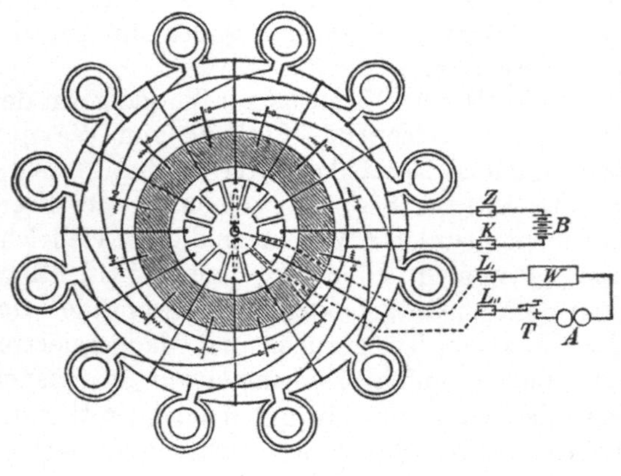

Abb. 86.

Abb. 85 u. 86. Die Tellermaschine von Siemens und ihre Schaltung. W. Siemens. Wissenschaftliche und technische Arbeiten. Bd. 2. Berlin 1891.

---

[1] **Siemens**, W.: Lebenserinnerungen, Berlin 1912. S. 176—178. — **Siemens**, W.: Wissenschaftliche und technische Arbeiten, Bd. 2, S. 97—103. Berlin 1891. — **Zetzsche**: Zur Geschichte der Magneto-Inductions-Maschinen mit ununter-

— als Jahr der Erfindung wird auch 1853 genannt —, dann wäre die Tellermaschine die erste elektrische Maschine mit einer geschlossenen Wicklung. Werner Siemens hat später „mit einer gewissen Beschämung", wie er sagte, gestanden, daß er aber erst nach dem Bekanntwerden der Ringankermaschine dazu gekommen sei, „diese erste Lösung des Problems, constante gleichgerichtete Ströme durch Induction zu erzeugen", auch bei der Dynamomaschine anzuwenden.

Die „umgekehrte elektromagnetische Maschine", von der Siemens in dem an seinen Bruder gerichteten Briefe spricht, ist eine ähnlich der Tellermaschine geschaltete Maschine (Abb. 4) mit hin- und hergehender Bewegung, die nie irgendwelche Bedeutung gehabt hat.

Der Doppel-T-Anker. Während die Großmaschinen der Alliance-Gesellschaft und von Holmes eigentlich nur Vergrößerungen von bisher schon bekannten kleinen Apparaten waren, führte Werner Siemens 1856 ein ganz neues und äußerst fruchtbares Konstruktionsprinzip ein, das des Doppel-T-Ankers. Alle Sachverständigen waren übereinstimmend der Ansicht, daß es sich um eine wirklich wichtige Erfindung handelte, und Elihu Thomson schrieb noch 1900[1], daß dieser Fortschritt größer gewesen sei als alle vorher auf diesem Gebiete erzielten. Erst in der letzten Zeit ist in tendenziöser Weise versucht worden, die Bedeutung des Siemensschen Gedankens zu leugnen.

Über die Entstehungszeit des Doppel-T-Ankers ist man sich lange nicht im klaren gewesen: die Angaben schwanken zwischen 1850 und 1856. Das Datum 1850 scheint auf einen Druckfehler in einem 1873 erschienenen Artikel von Zetzsche zurückzugehen, der in einem 1877 veröffentlichten Buche des gleichen Verfassers stillschweigend berichtigt wurde.[2] Man hat auch geglaubt, der Doppel-T-Anker sei bei Eisenbahnläutewerken benutzt und 1851 in Verbindung mit ihnen auf der Londoner Ausstellung gezeigt worden, aber dafür läßt sich nicht der geringste Beweis erbringen, und außerdem widersprechen diese Angaben einem klaren Bericht aus dem Jahre 1856. Dieser Bericht befindet sich in einem „Preis-Verzeichniss der Telegraphen-Bauanstalt von Siemens und Halske in Berlin. 1857"[3]. Danach hatte die Königlich Bayerische Telegraphen-Direction seit 1850 magnetelektrische Telegraphen von Stöhrer in Betrieb gehabt und legte nun 1856 auf Grund der damit gemachten Erfahrungen der Firma Siemens & Halske ein Konstruktionsprogramm mit genauen Vorschriften vor. Aus dem abgedruckten Attest vom 15. Februar 1857 geht ganz klar hervor, daß die Maschine mit Doppel-T-Anker wirklich aus diesem Anlaß entwickelt worden ist.

brochenem Strom von unveränderlicher Richtung. Dingl. J. 216 (1875) S. 491 bis 502.

[1] Electricity during the 19th century. Smithsonian Institution Report, S. 338, 1900.

[2] Die historische Abteilung der Deutschen Telegraphen-Ausstellung zu Wien 1873. Internationale Ausstellungs-Zeitung. Beilage der „neuen freien Presse", S. 18(x), 1873. — Zetzsche: Handb. elektr. Telegr., Bd. 1, S. 236. Berlin und Halle 1877.

[3] Auch Siemens und Halskes neuer magneto-elektrischer Zeiger-Apparat. Dingl. J. 144 (1857) S. 314—316.

Das beweist auch ein Brief von Werner Siemens an William Siemens vom 8. Mai 1856, in dem es heißt: „Wir machen jetzt auf Bayerns Bestellung neue Zeigerapparate mit magnetelektr. Bewegung (ohne Batterien) für Eisenbahndienst. Sie werden sehr einfach und billig und ich hoffe, sie werden so viel Anwendung finden". Wenige Tage darauf, zwischen dem 13. und dem 22. Mai 1856 schrieb er: „Unsere neuen magnetelektrischen Zeigertelegraphen scheinen sehr brillant ausfallen zu wollen. Das wird der wahre Eisenbahntelegraph werden. Sehr einfach, durch Jedermann zu handhaben, ohne alle Batterien, sehr schnell gehend, auch als Gegensprecher, und nicht teuer. Da wesentliche neue Konstruktionen daran sind, namentlich für magnetelektrische Apparate im allgemeinen, so wäre eine Patentnahme in England wohl zweckmäßig".

Es ist also wohl kein Zweifel darüber möglich, daß Siemens diese Erfindung wirklich erst im Frühjahr 1856 gemacht hat.

In dem „Attest" heißt es ferner, daß seit dem 15. September 1856 auf einer bayerischen Bahn bereits 47 Apparate aufgestellt worden seien. Solche Apparate kosteten fünfzig Taler, wenn sie neun Paar Stahlmagnete besaßen, und hundertfünfzig Taler bei achtundzwanzig Magnetpaaren.

Für die Entwicklung des Doppel-T-Ankers scheinen elektrotechnische Gründe nicht entscheidend gewesen zu sein. Man scheint vielmehr ein niedriges Trägheitsmoment angestrebt zu haben, von dem mehrfach die Rede ist und das bei der in Aussicht genommenen Verwendungsart des Ankers als Geber in Telegraphenapparaten auch erwünscht ist. Die am Anker angebrachte Kurbel wurde immer ruckweise in die dem gewünschten Zeichen entsprechende Stellung gebracht, und nur bei dieser Betriebsweise konnte die Forderung nach möglichst geringem Trägheitsmoment entstehen.

Für 1856 als Erfindungsjahr spricht auch der Umstand, daß keine Veröffentlichung oder Patentnahme vor diesem Jahre nachzuweisen ist. Das englische Patent — es war nur eine „provisional specification"; endgültigen Patentschutz erlangte der Doppel-T-Anker in England erst 1862 — beantragte William Siemens am 10. September 1856[1]; das französische Patent[2] für Siemens & Halske wurde wenige Tage darauf angemeldet. Das Patentgesuch in Preußen vom 6. Juni 1856 auf eine „neue Methode, im Morseschen Schreibtelegraphen ohne Linienbatterie zu telegraphieren"[3] wurde am 2. August 1856 von der Gewerbedeputation geprüft und abgelehnt, und, nachdem es ein zweites Mal eingereicht worden war, im Januar 1857 wieder zurückgewiesen. Dieses befremdende Verhalten war darauf zurückzuführen, daß Siemens sich früher die Feindschaft eines höheren Verwaltungsbeamten in der Deputation zugezogen hatte. Begründet wurde die Ablehnung allerdings damit, daß die Erfindung der „Bittsteller" deshalb nicht patentfähig sei, weil sie nur bekannte Konstruktionen und bekannte Wirkungsweisen für bekannte

---

[1] Engl. Pat. Nr. 2107 vom 10. September 1856 und Nr. 59 vom 9. Januar 1862.

[2] Franz. Pat. Nr. 17004 vom 18. September 1856. Brevets 58 (1867) S. 324 bis 329.

[3] Siemens, W.: Wissenschaftliche und technische Arbeiten, Bd. 2, S. 108 bis 113. Berlin 1891.

Zwecke ausnutze. Diese fortschrittsfeindliche Haltung der preußischen Patentkommission steht in krassem Gegensatz zu den Methoden der Patentämter in Paris und London, bei denen eine Prüfung der Patentansprüche kaum stattfand, so daß dort die Patentliteratur entsprechend umfangreich ist.

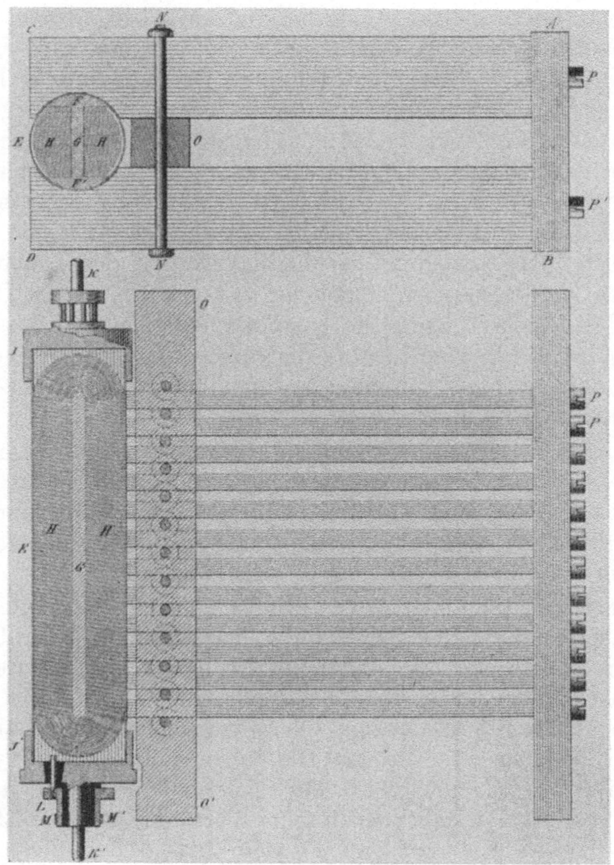

Abb. 87/88. Doppel-T-Anker-Maschine von Siemens. Pogg. Ann. 101 (1857) Taf. II.

Der Doppel-T-Anker (Abb. 87 u. 88)[1] ist ein Eisenzylinder mit zwei gegenüberliegenden Längsnuten, so daß sich ein doppel-T-artiger oder H-förmiger Querschnitt des Eisens ergibt. Die Wicklung ist in diese Nuten eingelegt, und es ist nicht einzusehen, warum man nicht Siemens als Erfinder des Nutenankers betrachten soll. Bei Verwendung passender Polschuhe gestattet die zylindrische Form des Ankers, mit einem im Vergleich zu anderen Konstruktionen sehr kleinen Luftspalt zu arbeiten und

---

[1] Siemens, W.: Über eine neue Construktion magneto-elektrischer Maschinen. Pogg. Ann. 101 (1857) S. 271—274.

dadurch die Feldmagnete viel besser auszunutzen. Bei gleicher Leistung ergibt sich so eine leichtere und gedrungenere Maschine, die auch für die Entwicklung der modernen Maschinenform von entscheidender Bedeutung war.

Siemens 1856 bis 1866. In der Zeit zwischen der Erfindung des Doppel-T-Ankers und der Entdeckung des dynamoelektrischen Prinzipes scheint Werner Siemens sich auf dem Gebiet der magnetelektrischen Maschinen erfinderisch nur wenig betätigt zu haben, obwohl es an Anregungen nicht fehlte. Am 31. August 1859 schrieb ihm sein Bruder William aus London einen interessanten Brief; die Admiralität trage sich mit dem Gedanken, außer dem Leuchtturm bei Dover — gemeint ist der von South Foreland —, der seit einigen Monaten mit elektrischem Licht arbeite, auch andere Leuchttürme mit dieser Neuerung zu versehen. Die Besitzer der Patente — Holmes kann also nicht mehr der Besitzer oder wenigstens Alleinbesitzer der Patentrechte gewesen sein — hätten ihm nun das Angebot gemacht, die Fabrikation der Leuchtturmeinrichtungen zu übernehmen. „Scheint mir gewagt u. viel Capital erfordernd!?" Werner Siemens hatte Bedenken wegen der Unzuverlässigkeit des elektrischen Lichtes, die gerade bei Leuchttürmen gefährlich sei; „habe mich viel mit einer besseren Methode gequält aber bisher ohne genügenden Erfolg"[1].

Aus einem Brief Werners an Carl[2] geht hervor, daß er sich auch im Oktober 1858 mit Verbesserungsplänen trug: „Ich bin jetzt dabei die magnetelectr. Zeiger und Maschinen zu verbessern, wahrscheinlich sehr erheblich". Er scheint aber, wenigstens was die Maschinen anbelangt, zu keinem brauchbaren Ergebnis gekommen zu sein.

Im Dezember 1859 wurde der Optimismus Werners wieder geweckt bei Versuchen mit einer elektromagnetischen Maschine, deren Läufer aus zwei sechs Zoll langen gekreuzten Stahlstabmagneten bestand. Dieses Kreuz macht 1800 U/min um eine senkrechte Achse. Die Maschine „ist auch gleichzeitig ein prachtvoller Stromgeber wenn man mit der Hand die Drehung hervorbringt. Die Sache kann wichtig werden und wird cultivirt"[3]. In einem gleichzeitigen Briefe an Siemens & Halske, London (vom 10. Dezember 1859) schrieb er darüber noch: „Da gleichzeitig die Funken fast verschwindend klein sind, so scheint uns hierdurch das bisher nicht gelöste Problem guter, sicher wirkender und starke Ströme gebender magnetelektrischer Maschinen gelöst zu sein ... Gute magnetelektrische Maschinen, die billig starke Ströme erzeugen können, würden technisch außerordentlich wichtig werden und viele Industriezweige ganz umgestaltet". Siemens dachte dabei besonders an die elektrolytische Gewinnung von Aluminium und Magnesium, aber auch an elektrische Beleuchtung[4]. „Ich denke wir werden bald sehr billige

---

[1] Siemens: Briefe, Bd. 1, S. 148.
[2] Siemens: Briefe, Bd. 1, S. 138.
[3] Brief an Carl Siemens vom 9. Dezember 1859. — Siemens: Briefe, S. 151 bis 152.
[4] Briefe Werners an William Siemens vom 26. Januar und 24. Februar 1860. — Siemens: Briefe, S. 157—158.

magnetelectrische Maschinen fertig haben, durch welche man mittelst Dampf oder Wasserleitungskraft (Tourbin) schönes und sicheres electrisches Licht billig erzeugen kann". Über das Stadium der Projekte und Versuche ist Siemens damals nicht hinausgekommen.

XIII. Maschinen mit zusätzlicher Selbsterregung und mit Fremderregung.

Maschinen mit zusätzlicher Selbsterregung. Maschinen, bei denen mit oder ohne Absicht von der Möglichkeit einer zusätzlichen Selbsterregung Gebrauch gemacht wurde, hat es auch vor der Entdeckung des dynamo-elektrischen Prinzips in nicht geringer Zahl gegeben. Die Maschinen von William Ritchie 1837 und von Pulvermacher aus dem Jahre 1861, deren Erfinder die Selbsterregung nicht entdeckten, wurden bereits erwähnt.

Von den anderen Erfindern, die bewußt das Verfahren der zusätzlichen Selbsterregung anwandten, scheint nur S. Hjorth die dabei stattfindenden Vorgänge beschrieben zu haben; er war wohl auch der erste, der auf die Dauermagnete Wicklungen aufbrachte und damit die Absicht verband, das Feld dieser Magnete zu verstärken. Wenige Monate, bevor er sein erstes englisches Patent beantragte, meldete Gaiffe in Paris ein französisches Patent auf eine Maschine der Saxtonschen Bauart an, die ebenfalls nach der Hjorthschen Art geschaltet und zum elektromedizinischen Gebrauch bestimmt war[1]. Man darf dem Erfinder die Behauptung glauben, daß sein Apparat trotz des sehr stark verminderten Raumbedarfs stärkere Wirkungen als alle anderen Apparate liefere, und muß daraus schließen, daß es dabei tatsächlich zur Selbsterregung gekommen ist.

Eine Auseinandersetzung mit einem 1858 von einigen Ausländern auf den Namen John Henry Johnson genommenen vorläufigen englischen Patent wäre eigentlich überflüssig, wenn man nicht auch hier schon ein „Pionierpatent" gewittert hätte. Tatsächlich ist hier aber wieder einmal ein Perpetuum mobile patentiert worden[2]. Es wird in der Patentschrift eine offenbar der Alliance-Maschine ähnliche elektromagnetische Maschine beschrieben und dann wird vorgeschlagen, den zum Betrieb dieser Maschinen benötigten Strom nicht aus Batterien zu entnehmen sondern in ihrem Spulensystem durch Induktion entstehen zu lassen.

Sinstedens Maschine. Sinsteden, der 1851 den später von Wilde aufgegriffenen Vorschlag zur Verwendung besonderer Erregermaschinen bei großen Stromerzeugern gemacht hatte, kam erst 1861 auf den Gedanken, daß sich Haupt- und Erregermaschine zu einer einzigen Maschine mit zusätzlicher Selbsterregung vereinigen lassen[3]. Es ist bei seinem

---

[1] Franz. Pat. Nr. 11481 vom 20. April 1854. Brevets 40 (1862) S. 28—29; Engineer 7 (1859) S. 226. — Gaiffe, Ladislas-Adolphe, gest. 1887. Lumière électr. 24 (1887) S. 138—139.

[2] Engl. Pat. Nr. 2670 vom 24. November 1858.

[3] Sinsteden, W.: Über die Anwendung eines mit einer Drahtspirale armirten

Beruf als Arzt trotz seiner physikalischen Interessen nicht anzunehmen, daß er die Patente von Hjorth kennenlernen konnte, so daß er auch dieses Erregungsverfahren selbständig erfunden hat. Leider hat er erst 1869 über diese Arbeiten berichtet.

Sinsteden baute im Jahre 1861 für eine nicht genannte Ausstellung eine selbsterregte Maschine mit Stahlmagneten (Abb. 89); das Magnetsystem war aus vierzig je zwölf Zoll langen Lamellen zusammengebaut und konnte hundertundachtzehn Pfund tragen. Die beiden Schenkel waren mit Polschuhen versehen. Sinsteden glaubte noch 1869, daß dieses Maschinensystem den dynamoelektrischen Maschinen überlegen sei.

Murray. Von gewisser Seite wurden neuerdings die Ansprüche des „gierigen Kapitalisten" Siemens auf die Erfindung der Dynamomaschine geleugnet mit der Begründung, schon vor Siemens habe der „bescheidene" Engländer J. Murray in einem Briefe an den Herausgeber der Zeitschrift „The Engineer" vom 16. Juli 1866[1] über diese Erfindung berichtet. Murray warnt in dieser Zuschrift in durchaus nicht bescheidener Weise vor jedem Versuch, Ideen ähnlich der Wildeschen Fremderregung patentieren zu lassen, denn er, Murray, habe schon „vor mehreren Jahren" eine Maschine nach diesem Prinzip gebaut. Murrays Maschine ist offenbar, auch wenn dieser Umstand verschwiegen wird, nach Hjorths Patenten gebaut und besitzt wie die Hjorthschen Maschinen Dauermagnete, die eine vom erzeugten Strom durchflossene Wicklung tragen. Der Erfinder hielt den Fortfall einer besonderen Erregermaschine für einen großen Vorteil gegenüber dem Wildeschen System, aber darin wird man ihm kaum zustimmen können. Durch das Sinsteden-Wildesche Erregungsverfahren war der Stahl als magnetischer Werkstoff wenigstens aus den Hauptmaschinen verschwunden, und es war so die Möglichkeit geschaffen worden, große Maschinen mit erträglichen Abmessungen und nicht zu hohen Kosten zu bauen. Diesen Vorteilen gegenüber wäre ein Beharren auf dem Hjorthschen, von Murray aufgegriffenen Vorschlag der Verzicht auf den weiteren Ausbau der Starkstromtechnik gewesen.

Auf Murrays Mitteilung wurde man erst später aufmerksam, als Wilde sie wiederholt zitierte und gegen die Entdecker des dynamoelektrischen Prinzips auszuspielen suchte.

Die Selbsterregung bei Baker. Gelegentlich wurde schon der Engländer Lieut.-Colonel James Baker zu den Vorläufern in der Erfindungsgeschichte der Dynamomaschine genannt. In Wirklichkeit läßt sich nicht

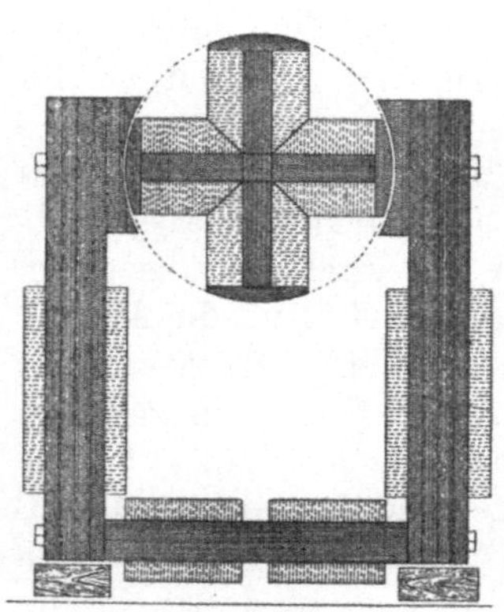

Abb. 89.
Sinsteden's selbsterregte Maschine.
Pogg. Ann. 137 (1869) Taf. V.

Stahlmagnets in der dynamo-elektrischen Maschine. Pogg. Ann. 137 (1869) S. 289 bis 296.

[1] Engineer 22 (1866) S. 42.

einmal nachweisen, daß er sich überhaupt mit der Stromerzeugung mit Maschinen befaßt hat.

Baker hat vier englische Patente[1] genommen, in denen er sich Verfahren zur Stromerzeugung mit Thermobatterien schützen ließ und elektromagnetische Maschinen beschrieb. Diese Maschinen haben Läufer mit Elektromagneten, die von den Dauermagneten oder auch von Elektromagneten des Ständers angezogen und abgestoßen werden. Wenn Elektromagnete im Ständer eingebaut werden, dann kann man nach dem Patent vom November 1866 einen oder mehrere von ihnen mit dem Strom erregen, den eine zweite Läuferwicklung liefert. Es ist also gewissermaßen in den Elektromotor eine fremderregte Erregermaschine eingebaut, die zusätzlich zu der Grunderregung durch Dauermagnete oder batteriegespeiste Elektromagnete eine weitere Feldverstärkung bringen soll. Daß der Erfinder mit diesem Verfahren dem gleichen Trugschluß zum Opfer fiel wie die Erfinder der in Johnsons Patent aus dem Jahre 1858 beschriebenen Maschine, ist sehr wahrscheinlich; jedenfalls hat er nicht eingesehen, daß sein Vorschlag eigentlich recht unzweckmäßig ist.

Eine Beziehung dieses Bakerschen Erregungsverfahrens für elektromagnetische Maschinen zum dynamoelektrischen Prinzip ist nicht zu erkennen.

Ladds erste Maschinen. Neben Siemens und Wheatstone war 1867 William Ladd der im Zusammenhang mit Dynamomaschinen meistgenannte Ingenieur. Irgendein Anteil an der Entdeckung des dynamoelektrischen Prinzips kommt ihm nicht zu, wenn er auch einige Wochen nach den Vorträgen von William Siemens und Wheatstone in der Royal Society behauptete, er habe dieses Prinzip bereits 1864 gekannt und es nur aus Zeitmangel nicht weiter untersuchen oder anwenden können. Damals habe er mit einer Wildeschen Maschine experimentiert, und dabei sei seinem Assistenten — er hieß Tisley — der Gedanke der Selbsterregung gekommen. Sie hätten daran gedacht, die besondere Erregermaschine Wildes aufzugeben, indem sie sie in die Hauptmaschine hineinverlegten; dazu sollte diese Maschine von einer zweiten Läuferwicklung aus erregt werden, die von der auf den äußeren Stromkreis geschalteten Wicklung elektrisch völlig getrennt war. Ladd dachte aber keineswegs daran, den remanenten Magnetismus als Anfangserregung heranzuziehen, vielmehr wollte er permanente Magnete für das Grundfeld verwenden[2]. Es handelt sich also nicht um das dynamoelektrische Prinzip sondern um die zusätzliche Form der Selbsterregung, wie sie gleichzeitig und auch schon Jahre vorher von anderen Erfindern ebenfalls angewendet wurde.

Im Februar 1867 hat auch Zénobe Théophile Gramme sich dieses Erregungsverfahren in einem französischen Patent[3] schützen lassen.

---

[1] Engl. Pat. Nr. 726 vom 9. März 1866; Nr. 1718 vom 27. Juni 1866; Nr. 3039 vom 19. November 1866; Nr. 3351 vom 20. Dezember 1866.

[2] Ladd, W.: On a magneto-electric machine. Proc. Roy. Soc., Lond. 15 (1867) S. 404—405; auch Phil. Mag. 4th ser. 33 (1867) S. 544—545.

[3] Franz. Pat. Nr. 75172 vom 26. Februar 1867. Brevets 102 (1883) S. 11—19, Abt. XII/2.

Faraday, Whitmell und die Selbsterregung. Wenn in den Maschinen mit zusätzlicher Selbsterregung erst einmal ein Maschinenstrom induziert war und zur Erregung beitrug, dann war an sich die Anfangserregung nicht mehr nötig. Es mußte daher möglich sein, Maschinen ohne Dauermagnete zu bauen, wenn man nur zum Einleiten des Selbsterregungsvorganges für kurze Zeit auf irgendeine Weise fremderregte. Zwei Erfinder, Whitmell und Farmer, haben diese Überlegung angestellt, aber ihre Vorschläge sind erst bekanntgeworden, als sie längst überholt waren.

Im Jahre 1891 trat der englische Schulinspektor Charles T. Whitmell aus Cardiff mit der Behauptung auf, er habe schon als Schüler im Jahre 1863 den Erfindungsgedanken der vollkommenen Selbsterregung gehabt und habe sich damit an Faraday gewandt. Da Whitmell seinen eigenen Brief und das Antwortschreiben Faradays im Auszug wörtlich zitiert, seien diese Dokumente wörtlich hier wiedergegeben, nicht, weil damit ein Anspruch Whitmells sich begründen ließe — das ist nicht möglich —, sondern weil darin Faradays Ansicht über die Selbsterregung mitgeteilt wird. Whitmell schrieb u. a.: „In an ordinary magneto-electrical machine the power is derived from a steelmagnet; would a piece of iron covered with wire do instead of the steel magnet, the iron to form an electro-magnet, magnetised by the magneto-electricity; the iron being first just magnetised by a battery, the future magnetisation being kept up by the current that the magnetised iron itself produces?“ Faradays Antwort lautete: „No!“ Er fügte jedoch hinzu: „Your questions would require much more statement and consideration than I am allowed (by my physician) to give any subject at present, even to researches which, being my own, are obliged to stand still.“

Whitmell ist also nicht über den bloßen Einfall hinausgekommen und scheint keinerlei Experimente gemacht zu haben. Seine Idee, beim Anfahren der Maschine jedesmal erst eine Batterie zu benutzen[1], taucht drei Jahre später in Amerika wieder auf.

Faradays Antwort mag zunächst befremdend wirken, aber für die damalige Zeit war sie richtig, und man müßte Whitmell und Farmer eigentlich vorwerfen, daß ihnen ein Denkfehler unterlaufen sei. Denn da die Maschinen jener Zeit offene Ankerwicklungen hatten, lieferten sie einen pulsierenden Gleichstrom, der ständig zwischen einem Maximum und Null schwankte. Faraday wird befürchtet haben, daß das Feld an diesen Nullstellen zusammenbricht, obwohl das seit einem Jahrzehnt bekannte Helmholtzsche Exponentialgesetz für das Anwachsen und Verschwinden des Stromes in Induktivitäten den Whitmellschen Vorschlag wenigstens nicht ganz sinnlos und unausführbar erscheinen lassen mußte.

Farmers Vorschlag. Der Amerikaner Moses Gerrish Farmer (geb. 1837 in Boscawen, New Hampshire, gest. 1893[2] in Salem, Mass.), ein Mann, der sich viel mit elektrotechnischen Dingen befaßt und außer einer

[1] Whitmell, Ch. T.: Historical note on dynamo-electric machines. Electrician 28 (1891/92) S. 48.

[2] Dolbear, A. E. und M. G. Farmer: Proceedings of the American Academy of Arts and Sciences. New series. 21 (1894) S. 415—418; Dict. Am. Biogr. 6 (1931)

elektromagnetischen Maschine auch schon eine elektrische Lokomotive gebaut hatte, soll 1859 auch eine magnetelektrische Maschine erfunden haben[1], die er in den Jahren 1865 bis 1868 weiterentwickelte. Seine späteren Maschinen sind sichtlich Nachahmungen der Grammeschen Konstruktion.

Am 9. November 1866 schrieb er an Henry Wilde in Manchester einen Brief[2], in dem er den Whitmellschen Vorschlag wiederholte. Zunächst berichtete er über eine kleine magnetelektrische Maschine, auf deren Dauermagnete er Weicheisenstücke mit vom Maschinenstrom durchflossenen Wicklungen setzte; mit dieser Hjorthschen Schaltung wollte er eine Erhöhung der Maschinenleistung um 31% beobachtet haben. Die Entdeckung des dynamoelektrischen Prinzipes hat man aus folgender Stelle des Briefes herauslesen wollen: „I have built a small machine in which a current from the thermo battery excites the electro-magnet of your (Wildes) machine to start it, and after the machine is in action, a branch from the current of the magneto passes to its own electro-magnet, and this supplies the magnetisation required. It is not exactly like a person standing in a basket and trying to lift himself — because the electricity proceeds from the conversion of the mechanical energy, which must be continually supplied." Es ist anzunehmen, daß die Thermobatterie nach dem Hochfahren abgeschaltet werden soll.

Farmers Gedankengang ist derselbe wie bei Whitmell, aber man muß dem Amerikaner besonders anrechnen, daß er wenigstens praktische Versuche gemacht hat. Farmer wußte nichts von den Selbsterregungsvorgängen und mußte zum Anfahren der Maschinen ein äußerst umständliches Verfahren anwenden; den wesentlichen Inhalt des dynamoelektrischen Prinzips hat er überhaupt nicht gekannt. Daß er und sein Brief bekannt wurden, war nur eine Folge der Politik Wildes gegenüber Siemens und Wheatstone, deren Leistungen er ständig zu bagatellisieren suchte. Farmer scheint sein Erregungssystem selbst nicht einmal einer Veröffentlichung wert gehalten zu haben; die Technik verdankt ihm nichts.

Henry Wilde. Henry Wilde (geb. 19. Januar 1833 in Manchester, gest. 28. März 1919)[3] hatte seine Laufbahn als Mechaniker und Maschineningenieur begonnen und war seit 1856 als selbständiger Telegrapheningenieur tätig.

Im April 1861 ließ Wilde sich in England ein Telegraphensystem patentieren[4], zu dem er auch einen Wechselstromerzeuger angab; es

S. 279—280; The Americana. A Universal Reference Library. Vol. 6. 1903—1906, Art. Farmer (hat die Daten 9. Februar 1820—25. Mai 1893, gest. Chicago).

[1] Prescott, George B.: Dynamo-electricity: its generation, application, transmission, storage and measurement. New York 1884, S. 123.

[2] Mitgeteilt in H. Wilde: On Siemens and Wheatstones magneto-electric machines. Proc. Literary Phil. Soc., Manch. 6 (1867) S. 103—107.

[3] Letter from Mr. Wilde: J. Instn. electr. Engrs. 29 (1899/1900) S. 3—10; Pogg. Bd. 4 (1904) S. 1638, 5 (1926) S. 1372; ein Artikel über ihn für ein biographisches Lexikon mit Korrekturen von ihm in der Dokumentensammlung der Preußischen Staatsbibliothek in Berlin.

[4] Engl. Pat. Nr. 858 vom 8. April 1861.

war dies eine Konstruktion mit unbewickeltem Weicheisenläufer. Im August des gleichen Jahres schlug er noch einige belanglose Varianten dazu vor[1] und entwickelte daraus eine mehrpolige Maschine; aus kreisförmigen Stahlscheiben schnitt er den Magnetstern aus und setzte auf die Enden der Radien, senkrecht zu ihnen, die Spulen mit ihren Weicheisenkernen; vor diesem Ständersystem rotierte ein unbewickelter Weicheisenstern von der gleichen Form. Obwohl Wilde sich diese Konstruktion schon zweimal hatte patentieren lassen, nahm er im November 1861 noch ein drittes Patent darauf[2]. Diese Maschinen waren um diese Zeit geradezu eine Mode bei den Erfindern geworden, aber diese Mode verschwand bald und Wilde hatte sich 1863 schon von ihr abgekehrt. Er nahm im Februar 1863 wieder ein Patent[3], in dem sich aber keine eigenen Konstruktionsgedanken finden; er kopierte nur den Siemensschen Doppel-T-Anker und brachte als einzige Verbesserung einen Stromwender daran an. Von hier aus gelangte er dann zu der Bauart, durch die er sich einen Namen gemacht hat.

Eines Tages sah Wilde sich vor das Problem gestellt, eine magnetelektrische Maschine zur Erzeugung der hohen, von ihm bei der Seekabeltelegraphie für notwendig gehaltenen Stromstärken zu entwickeln. Nun wußte man schon zwei Jahrzehnte früher, wie sich aus Stöhrers Veröffentlichungen nachweisen läßt, daß man in einem solchen Falle die Dauermagnete durch Elektromagnete ersetzen muß, und diesen Weg beschritt auch Wilde[4]. Er wollte die auch für andere Zwecke als zum Telegraphieren gedachte Doppel-T-Anker-Maschine durch eine Dampfmaschine oder eine andere Kraftmaschine antreiben. Zur Erregung der an die Stelle der Dauermagnete tretenden Hufeisen-Elektromagnete könne man Batterien benutzen, aber Wilde war der Ansicht, daß die Ströme der ihm einige Monate vorher patentierten magnetelektrischen Doppel-T-Ankermaschine für diesen Zweck vorzuziehen seien; die erste Erregermaschine dieser Art bezog er von Siemens & Halske in Berlin[5]. Die Erregermaschinen könnten auf der gleichen Grundplatte angebracht und von derselben Kraftmaschine angetrieben werden wie die Hauptmaschine. Wegen der Anwendung von Elektromagneten nannte Wilde seine Maschinen „elektromagnetische Maschinen", doch dachte er dabei nicht an die Verwendung als Elektromotor. Im Mai 1865 ließ er sich neben der Erzeugung von elektrischem Licht auch noch andere Anwendungsmöglichkeiten dieser neuen Stromquelle schützen[6]; er führte das elektrische Erhitzen, Walzen, Biegen und Schweißen von Metallen aus. Die Metallenden werden zwischen zwei an die Maschinenklemmen angeschlossenen Sätzen von Walzen hindurchgeführt und dabei elektrisch erhitzt und formbar gemacht; wenn das Metall dann noch einen weiteren

---

[1] Engl. Pat. Nr. 1994 vom 10. August 1861.

[2] Engl. Pat. Nr. 2997 vom 28. November 1861.

[3] Engl. Pat. Nr. 516 vom 25. November 1863.

[4] Engl. Pat. Nr. 3006 vom 1. Dezember 1863; franz. Pat. Nr. 63519 vom 31. Mai 1864 mit Zusatz vom 29. Juni 1867. Brevets 90 (1878) S. 3—7, Abt. XII/4.

[5] Brief von Werner Siemens an Prof. v. Waltenhofen vom 18. November 1875. — Siemens: Briefe, S. 481—482.

[6] Engl. Pat. Nr. 1412 vom 23. März 1865.

Walzensatz passiert habe, sei es geschweißt oder in die gewünschte Form gebracht. Interessant ist der Vorschlag, während des Kommutierungsvorganges der kleinen Erregermaschine die Erregerwicklung der Hauptmaschine kurzzuschließen; offenbar konnte nur auf diese Weise der Betrieb ohne rasche Zerstörung des Stromwenders ermöglicht werden.

Obwohl Wilde im Jahre 1866 eine im Vergleich zu anderen zeitgenössischen Maschinen recht brauchbare und entwicklungsfähige Konstruktion besaß, betätigte er sich auch weiterhin als Erfinder und griff nun auf den alten Woolrichanker zurück. Den Ankerspulen seiner neuen Maschine[1] stehen in gleicher geometrischer Anordnung und ebenfalls in axialer Richtung Erregerspulen gegenüber, die zu beiden Seiten des Ankers fest mit dem Maschinengestell verbunden sind (Abb. 90). Diese Form hat sich auch als Dynamomaschine einige Jahre halten können. Wilde ließ zu seiner neuen Maschine auch einen neuen Stromwender patentieren, eine völlig verfehlte Konstruktion; dieses Kuriosum ist dem Dampfmaschinenschieber nachgebildet und besteht aus mehreren ebenen Kontaktflächen, die durch eine Exzenterstange aufeinander verschoben werden.

Wilde begründete den Übergang vom Doppel-T-Anker zum Woolrich-Anker damit, daß die beim Doppel-T-Anker erforderliche hohe Drehzahl eine weitere Steigerung der Maschinenabmessungen und damit der Leistung nicht gestatte[2]. Fünf Wochen nach der Bekanntgabe des dynamoelektrischen Prinzips in England durch William Siemens und Wheatstone — Wilde war bei der berühmten Sitzung der Royal Society in London selbst anwesend[3] — nahm er es in ein Patent auf[4] und wandte es auf seine Woolrich-Ankermaschine an. Er arbeitete jedoch mit getrennten Stromkreisen für das Feld und die Nutzlast; eine oder zwei der Ankerspulen sind von den übrigen getrennt und an die Erregerwicklung angeschlossen, oder der ganze Anker trägt eine zweite Wicklung für die Erzeugung des Erregerstromes.

Abb. 90. Wilde's Maschine mit Woolrichanker.
World Power 16 (1931) S. 179.

Bei der Beurteilung von Wildes Leistungen darf man nicht übersehen, daß einmal die Konstruktionselemente seiner Maschinen gar nicht von ihm selbst stammen — seine Doppel-T-Ankermaschine (Abb. 91—92)

---

[1] Engl. Pat. Nr. 3209 vom 6. Dezember 1866.
[2] Wilde, H.: On some improvements in electromagnetic induction machines. Phil. Mag. 4th ser. 45 (1873) S. 439—450.
[3] Siehe Anm. 2, S. 123.
[4] Engl. Pat. Nr. 842 vom 23. März 1867.

geht auf Siemens zurück, die andere Form ist noch älter —, und daß zweitens die eigentliche mit seinem Namen verknüpfte Erfindungsidee ebensowenig sein geistiges Eigentum war; der deutsche Arzt Sinsteden hatte sie schon ein volles Jahrzehnt früher in der maßgebenden deutschen physikalischen Zeitschrift, in „Poggendorffs Annalen der Physik und Chemie", ausführlich beschrieben. Neue wissenschaftliche Tatsachen und Gedanken hatte Wilde also nicht zu bieten, doch verfaßte er trotzdem einen umfangreichen Bericht über die physikalische Seite seiner Arbeiten und schickte ihn an Faraday. Faraday, der sich für alle praktischen Folgen seiner genialen Entdeckung der Induktion interessierte, setzte sich nun wie früher für Holmes so auch jetzt für Wilde ein und legte dessen Bericht[1] der Royal Society vor; er enthält nichts, das auch Sinsteden nicht schon gewußt hätte. Daß man von einem sehr schwachen Feld ausgehend schließlich zu sehr starken Magnetfeldern und

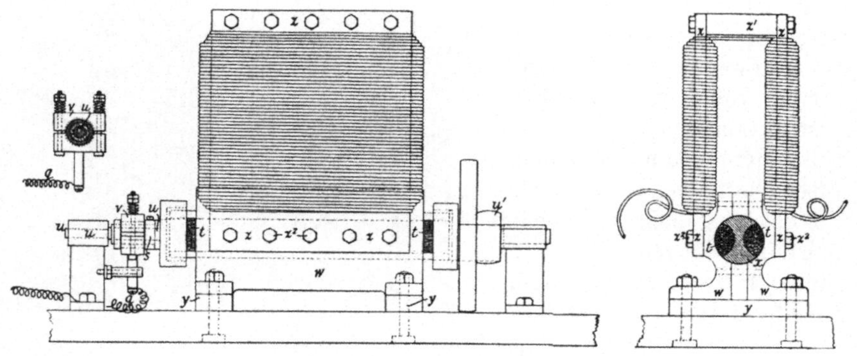

Abb. 91—92. Wilde's Doppel-T-Anker-Maschine. Engl. Pat. Nr. 3006 vom 1. Dez. 1863.

Strömen gelangen kann, wurde von den in der Sitzung anwesenden Physikern als ein Paradoxon empfunden, das scheinbar mit dem Gesetz von der Erhaltung der Energie nicht zu vereinbaren war. Wilde zeigte den schon im Juli 1838 von Moigno und Raillard angestellten Versuch mit der magnetelektrischen Maschine, die einen Elektromagnet mit einer viel größeren Tragkraft erregen kann, als ihre Dauermagnete sie besitzen. Daß man in den Kreisen der Royal Society und bei der Zeitschrift „The Engineer" eine Tatsache für eine neue sensationelle Entdeckung halten konnte, die schon vor vielen Jahren beobachtet und beschrieben worden war, beweist, daß die magnetelektrischen Maschinen und alles, was mit ihnen zusammenhängt, nie zum richtigen technischen und wissenschaftlichen Alltagsleben gehört hatten.

Wildes Bedeutung liegt in Wirklichkeit darin, daß durch die in den Journalen mitgeteilten Berichte über seine Maschinen andere Ingenieure Anregungen erhielten und daß seine Anstrengungen um die Einführung

---

[1] Jones, Bence: Faraday, Bd. 2, S. 479. London 1870. — Wilde, H.: Experimental researches in magnetism and electricity. Philos. Trans. Lond. 157 (1868) S. 89—107; Proc. Roy. Soc., Lond. 15 (1867) S. 107—111; Engineer 21 (1866) S. 338, 344.

seiner Maschinen in die Industrie mittelbar auch der Dynamomaschine zugute kamen. William Siemens kannte seine Arbeiten von Anfang an, äußerte sich aber erst am 7. Dezember 1866 in einem Briefe an seinen Bruder darüber, der ihm drei Tage vorher über seine große Entdeckung berichtet hatte. Werner Siemens selbst war in diesem Brief vom 4. Dezember 1866 der Ansicht, daß Wilde der Entdeckung des dynamo-elektrischen Prinzips ziemlich nahe gekommen sei, und daß William sich beeilen müsse, wenn Wilde ihm nicht zuvorkommen solle.

Wildes Maschine in der Praxis. Wildes Mitteilungen über seine Maschinen wurden überall mit großem Interesse aufgenommen und erregten Erwartungen, wie sie schon früher einmal durch die Maschinen von Holmes und der Alliance-Gesellschaft geweckt und enttäuscht worden waren. Die Fachpresse der ganzen Welt berichtete ausführlich über den neuen Fortschritt, und in England sprach man schon von einer neuen Epoche der Beleuchtungstechnik; es ist aber bezeichnend für das Schicksal auch der Wildeschen Maschine, daß in der betreffenden englischen Veröffentlichung[1] schon über die starke Anker-erwärmung geklagt wird. Wie früher bei Holmes so erschien auch jetzt wieder

Abb. 93. Maschine von Wilde. World Power 16 (1931) S. 179.

eine englische Leuchtturmbehörde auf dem Plan, die Commissioners of Northern Lighthouses, und bestellte eine Versuchsmaschine, die im Sommer 1866 bei Messrs. Wilde & Co. in Manchester gebaut wurde[2]; die Versuche sollen ein achtmal stärkeres Licht als bei Verwendung der älteren magnetelektrischen Maschinen ergeben haben. Die Alliance-Gesellschaft erwarb das Recht, Wildesche Maschinen in Frankreich bauen zu dürfen.

In Deutschland erschien der erste ausführliche Bericht in Dinglers Polytechnischem Journal[3]. Die Erregermaschine des hier beschriebenen

---

[1] Crookes, W.: A new era in illumination. Wilde's magneto-electric machine. Quart. J. Scienc. 3 (1866) S. 500—511.

[2] Engineer 21 (1866) S. 417—418.

[3] Wildes neue magneto-elektrische Apparate. Dingl. J. 182 (1866) S. 177—185.

Aggregates (Abb. 93) besitzt sechzehn je drei Pfund schwere Stahlmagnete und einen Doppel-T-Anker von zweieinhalb Zoll Durchmesser. Die Magnetkerne der Hauptmaschine sind sechsunddreißig Zoll hoch und haben einen Querschnitt von $26'' \times 1''$; jeder der beiden Kerne trägt eine siebenlagige Spule aus 1650 Fuß Kupferdraht. Die Luftspalte werden zu $1/_{40}''$ bzw. $1/_{16}''$ angegeben. Von dem gesamten Maschinengewicht von anderthalb Tonnen entfällt eine halbe Tonne auf die Magnete. Eine Kraftmaschine von drei Pferdestärken soll die Erregermaschine mit 2500 U/min, die Hauptmaschine mit 1800 U/min antreiben.

Eine Maschine mit fünfzehn Pferdestärken Antriebsleistung führte Wilde im Burlington House in London bei einer Soirée der Royal Society vor[1]; er konnte damit elektrothermische Effekte hervorbringen, wie man sie nie zuvor gesehen hatte. William Siemens, der, wie wahrscheinlich auch Wheatstone, am gleichen Abend eine dynamoelektrische Maschine vorführte, schrieb[2] etwas verärgert nach Berlin an seinen Bruder: „Wylde machte uns alle mit seinen Riesen-Effecten todt!" Ein großes Hindernis für die Entwicklung der Wildeschen und aller anderen magnetelektrischen und dynamoelektrischen Maschinen zu Großmaschinen war es, daß ein brauchbarer Kleinmotor noch nicht zur Verfügung stand. Wilde baute zwar 1866 eine von drei Männern zu drehende Maschine, und Siemens beschritt den gleichen Weg, aber an einen wirtschaftlichen Einsatz war unter diesen Umständen nicht zu denken. Die Ingenieure glaubten, daß die besten Aussichten noch da bestünden, wo wie in Manchester ohnehin zahlreiche Dampfkraftanlagen vorhanden waren. Große Hoffnungen wurden auch an die Lenoir-Motoren geknüpft, denn wenn nur Lenoir seine Lizenzgebühren senken würde, könnten auch mehr Wilde-Maschinen in Gebrauch kommen[3].

In Manchester, der Heimatstadt Wildes, kam die elektrische Beleuchtung mit Wilde-Maschinen gelegentlich trotz der hohen Kosten und, wie die Journale schrieben, trotz des ungeheuren Lärms dieser Maschinen in Gebrauch, und zwar für photographische Ateliers. Das elektrische Licht ist im Gegensatz zum Sonnenlicht immer gleich stark und erlaubt deshalb eine genauere Schätzung der Belichtungszeiten; als besonderer Vorteil wurde gerühmt, daß man jetzt Tag und Nacht photographieren kann[4].

Schon im Frühjahr 1867 konnte man einen Umschwung in den Ansichten über die industrielle Bedeutung der Maschinen Wildes wahrnehmen[5]. In der technischen Presse hieß es jetzt, man habe sich bei der Beurteilung der Wildeschen Konstruktion einer Täuschung hingegeben, aber jetzt habe es sich gezeigt, daß die Leistung der antreibenden Kraftmaschine mit der Tragkraft der Magnete wachsen muß und daß mit der Erhöhung der Tragkraft allein nach dem Wildeschen Prinzip noch gar

---

[1] Schellen, H.: Die dynamoelektrischen Maschinen. Carls Repertorium für Experimentalphysik . . ., Bd. 4, S. 135—138. München 1868.

[2] Brief vom 8. März 1867.

[3] Engineer 21 (1866) S. 455.

[4] Dingl. J. 183 (1867) S. 163, nach Mech. Mag. Oct. 1866, S. 241(x).

[5] Dingl. J. 184 (1867) S. 21—22, nach Mech. Mag. vom 8. März 1867.

nichts gewonnen sei. Die geringe Vertrautheit der damaligen Ingenieure mit dem Energieprinzip, die sich hier offenbart, ist wohl die Hauptursache der übertriebenen Hoffnungen gewesen.

Die Schwierigkeiten, mit denen Wilde selbst zu kämpfen hatte, lagen auf einem anderen Gebiet. Seine Maschinen litten an der gleichen Erscheinung wie die frühen Dynamomaschinen, sie hatten unerträglich hohe Eisenverluste, sie wurden zu warm. Wilde sah schließlich keinen anderen Ausweg mehr als die Beschränkung auf kleine Leistungen und die Verteilung größerer Leistungen auf mehrere Maschinen. Vorher hatte er es noch mit einem Kuriosum versucht; er kühlte die Maschinen mit Wasser, das er dann als heißes Speisewasser dem Dampfkessel zuführte.

Als nun die Firma Elkington, die vor Jahren auch Woolrich gefördert hatte, von Wilde die Bereitstellung einer hohen Leistung verlangte, verteilte er sie auf zwanzig kleine Maschinen mit je dreieinhalb Zoll Ankerdurchmesser. Diese Maschinen wurden von zwei ebenso großen Maschinen erregt, die selbst wieder von zwei kleineren magnetelektrischen Maschinen fremderregt wurden. Dabei erwartete Wilde nun erhebliche Schwierigkeiten beim Aufrechterhalten des Synchronismus zwischen den zwanzig Wechselstrommaschinen; den Gedanken an eine gemeinsame Welle, also an starre Kupplung der Maschinen — wie die Ingenieure der Alliance-Gesellschaft dieses Problem gelöst hatten — mußte er aus betrieblichen Gründen fallen lassen. Er machte nun Versuche über das Verhalten beliebig zusammengeschalteter Wechselstromsynchronmaschinen und erhielt das verblüffende Ergebnis, daß sie sich gegenseitig im Synchronismus halten, und daß es eine synchronisierende Kraft gibt, die sie nach Störungen wieder in den Synchronismus hineinzieht. Zwei Jahrzehnte später wurden diese Erscheinungen für die Elektrotechnik ungeheuer wichtig[1].

XIV. Die Dynamomaschine.

Die Influenzmaschine. Die Erscheinung, daß ungefähr gleichzeitig an drei verschiedenen Stellen an der Entwicklung selbsterregter Maschinen gearbeitet wurde, ist wohl kaum ein Zufall. Die Nachrichten über die Wildeschen fremderregten Maschinen, die im Frühjahr und Sommer des Jahres 1866 veröffentlicht wurden, haben auslösend gewirkt. Als die letzte noch unbekannte Möglichkeit zur Erregung elektrischer Maschinen war die Selbsterregung zwar gewissermaßen zwangsläufig das Ziel und Endergebnis der ingenieurmäßigen Forschungs- und Entwicklungsarbeiten auf diesem Gebiet, aber es muß doch überraschen, daß diese Lösung so schnell gefunden wurde. Das läßt sich nur durch den bisher unbeachtet gebliebenen Umstand erklären, daß sowohl Siemens als auch Wheatstone und S. A. Varley die kurz vorher erfundenen Influenzmaschinen gekannt und mit den in diesen stattfindenden Selbst-

---

[1] Wilde, H.: On a property of the electric current to control and rendersynchronous the rotations of the armatures of a number of electro-magnetic induction machines. Proc. Liter. Philos. Soc., Manch. 8 (1869) S. 62—69, 81; Phil. Mag. 4th ser. 37 (1869) S. 54—62.

erregungsvorgängen vertraut waren. Der Analogie zwischen den magnetelektrischen bzw. dynamoelektrischen Maschinen und den Influenzmaschinen ist man sich in der Starkstromtechnik auch später immer bewußt gewesen[1].

Werner Siemens und Wheatstone hielten ihre Dynamomaschinen für elektromagnetische Gegenstücke zu den elektrostatischen Influenzmaschinen. Siemens sprach in dem vielzitierten Brief an seinen Bruder William vom 4. Dezember 1866 von dieser Analogie und nannte seine Maschine „mit anderen Worten eine Holtzsche Maschine angewandt auf Electromagnetismus“. Wheatstone sagte von diesen Beziehungen, „daß die Analogie zwischen den eben erörterten magneto-elektrischen Erscheinungen und denjenigen, welche bei den Elektrisiermaschinen für statische Elektrizität, wie solche in neuerer Zeit von Holtz u. a. zum Vorschlage kamen, hervorgebracht werden, als evident angenommen werden kann; bei meinen Untersuchungen hat sich gezeigt, daß durch die geringe Zunahme der Kraft eines schwachen Magnetes — wenn jene Vergrößerung in unmittelbarer und rascher Aufeinanderfolge stattfindet — in reziproker Weise eine bedeutende induktive Aktion erzeugt werden kann, während bei der neuen Elektrisiermaschine durch Aufwand einer sehr geringen Menge von Elektrizität bedeutende Influenzwirkungen hervorgebracht werden ...“[2].

Von Samuel Alfred Varley ist bekannt, daß er die von seinem Bruder Cromwell Fleetwood Varley 1860 erfundene selbsterregte Influenzmaschine als Vorbild für eine nach dem gleichen Prinzip arbeitende magnetelektrische Maschine genommen hatte[3]. C. F. Varley selbst erkannte die Verwandtschaft der Maschinen von Siemens und Wheatstone mit den elektrostatischen Maschinen[4], sprach aber mit keinem Wort von der Konstruktion seines Bruders.

Siemens im Sommer und Herbst 1866. Von Siemens, Varley und Wheatstone wissen wir, daß sie im Sommer 1866 die Apparate in Auftrag gaben, die sie dann zu ihren Entdeckungen führten. Wir kennen sogar die Namen der ausführenden Mechaniker, und jeder dieser Mechaniker bezeugte später, daß ihm die wirklich erste dynamoelektrische Maschine in Auftrag gegeben worden sei. Von solchen Zeugnissen ist indessen nicht viel zu halten, denn wir wissen nicht, ob die Maschinen von vornherein nach dem dynamoelektrischen Prinzip arbeiten sollten.

Carl Müller, damals Meister bei Siemens & Halske und später selbständiger Schlossermeister in Berlin, berichtete über die Vorgänge

---

[1] Thompson, S. P.: On the analogies of influence-machines and dynamos. Phys. Soc. Proc., Lond. 9 (1888) S. 260—262 (x). — Ollendorff, F.: Die Analogie zwischen elektromagnetischen und Influenzmaschinen. Elektrotechn. Z. 45 (1924) S. 210—213.

[2] Dingl. J. 184 (1867) S. 20.

[3] Lee, A. G.: The Varley brothers. J. Instn. electr. Engrs. 71 (1932) S. 958 bis 964; Electr. Rev. 110 (1932) S. 407.

[4] Varley, C. F.: On certain points in the theory of the magnetoelectric machines of Wilde, Wheatstone, and Siemens. Proc. Roy. Soc., Lond. 15 (1867) S. 403—404. — Thompson, S. P.: The influence machine from 1788 to 1888. J. Soc. Telegr. Engn. Electr. 17 (1888) S. 569—635.

bei der Siemensschen Erfindung folgendes[1]. An einem Tag zwischen dem 16 und dem 20. September 1866 habe Werner Siemens ihn mit dem Bau einer kleinen magnetelektrischen Maschine beauftragt, die statt der Dauermagnete batterieerregte Elektromagnete haben sollte. Bei den Experimenten mit dieser Maschine sei sie von Siemens auch auf Selbsterregung geschaltet und die Batterie sei herausgenommen worden. Die Wirkungen dieser Maßnahmen seien verblüffend gewesen: „Blitzartig fühlte jeder die Größe des getanen Schrittes!" Neun Jahre später, als er schon sehr alt und als Zeuge in einer wichtigen Prioritätsfrage auch wohl nicht mehr zuverlässig genug war, hat Müller sich ausführlicher geäußert und dabei auch ein anderes Datum angegeben, die Zeit zwischen dem 26. und dem 31. August 1866. In diesen Tagen wollte er den Auftrag erhalten haben, einen Läute-Induktor zu bauen, bei dem die teuren und unzuverlässigen Dauermagnete durch Elektromagnete mit Batterieerregung ersetzt waren. Der Apparat sei in kurzer Zeit fertiggestellt worden, und noch Anfang September habe Siemens nach einer Reihe von Versuchen den Übergang zur Selbsterregung vorgenommen; er, Müller, habe die kurzgeschlossene Maschine drehen müssen und dazu eine unerwartet hohe Kraft anwenden müssen, worüber sein Chef sehr erfreut gewesen sei. Die Zeit könne er wegen des zeitlichen Zusammenfallens der Ereignisse in der Werkstatt mit Ereignissen in seiner Familie mit Sicherheit angeben.

Siemens selbst sprach immer nur unbestimmt vom Herbst 1866 als der Zeit der Entdeckung des dynamoelektrischen Prinzips. Eine genauere Angabe machte er später einmal in einem Brief an seinen Bruder Carl: „Im Oktober habe ich die Sache mit Frischen schon ausführlich besprochen, und im Dezember war schon die zweite Maschine im Gange. Das läßt sich nachweisen"[2]. Diese Besprechung mit Frischen müßte Anfang Oktober 1866 stattgefunden haben, denn Siemens war vom 15. Oktober bis zum 1. November in London und kehrte erst am 4. November wieder nach Berlin zurück.

Befreundeten Berliner Physikern zeigte Siemens im Dezember 1866 die erste dynamoelektrische Maschine, doch läßt sich das genaue Datum nicht mehr ermitteln. Als es 1877 zu dem großen Streit um die Priorität der Erfindung der Dynamomaschine kam, wandte er sich an diese Gelehrten, von denen jedoch keiner sich des Tages entsinnen konnte. Professor Quincke konnte aber wenigstens ausführlich über alle anderen Umstände berichten; es seien allerlei elektrothermische und elektrochemische Versuche gemacht worden, und Siemens habe auch über die Möglichkeit der elektrischen Kraftübertragung gesprochen. Quincke[3] und in einer Zuschrift an die Zeitschrift „Engineering" auch William Siemens behaupteten, es sei damals auch elektrisches Bogenlicht vorgeführt worden, aber Carl Siemens war in einem Brief an Werner vom 1. Dezember 1877 der Ansicht, daß hier ein Irrtum vorliegen müsse,

---

[1] Elektrotechn. Z. 28 (1907) S. 86. — Aktennotizen über Besprechungen mit Müller, im Siemens-Arch. in Berlin-Siemensstadt.

[2] Brief an Carl Siemens vom 3. Dezember 1877; Siemens Briefe, S. 547.

[3] Brief vom 12. August 1882, mitgeteilt von A. Thomälen. BGT 7 (1916) S. 142.

denn im Dezember 1866 sei bestimmt kein elektrisches Licht gemacht worden.

Töpler behauptete gar, die Vorführung hätte im Juni stattgefunden[1], während Emil du Bois-Reymond sie wenigstens in den Winter verlegte und im übrigen zu dem ganzen Streite meinte: „Ich denke Du läßt den Varley laufen, in solchen Dingen kommt schließlich auf den praktischen Erfolg Alles an, denn was läßt sich nicht als möglich denken ?"[2].

Einen Hinweis könnte ein Brief von Magnus an Werner Siemens vom 23. Dezember 1866 bieten, in dem er bittet, Mr. Sabine möge ihm nach dem Weihnachtsfest den neuen Apparat zeigen; immerhin kann es sich dabei um die zweite damals schon gebaute Maschine handeln.

Die genauesten Angaben machte noch Carl Siemens in einem Briefe vom 5. Dezember 1877: „Dove, Dubois etc. waren bei Dir, als wir schon dort waren, also Ende Dezember 66".

Heinrich Gustav Magnus hatte sich bei den Vorführungen erboten, über die Erfindung sofort der Berliner Akademie der Wissenschaften zu berichten. Wegen der Weihnachtsferein konnte er seinen Bericht jedoch erst am 17. Januar 1867 erstatten[3]. Aus diesem Datum leitete Siemens seinen Prioritätsanspruch her. Das an sich älteste Dokument über die Siemenssche Erfindung ist der Brief an William Siemens vom 4. Dezember 1866: „ich habe eine neue Idee gehabt die aller Wahrscheinlichkeit nach reüssiren und bedeutende Resultate geben wird . . ."[4] (Abb. 94).

Der Erfindungsgedanke bei Siemens. In seinen Lebenserinnerungen[5] erzählt Siemens, daß er sich im Herbst 1866 mit der Verbesserung der Minenzündmaschinen befaßt habe und dabei auf den Gedanken kam, den in den elektromagnetischen Maschinen auftretenden „Gegenstrom" oder „Extrastrom" zu benutzen. Er überlegte so: Wenn eine elektromagnetische Maschine von einer Batterie gespeist wird und als Motor läuft, dann ist der entstehende „Extrastrom" dem Batteriestrom entgegengesetzt gerichtet und schwächt ihn; wenn die Maschine aber bei unveränderter Schaltung durch eine äußere Kraft im entgegengesetzten Drehsinne angetrieben wird, dann muß jetzt der Extrastrom den Batteriestrom verstärken, und die Maschine muß als kräftiger Stromerzeuger wirken. Versuche bestätigten diese Überlegungen, und es zeigte sich, daß man bei laufender Maschine auch dann Strom erhält, wenn die Batterie abgeschaltet bzw. kurzgeschlossen wird. „Man kann mithin allein mit Hülfe von Drahtwindungen und weichem Eisen Kraft in Strom umwandeln wenn nur der Impuls gegeben wird." Soweit waren um diese Zeit auch schon Whitmell und Farmer gelangt. Das Neue und eigentlich Entscheidende bei Siemens bringt der nächste Satz: „Dieses Geben des Impulses, welcher die Stromrichtung bestimmt, kann auch durch den rückbleibenden Magnetismus oder durch ein Paar Stahlmagnete welche dem Kern stets einen schwachen Magnetismus geben, geschehen. Die

---

[1] Brief vom 12. Dezember 1877.
[2] Brief vom 15. November 1877.
[3] Siemens Leben, S. 252—253.
[4] Siemens Briefe, S. 259—260.
[5] Siemens Leben, S. 252.

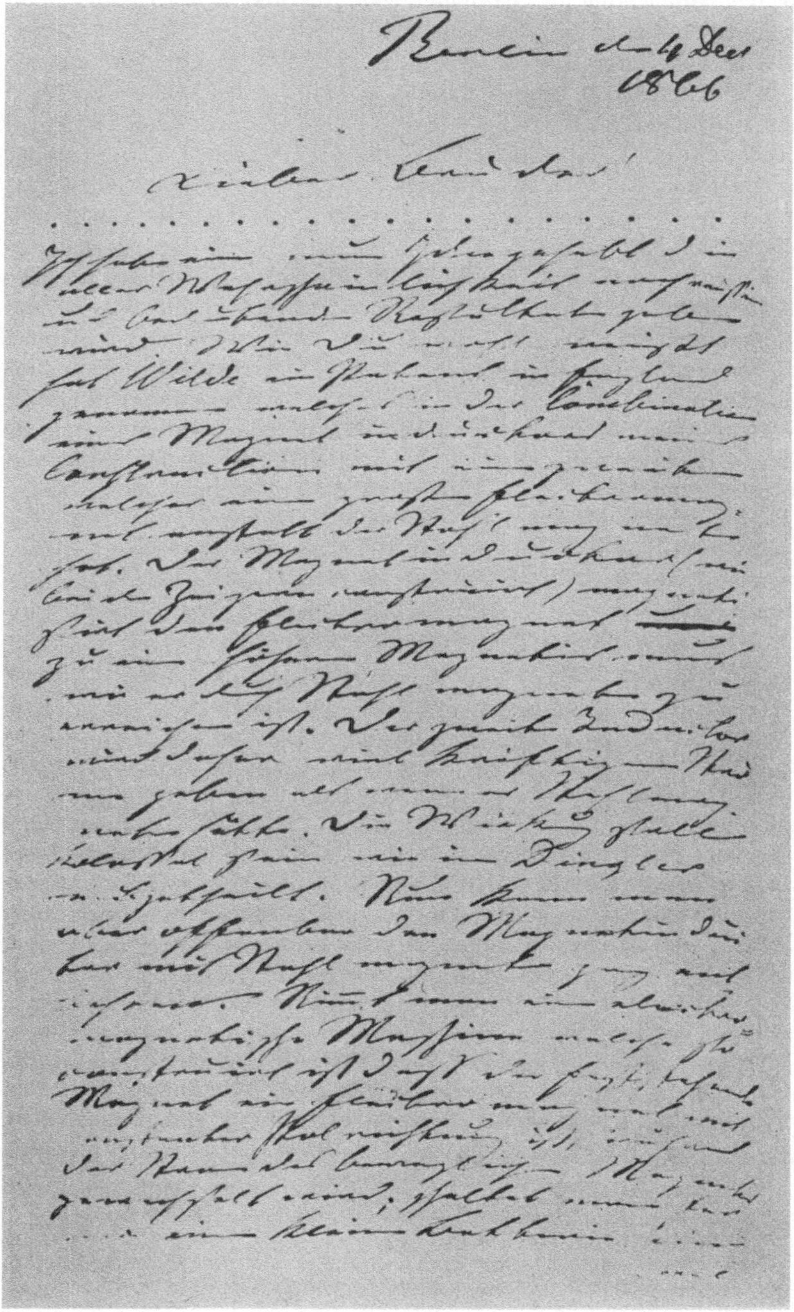

Abb. 94. Brief von Werner Siemens an William Siemens vom 4. Dezember 1866.

Effecte müssen bei richtiger Construction kolossal werden. Die Sache ist sehr ausbildungsfähig und kann eine neue Aera des Electromagnetismus anbahnen"[1].

Es ist sehr interessant, daß Siemens nicht von den vorhandenen magnetelektrischen Maschinen ausging, vor allem nicht von den Hjorth- schen Maschinen mit zusätzlicher Selbsterregung, die er anscheinend gar nicht kannte, und daß die Kenntnis der Hjorthschen Selbsterregung für den Übergang zum dynamoelektrischen Prinzip überhaupt nicht nötig war. Siemens hat unabhängig von seinem Vorläufer die Theorie des Selbsterregungsvorganges noch einmal aufgestellt und darüber in seiner von Magnus verlesenen Mitteilung an die Akademie „Über die Um- wandlung von Arbeitskraft in electrischen Strom ohne Anwendung per- manenter Magnete"[2] folgendes gesagt: „Da diese Verstärkung des Stromes auch eine Verstärkung des Magnetismus des Electromagnets mithin auch eine Verstärkung des folgenden induzirten Stromes hervorbringt, so wächst der Strom der Kette in rascher Progression bis zu einer solchen Höhe, daß man sie selbst ausschalten kann, ohne eine Verminderung des- selben wahrzunehmen ... Der geringe Grad von Magnetismus, welcher auch im weichsten Eisen stets zurückbleibt, genügt aber, um bei wieder- eintretender Drehung das progressive Anwachsen des Stromes im Schlies- sungskreise von Neuem einzuleiten." Solche Gedankengänge mußten Werner Siemens ganz besonders liegen, da sie in einem gewissen Sinne auch mit dem Regenerativprinzip seines Bruders Friedrich Siemens (geb. 8. Dezember 1826 in Menzendorf, gest. 24. Mai 1904 in Dresden) verwandt waren, mit dem er vollkommen vertraut war.

Von dem Strom der neuen Maschinen sagte Siemens, daß er bis zur Zerstörung der Isolation anwachsen kann und im Gegensatz zu den gewöhnlichen magnetelektrischen Maschinen den Abmessungen der Ma- schinen proportional sei. Dieser Unterschied in den Wachstumsgesetzen für die Leistung ist nach Siemens auf den Einfluß der Dauermagnete zurückzuführen, denn deren Kraft ließe sich nicht ohne Verluste durch Entmagnetisierung auf kleine Polflächen konzentrieren und sei auch nicht dem Gewicht proportional. Deshalb habe man bisher nur bei ge- waltigen Abmessungen und mit entsprechenden Kosten Maschinen für elektrisches Licht bauen können, die überdies im Laufe der Zeit viel von ihrer Kraft verlören. Wilde habe durch Anwendung der Fremderregung diese Mängel zwar vermindern können, sei aber immer noch von den unzuverlässigen Stahlmagneten seiner Erregermaschinen abhängig.

Die Mitteilung von William Siemens an die Royal Society in London enthält nichts wesentlich Neues gegenüber dem Berliner Bericht[3]. Übrigens hat William Siemens den Hergang der Erfindung später

---

[1] Siemens Briefe, S. 259—260.

[2] Monatsberichte der Königlich Preußischen Akademie der Wissenschaften zu Berlin. Aus dem Jahre 1867. Berlin 1868, S. 55—58. — Siemens, W.: Wissen- schaftliche und technische Arbeiten, Bd. I, S. 208—210; II, S. 234—236. Berlin 1889.

[3] Siemens, C. W.: On the conversion of dynamical into electrical force without the aid of permanent magnetism. Proc. Roy. Soc., Lond. 15 (1867) S. 367 bis 369.

anders beschrieben[1] als sein Bruder. Danach sei das erste Experiment im Dezember 1866 gemacht und noch vor Weihnachten den Berliner Physikern gezeigt worden. Anlaß dazu sei eine Unterhaltung zwischen ihm und seinem Bruder über die Natur des Energieprinzips gewesen; Werner Siemens habe aus diesem Gesetz auf die Umkehrbarkeit von Stromerzeuger und Motor geschlossen und habe zum Nachweis der Richtigkeit seiner Auffassung das bekannte Experiment gemacht. William Siemens muß sich irren, denn die Umkehrbarkeit brauchte damals nicht mehr entdeckt zu werden, weil sie allen Physikern bekannt war.

Die erste Siemens-Dynamo. Die erste Dynamomaschine von Werner Siemens, die heute im Deutschen Museum in München aufbewahrt

Abb. 95—97 (Abb. 96 u. 97 s. S. 136). Erste Dynamomaschine von Werner Siemens.

wird, ist durch Umbau aus einer magnetelektrischen Doppel-T-Ankermaschine entstanden. Natalis, der sie eingehend untersuchte und beschrieben hat[2], gab folgende Daten an:

Feldwicklung:

Drahtstärke . . . . 2,7 mm
Mittlere Windungslänge . . . . 0,784 m
Windungszahl für einen Schenkel 2 Lagen zu 47 Windungen
Widerstand . . . . 0,62 Ohm

Anker:

Drahtstärke . . . . 1,9 mm
Mittlere Windungslänge . . . . 0,764 m
Windungszahl . . . . etwa 90
Widerstand . . . . 0,455 Ohm

Die Drehzahl, mit der Siemens die Maschine betrieben hat, ist nie bekannt geworden, und Natalis hat seine Versuche bei dem von ihm für wahrscheinlich gehaltenen Wert n = 1250 U/min gemacht, bei dem die Nutzleistung 26—29 Watt betrug; es ist anzunehmen, daß die Ma-

---

[1] Engineering 24 (1877) S. 348.
[2] Natalis, F.: Die erste Dynamomaschine von Werner Siemens im Lichte neuzeitlicher Meßtechnik. Wiss. Veröff. Siemens-Werk 14 (1935) S. 1—15.

schine früher schneller gedreht worden ist, denn von einer anderen kleinen magnetelektrischen Maschine ist eine Betriebsdrehzahl von 4000 U/min überliefert worden. Wenn man die gleiche Stromstärke wie Natalis zugrunde legt, dann beträgt, der höheren Anker-EMK entsprechend, die Nennleistung der ersten Maschine in ihrem wahrscheinlichen Drehzahlbereich doch wenigstens 35—40 Watt.

Das Eisen der Maschine ist nicht unterteilt, so daß Siemens ständig mit den Erwärmungsschwierigkeiten kämpfte. Schwierigkeiten bei der Stromwendung scheint es dagegen nicht gegeben zu haben, weil die seit Jahren bekannte Bürstenverstellung angewandt wurde; es wurde der dem Leistungsmaximum entsprechende Winkel von 41° fest eingestellt.

Siemens hat diese und bis 1880 auch alle späteren Maschinen für Reihenschlußschaltung gebaut. Nach den Messungen von Natalis verbleibt von der Ankerleistung nur eine Nutzleistung von 37%, so daß die Erregung bei der allerdings unwahrscheinlichen Drehzahl von 1250 U/min also fast zwei Drittel der Ankerleistung erfordert (Abb. 95—97).

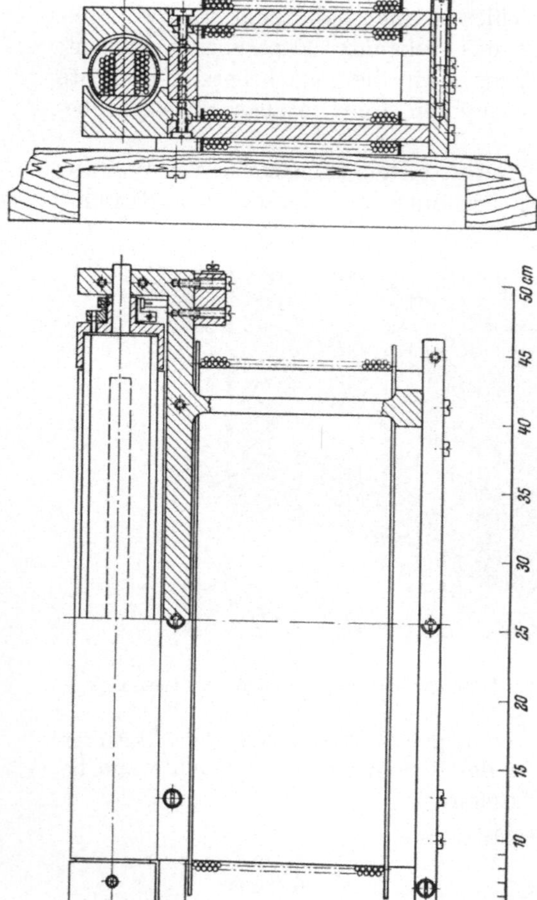

Abb. 96 u. 97.

Siemens im Jahre 1867. Die eben beschriebene erste Dynamomaschine war noch eine behelfsmäßige Versuchsausführung. Solche Kleinmaschinen wurden auch weiterhin in Berlin und von der Londoner Siemens-Firma gebaut und auch auf der Weltausstellung in Paris 1867 gezeigt. Der Übergang zu größeren Maschinen wurde wohl schon im Dezember 1866, spätestens aber im Januar 1867 versucht. Die Bemühungen um eine industriereife Form erkennt man auch aus dem englischen Patent auf die Dynamo[1], denn die darin beschriebene Konstruktion erinnert schon stark an später praktisch verwendete Bauarten. Der am 31. Januar 1867 von William Siemens beantragte Patentschutz wurde bewilligt, obwohl dem Patent Office doch schon die fünf Wochen ältere Anmeldung von Varley vorlag. Das endgültige Patent vom 31. Juli umfaßt neben der Dynamomaschine und ihrer Anwendung zur Küstenbeleuchtung auch eine Ringläufermaschine, bei der Siemens alle Erwärmungsschwierigkeiten zu vermeiden hoffte. In einem Briefe an William vom 28. Mai erinnerte er daran, daß er schon vor Jahren eine derartige Maschine entworfen, dann aber zugunsten der Tellermaschine wieder aufgegeben habe. Nun sei er auf der Weltausstellung beim Anblick der Kravoglschen Maschine wieder an diese alte Idee erinnert worden; er habe auch die ihm zum Kauf angebotene Maschine des Innsbrucker Mechanikers erwerben wollen, aber wegen der sich weiter steigernden Geldforderungen des Erfinders hätten die Verhandlungen sich zerschlagen.

Der „große Induktor", von dem in den Briefen aus dieser Zeit so oft die Rede ist, bereitete seinem Erbauer ungeheure Schwierigkeiten, deren geringste noch darin bestand, daß man in den Werkstätten von Siemens & Halske zwar sauberste und genaueste Mechanikerarbeit zu leisten gewohnt war, bisher aber noch keine Erfahrungen im Bau starker Maschinen hatte sammeln können; oft wird geklagt, daß die Welle des Induktors sich „wie eine Reitgerte" biegt, wenn der Stromkreis geschlossen wird. Diesem Mangel konnte man verhältnismäßig leicht abhelfen, aber dem viel größeren Übel der hohen Eisenverluste stand man jahrelang machtlos gegenüber. Es fiel Siemens bald auf, daß das Eisen der großen Maschine sehr heiß wurde, obwohl das Wicklungskupfer sich nur wenig erwärmt hatte. Nun war zwar die Erwärmung durch Wirbelströme schon seit vielen Jahren bekannt und durch das Foucaultsche Experiment seit 1855 auch leicht demonstrierbar gemacht worden, aber Siemens hatte Ursache zu vermuten, daß diese „wissenschaftlich ganz neue" Erwärmungserscheinung auf Verluste beim Ummagnetisieren der Eisenmoleküle zurückzuführen sei und eine Parallele in den dielektrischen Verlusten habe[2]. Durch diese Überschätzung der Hystereseverluste sah er sich vorerst zum Verzicht auf den Bau großer Maschinen für die Praxis veranlaßt. Auch der „neue große Induktor", eine Doppelmaschine mit zwei Ankern, deren einer nur den Erregerstrom zu liefern hatte, wies starke Erwärmungserscheinungen auf, so daß Siemens Bedenken hatte, ihn auf die Weltausstellung zu schicken[3]. Außer den Maschinen mit einem und mit zwei Ankern wollte Siemens auch Dynamos mit Zweiwicklungsankern bauen, die besonders bei hohem äußeren Widerstand

---

[1] Engl. Pat. Nr. 261 vom 31. Januar 1867 (provisional specification) bzw. vom 31. Juli 1867 (specification).

[2] Briefe von Werner Siemens an William Siemens vom 2. und 28. Februar 1867, 23. Februar 1867, 28. Mai 1867; Siemens Briefe, S. 262, 264, 272.

[3] Werner Siemens an William Siemens. Brief vom 3. Juni 1867; Siemens Briefe, S. 272.

zweckmäßig seien; ob er diese am 13. Februar 1867 mitgeteilte Idee (Brief an William) ausgeführt hat, ist unbekannt; wahrscheinlich ist es deshalb nicht, weil Henry Wilde sich dieses Verfahren sechs Wochen später in England patentieren ließ.

Wegen der Erwärmungsschwierigkeiten beschränkte Siemens sich zunächst auf die Lieferung kleiner Maschinen und stellte die Leuchtturmfrage, die er nach einem Brief vom 15. Januar in die Hand nehmen wollte, ebenso zurück wie die Kraftübertragungspläne z. B. von den Braunkohlengebieten nach Berlin und die ebenfalls schon 1867 entwickelten Projekte zum Bau elektrischer Bahnen[1]. Von den Kleinmaschinen ist besonders die Minenzündmaschine (Abbildung 98)[2] sehr bekannt und in großer Zahl gebaut worden.

Der erste Versuch, die elektrische Beleuchtung mit Siemens-Maschinen in die Praxis einzuführen, scheint im Herbst 1868 gemacht worden zu sein; damals wurde eine kleine Anlage für das bayerische Heer geliefert.

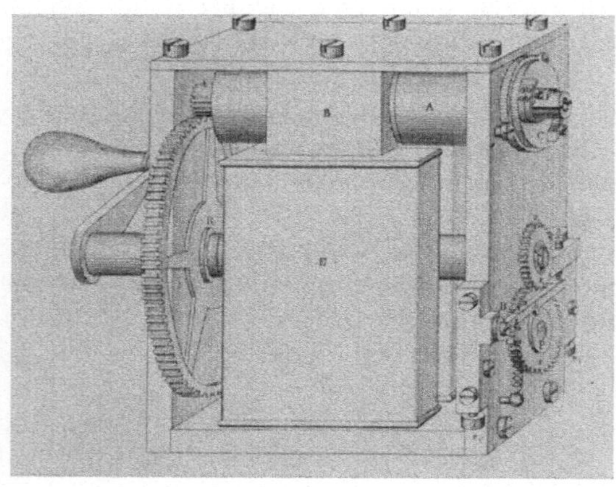

Abb. 98.
Minenzündmaschine von Werner Siemens.

Weitere Arbeiten von Siemens an der Dynamomaschine. Für die Geschichte der Technik sind die Ereignisse der Jahre 1866 und 1867 nur der Auftakt für die eigentliche Entwicklung der Starkstromtechnik. Jetzt begann zunächst die technische Ausgestaltung und die Verwertung des dynamoelektrischen Prinzips, und die hier geleistete Ingenieurarbeit ist kaum geringer einzuschätzen als die Entdeckung des Prinzips selbst. Daß 1867 von einem geschäftlichen Erfolg der neuen Erfindung noch nicht die Rede sein konnte, zeigt ein Brief von William an Werner Siemens vom 20. Dezember 1867, in dem es heißt: „Mit Deinem Dynamo Elektrischen Apparate haben wir hier noch gar keine Geschäfte gemacht, obgleich wir einen Apparat auf Bestellung ausführten und dran hängen blieben." Das bezieht sich auf die Londoner Firma. In Berlin sah es etwas besser aus, denn hier wurden, wie die noch erhaltenen Fakturenbücher ausweisen, zwischen dem 26. Juni und dem 19. Dezember 1867 insgesamt sechs Dynamomaschinen an Kunden verkauft. Auf keinen Fall darf man aber annehmen, daß mit dem Erscheinen der Dynamomaschine eine plötzliche Aufwärtsentwicklung der Starkstromtech-

---

[1] Siemens Briefe, S. 709—711.

[2] Siemens, W.: Wissenschaftliche und technische Arbeiten, Bd. II, S. 237 bis 241. Berlin 1889.

nik eingesetzt habe. In einem Bericht über die Wiener Weltausstellung 1873 schreibt ein französischer Fachmann[1]: „Die Construction der magnetelektrischen Maschinen befindet sich noch in ihrer Kindheit. Obgleich man sich von Apparaten, welche die Triebkraft direct in Elektricität umwandeln, außerordentliche Vortheile für die Industrie versprechen darf, so gibt es doch auf der ganzen Erde kaum sechs Fabrikanten industrieller Maschinen dieser Kategorie.‘‘ Von diesen sechs Fabrikanten waren vier in Wien vertreten, nämlich Siemens & Halske in Berlin, Siemens in London, Gramme in Paris und die Gesellschaft L'Alliance.

Daß es nur langsam vorwärts ging, lag nicht nur an den Schwierigkeiten, mit denen der Elektromaschinenbau zu kämpfen hatte. Der Einsatz der Maschinen war noch viel zu teuer, und auf der Seite der Stromverwendung waren die Hindernisse vielleicht noch größer als bei der Stromerzeugung: das änderte sich erst 1879 mit der Einführung der Glühlampe.

Die Konstrukteure dynamoelektrischer Maschinen mußten vor allem das Erwärmungsproblem lösen, denn die Eisenverluste bereiteten bei jeder Leistungssteigerung ungeheure Schwierigkeiten. Zur Abhilfe bediente man sich sehr umständlicher Maßnahmen, besonders bei der Firma Siemens & Halske: man wandte Wasserkühlung an, ließ bei ruhendem Ankereisen nur die Ankerwicklung rotieren und versuchte noch viele andere Mittel. Von dem richtigen Wege, der Unterteilung des Eisens, schien Werner Siemens in Überschätzung seiner neuen Hystereseverluste nicht viel zu halten, während Gramme dagegen schon 1870[2] bei seinen Ankern den Aufbau sowohl aus massivem Eisen als auch aus Eisendraht vorsah. Am 12. Januar 1871 schrieb Carl Siemens aus London in einem Brief folgendes: „Gestern hat mich ein Erfinder eine Stunde lang mit seinen Ideen gelangweilt und ich habe ihm versprochen, ihm möglichst bald eine Antwort zu geben. ... 1. will er die Elektromagnet-Spindel aus vielen einzelnen, durch Nichtleiter voneinander getrennte Eisenplatten zusammensetzen. Dadurch soll halbe Kraft gespart und die Erhitzung beseitigt werden. Versuche das doch mal.‘‘ Werner Siemens antwortete schon am 14. Januar und schickte die Zeichnungen eines bereits ausgeführten Probeankers mit. „Schwierig anzufertigen und Wirkung nicht viel besser wie mit eingesägtem Anker.‘‘ Es geht daraus hervor, daß er spätestens Ende 1870 ebenfalls schon die Unterteilung des Eisens angewandt hatte, doch scheint er unglücklicherweise die Blechdicke nicht klein genug gewählt zu haben.

A. Pellerin, dem man die Unterteilung gewöhnlich zuschreibt, scheint weder Erfahrungen mit Eisenverlusten noch überhaupt mit Maschinen gehabt zu haben und hat in guter Absicht vom grünen Tisch aus seinen Vorschlag gemacht [3]. Die zitierten Briefe beweisen, daß Siemens schon drei Jahre früher diese Idee auf ihre Brauchbarkeit untersucht hatte.

---

[1] Fontaine, H.: Die magnet-elektrischen Maschinen auf der Wiener Weltausstellung. Dingl. J. 211 (1874) S. 260—262.

[2] Engl. Pat. Nr. 1668 vom 9. Juni 1870.

[3] Comptes rendus 77 (1873) S. 561.

Die Schwierigkeiten beim Bau der dynamoelektrischen Maschinen waren auch der Grund dafür, daß die alten und auch neue magnetelektrische Maschinen sich noch über ein Jahrzehnt in der Praxis halten konnten und selbst von Siemens gebaut wurden. Noch 1883 wurde nachzuweisen versucht[1], „daß wir für die Zwecke der Kraftübertragung von den heute bekannten Maschinen entschieden den magnetelektrischen den Vorzug zu geben haben.“

Charles Wheatstone. Sir Charles Wheatstone (geb. Februar 1802 zu Gloucester, gest. 19. Oktober 1875 in Paris)[2], einer der erfolgreichsten Elektroingenieure des vorigen Jahrhunderts, der Mann, dem England die Einführung der elektrischen Telegraphie verdankt, der wertvolle Telegraphenkonstruktionen geschaffen und sich auch als Physiker einen Namen gemacht hat, kam bei seinen Arbeiten immer wieder mit dem Problem der Stromerzeugung mit Maschinen in Berührung. Er ist wahrscheinlich der erste gewesen, der das Problem der stetigen Stromerzeugung erkannt hat, aber seiner Lösung, der Mehrfachmaschine, haften noch grundsätzliche Mängel an.

Wheatstones Stromerzeuger aus den letzten Jahren vor der Erfindung der Dynamomaschine haben mit dieser nichts zu tun. Ein 1858 patentierter und für die Telegraphie bestimmter Apparat[3] besitzt eine Scheibe, die um einen dem gewünschten Zeichen entsprechenden Winkel gedreht wird und dabei einen Anker vor einem Magnet eine bestimmte Zahl von Schwingungen machen läßt; hier wie auch in einem zwei Jahre jüngeren Patent[4] findet sich wieder die Idee des spulenlosen Weicheisenläufers. 1858 wird Wheatstone wieder einmal die Saxton-Maschine geschützt[5]; auch dieser Fall beweist, daß man aus Patenten allein, insbesondere aus englischen, nicht zu einer wirklichkeitstreuen Geschichte der technischen Ideen kommen kann.

Wheatstone und die Dynamomaschine. Wheatstones Schwiegersohn Robert Sabine, der jahrelang bei Siemens tätig und sein vertrauter Mitarbeiter bei der Entwicklung der Dynamomaschine war, hat 1877 Mitteilungen über die Entstehung des dynamoelektrischen Stromerzeugers von Wheatstone gemacht. Auch hier ist uns der Name des Mechanikers überliefert, der die Maschine baute; es ist Stroh in London[6]. Leider sind wir über die leitenden Gedanken bei der Erfindung gar nicht unterrichtet. Es ist aber so gut wie ausgeschlossen, daß Wheatstone von vornherein eine reine dynamoelektrische Maschine hat bauen wollen. Er wird durch die Berichte über Wildes Konstruktion angeregt worden sein, und die nach Sabine schon im Juli und August 1866 gebaute Wheatstonesche Maschine war sicher für Fremderregung gedacht. Daß

---

[1] Japing, E.: Elektrische Kraftübertragung (Elektrotechnische Bibliothek, Bd. 2), S. 27. Wien, Pest, Leipzig 1883.

[2] Proc. Roy. Soc., Lond. 24 (1876) S. XVI—XXVII. — Jeans, W.: Lives of the electricians. London 1887, S. 105—230. — Dict. Nat. Biogr. 60 (1899) S. 435 bis 437.

[3] Engl. Pat. Nr. 1241 vom 2. Juni 1858.

[4] Engl. Pat. Nr. 2462 vom 10. Oktober 1860; Dingl. J. 175 (1865) S. 117—122.

[5] Engl. Pat. Nr. 1239 vom 2. Juni 1858.

[6] Engineering 24 (1877) S. 415.

es bedenklich ist, aus der Konstruktion der Maschinen allein auf die Kenntnis des dynamoelektrischen Prinzips schließen zu wollen, zeigen auch die Berichte über Jedlik und Callan.

Wheatstone trat mit seinem Vortrag über das dynamoelektrische Prinzip am 15. Februar 1867 an die Öffentlichkeit, in der gleichen Sitzung der Royal Society in London, in der auch William Siemens über die Entdeckung seines Bruders sprach. Siemens sprach zuerst, weil er seinen Vortrag zehn Tage vor Wheatstone angemeldet hatte. Am 4. Februar hatte er seine Abhandlung eingereicht und am 9. Februar schrieb er nach Berlin, daß Wheatstone einen Prioritätsanspruch anmelden würde. Etwas ironisch schrieb Werner Siemens zurück[1]: „Auf Wheatstones Prioritätsclaim bin ich neugierig! Schade, daß er dann so dumm oder so böswillig war, der Welt diese nützliche Erkenntniss so lange zu entziehen..!"

Wheatstone betonte in seinem Bericht[2] sofort, daß seine Maschine in ihrer Konstruktion der „elektromagnetischen" Maschine des Wildeschen Aggregates entspräche. Der einen halben Zoll starke und fünfzehn Zoll lange Magnetkern der Maschine (Abbildung 99) ist zu einem Hufeisen gebogen und mit 640 Fuß isolierten Drahtes von $^1/_{12}$ Zoll Stärke bewickelt. Als Anker wird ein Siemensscher Doppel-T-Anker benutzt, der achteinhalb Zoll lang und mit achtzig Fuß ebenfalls $^1/_{12}$ Zoll starken Drahtes bewickelt ist.

Abb. 99. Maschine von Wheatstone. La Lumière électrique 7 (1882) S. 11.

Auch Wheatstone beschreibt klar das gegenseitige Aufschaukeln von Magnetfeld und Strom, aber im Gegensatz zu Siemens äußerte er sich überhaupt nicht über die gewaltigen technischen Aussichten der neuen Erfindung. Er ließ seine Maschine durch zwei Männer drehen und war wie Siemens sehr erstaunt über den starken Widerstand, den der Anker der Drehung entgegensetzte.

Bei der von Wheatstone gewählten Kupferverteilung auf Feld und Anker war der Übergang von der Reihenschluß- zur Nebenschlußschaltung eine wichtige Verbesserung. Da Siemens von einer elektromagnetischen Reihenschlußmaschine ausgegangen war und die Kupferverteilung bei ihm für die Reihenschaltung von Feld und Anker günstiger war, erhielt jeder

____

[1] Brief von Werner an William Siemens vom 13. Februar 1867.

[2] Wheatstone, Ch.: On the augmentation of the power of a magnet by the reaction thereon of currents induced by the magnet itself. Proc. Roy. Soc., Lond. 15 (1867) S. 369—372; Philos. Mag. 4th ser. 33 (1867) S. 471—474; Dingl. J. 184 (1867) S. 15—22.

der beiden Erfinder an seiner eigenen Maschine mit der Schaltung des anderen schlechtere Ergebnisse als mit der eigenen und war deshalb geneigt, diese für die allein richtige zu halten. Zur Anpassung seiner Maschine an einen hohen äußeren Widerstand mußte Siemens, bevor er die Nebenschlußschaltung kannte, auf dem Anker zwei Wicklungen vorsehen, eine dem hohen äußeren Widerstand angepaßte und eine der gewöhnlich mit niedrigem Widerstand ausgeführten Feldwicklung angepaßte. Der Zustand, daß alle englischen Maschinen mit Nebenschlußschaltung, alle deutschen Maschinen mit Reihenschlußschaltung geliefert wurden, änderte sich erst, als mit dem Aufkommen der Glühlampen hohe Anforderungen an die Spannungshaltung gestellt wurden. Allerdings hat in Deutschland Emil Fein (1848—1898) in Stuttgart schon 1867 eine „Zweizylinder‟-Maschine mit Nebenschlußschaltung gebaut [1]; er hatte in London Versuchen von Wheatstone beigewohnt und auch die Laddsche Konstruktion kennengelernt, die er als Vorbild benutzte.

Im April 1867 waren Siemens und Wheatstone als Mitglieder der Jury gemeinsam auf der Pariser Weltausstellung tätig, ohne daß Meinungsverschiedenheiten wegen der Erfindung der Dynamomaschine das gute Einvernehmen und die Zusammenarbeit gestört hätten; „der neue Inductor schien ihn aber zu ärgern, obgleich ich von ‘notre invention’ sprach‟[2]. (Werner Siemens.)

Die Arbeiten S. A. Varleys. Im Jahre 1877, als durch die Arbeiten von Siemens und Gramme die Entwicklung der Dynamomaschine in vollem Fluß war und schon in technischer und wirtschaftlicher Hinsicht beachtenswerte Ergebnisse erzielt worden waren, meldete sich aus Anlaß einer Zuschrift von William Siemens an die Zeitschrift „Engineering‟ ein Mann mit dem Anspruch, er sei der wahre Erfinder der Dynamomaschine, denn bevor Werner Siemens und Charles Wheatstone zufällig, wie er immer wieder behauptete, das dynamoelektrische Prinzip gefunden hätten, hätte er es zum Bau einer Maschine benutzt, und er hätte auch am 24. Dezember 1866 das erste englische Patent auf die Dynamomaschine beantragt. Dieser Mann war der Telegrapheningenieur Samuel Alfred Varley.

Varley (geb. 22. März 1832 in London, gest. 4. August 1921)[3] war mit Faraday entfernt verwandt und durch ihn stark beeinflußt. Seit 1852 war er in der Telegraphentechnik tätig. Während seiner Tätigkeit bei der Electric and International Telegraph Co., in deren Diensten er seit 1859 stand, untersuchte er die Möglichkeit des Baues einer Maschine, die für den gewöhnlichen Strom und den Elektromagnetismus das sein sollte, was die selbsterregte Influenzmaschine seines Bruders Cromwell Fleetwood Varley (geb. 6. April 1828 in London, gest. 2. November

---

[1] C. & E. Fein, Stuttgart. Historische Ausstellung der Firma. Stuttgart 1934, S. 2—3.

[2] Werner an William Siemens am 10. April 1867; Siemens Briefe, S. 267—268.

[3] Varley, S. A.: Electr. Rev. 25 (1889) S. 485—486. — H. S. Varley, Alfred Electr. Rev. 30 (1892) S. 313—316. — The inventor of the dynamo. Electr. Rev. 110 (1932) S. 407. — Lee, A. G.: The Varley brothers. J. Instn. electr. Engrs. 71 (1932) S. 958—964.

1881) für die Elektrostatik war; er soll aber auch schon im Alter von siebzehn Jahren eine magnetelektrische Maschine zu bauen versucht haben. Schon einige Jahre vor 1866 habe er sich mit dem Gedanken getragen, seine Maschine mit Selbsterregung zu bauen; dabei wird er wohl an die damals häufig vorgeschlagene zusätzliche Selbsterregung gedacht haben. Im Sommer sei er zu der Überzeugung gekommen, daß eine dem Dynamoprinzip entsprechende Maschine sich bauen lassen müsse. Er hatte vor, im August 1866 vor der British Association in Nottingham über diese Dinge zu sprechen, kam jedoch zu spät zur Tagung; er habe aber den Professoren Harley und Russell von seinen Plänen erzählt. Bei dieser Tagung war Wheatstone Präsident der mathematischen Sektion; da die Präsidenten bei ihren Ansprachen in der Regel auch auf ihre neuesten Arbeiten eingehen, Wheatstone aber mit keinem Wort die magnetelektrischen Maschinen erwähnte, ist 1889 in dem ersten ausführlichen Bericht über Varley nicht mit Unrecht bezweifelt worden, daß er zu dieser Zeit schon das dynamoelektrische Prinzip kannte.

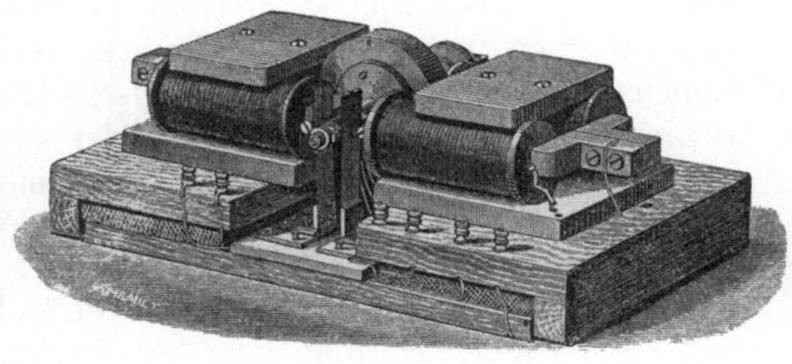

Abb. 100.

Varley teilte 1877 mit, daß seine erste Maschine bereits Ende September oder Anfang Oktober 1866 fertiggestellt gewesen sei; er veröffentlichte sogar einen Brief vom 5. November 1877[1], in dem ihm ein Zeuge auf Anfrage versichert, er habe selbst im frühen Herbst 1866 diese „dynamo-

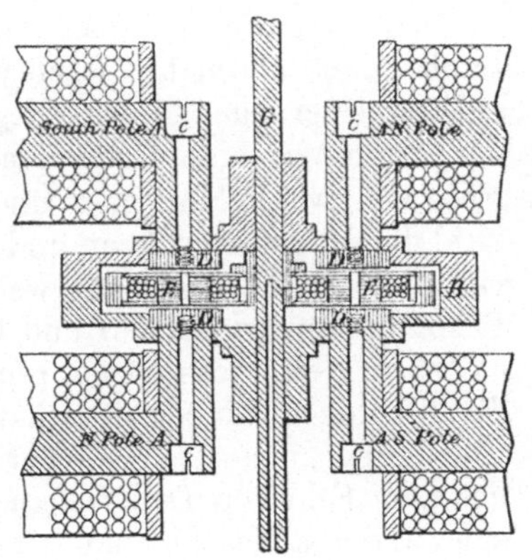

Abb. 100—101. Varley's Dynamomaschine aus J. Dredge. Electric Illumination. Bd. I. London 1882. S. 138.

elektrische" Maschine in Betrieb gesehen, die von einem Mr. A. Salsbury gebaut worden sei.

Am 24. Dezember 1866 beantragte Varley beim Patent Office ein Patent auf seine Maschine; er legte dem Beamten eine Beschreibung vor, die entsprechend dem englischen Verfahren bei der Patenterteilung sechs Monate lang streng geheim blieb und dann erst dem Publikum zugänglich gemacht und veröffentlicht wurde; diese Veröffentlichung erfolgte in der auf den 3. August 1867 folgenden Woche[2]. Das Patent trägt

---

[1] Engineering 24 (1877) S. 367—368.
[2] Engl. Pat. Nr. 1755 vom 15. Juni 1867; das frühere Patent war engl. Pat. (prov. spec.) Nr. 3394 vom 24. Dezember 1866; Commissioners of Patents Journal 1867, S. 1373 (x).

die Namen Cornelius Varley und Samuel Alfred Varley; Cornelius Varley war der damals schon achtzigjährige Vater des Erfinders und hatte keinen Anteil an der Erfindung, außer daß er als Teilhaber seines Sohnes Mitinhaber der Patentrechte war. In diesem Patent wird das dynamoelektrische Prinzip in seinem vollen Umfange ausgesprochen, eine Tatsache, die auch Werner Siemens immer anerkannt hat.

Die Varleysche Dynamomaschine (Abb. 100—101) ist das dynamoelektrische Seitenstück zu der magnetelektrischen Maschine von Sinsteden aus dem Jahre 1854 (Abb. 64), der sie hinsichtlich des Aufbaues vollkommen entspricht; es sind nur die Dauermagnete durch Elektromagnete ersetzt. Während aber Sinsteden einen Anker mit vier Axialspulen verwendet, besitzt der Varleysche Läufer nur zwei Spulen, dafür sitzen an den Kernen dieser Spulen oder an den Feldmagneten zwei je 140° bedeckende Polhörner. Durch diese konstruktive Maßnahme sollen Anker und Magnet während eines größeren Teiles des Spulenweges, in magnetischem Kontakt gehalten werden, als es sonst der Fall wäre, es soll also die Streuung vermindert werden. Es ist sehr wahrscheinlich daß Varley seine Maschine ohne diese besondere Gestaltung ihres Feldsystems kaum zum Angehen, zur Einleitung des Selbsterregungsvorganges, gebracht hätte.

Den wesentlichen Inhalt der „provisional specification" vom 24. Dezember 1866 übernahm Varley am 15. Juni 1867 in ein anderes Patent auf Verbesserungen in der Telegraphie[1]. Darin werden auch Änderungen der ersten Maschine vorgeschlagen; der Erfinder beschränkte sich nicht mehr auf zwei Feldmagnete und zwei Ankerspulen, sondern will jetzt die Zahl der Magnete erhöhen und den entsprechenden Woolrichanker dazu verwenden. Überraschenderweise gab Varley hier das dynamoelektrische Prinzip schon wieder auf und bewies damit wie durch sein ganzes Verhalten in den nächsten Jahren, daß er seine ungeheure Bedeutung für die Technik nicht begriffen hatte. Er wollte nämlich nicht nur bei der Erzeugung „nicht sehr starker Ströme" die Selbsterregung nur zusätzlich zum Feld von Dauermagneten anwenden, sondern verzichtete bei einer anderen Maschinenkonstruktion ganz auf sie; diese letztere Bauart besitzt einen unbewickelten Läufer und entspricht ungefähr der Gleichpolmaschine des Unbekannten P. M. nach Abb. 7.

Mit diesem Patent waren die Arbeiten Varleys an der Dynamomaschine abgeschlossen, bis er sich wieder 1876 im Elektromaschinenbau betätigte und die Kompoundschaltung erfand.

William Ladd und die „Zweizylindermaschine". Im Jahre 1867 hat niemand mehr Reklame für die Dynamomaschine gemacht als der Mechaniker William Ladd (im Alter von 70 Jahren gest. am 16. April 1885 in Burnt Ash Hill)[2]. Wie bereits berichtet, hatte Ladd sich früher mit dem Bau elektrischer Maschinen beschäftigt, aber er hatte im Jahre 1864 die ihm von seinem Assistenten Tisley mitgeteilte Idee der zusätzlichen Selbsterregung nicht weiter verfolgt. Nachdem nun William Siemens und Wheatstone ihre Vorträge vor der Royal Society gehalten hatten,

---

[1] Engl. Pat. Nr. 1755 vom 15. Juni 1866.
[2] Electrician 14 (1885) S. 495.

griff er mit großem Eifer den neuen Gedanken auf und konnte schon nach kurzer Zeit über eine eigene Konstruktion berichten. Er selbst hat keine neuen Gedanken beigetragen, aber wegen seiner Rührigkeit bei der Werbung für die Dynamomaschine darf man ihm nicht jedes Verdienst absprechen. Wes Geistes Kind er war, zeigt ein Vergleich des Titels seines französischen Patentes[1] mit dem Titel des Vortrages von William Siemens. Siemens sprach "On the conversion of dynamical into electrical force without the aid of permanent magnetism" — bei Werner Siemens hieß es: „Über die Umwandlung von Arbeitskraft in elektrischen Strom ohne Anwendung permanenter Magnete" —, und Ladd nahm das Patent auf eine «Machine destinée à convertir la force dynamique en force électrique sans l'usage d'aimants permanents en acier»; zum mindesten der Titel des nie im Druck erschienenen Patentes ist ein Plagiat!

Ladd baute die damals oft als „Zweizylindermaschine" bezeichnete Bauart (Abb. 102)[2]. Zwei bei der ersten Versuchsausführung $7,5'' \times 2,5'' \times 2,5''$ starke Eisenstücke bilden die beiden Schenkel des Feldsystems. Sie sind an beiden Enden mit Polschuhen versehen, so daß sie zwei Doppel-T-Anker zwischen sich einschließen können. Nur einer dieser Anker ist zum Anschluß an den äußeren Kreis bestimmt, während der vom anderen erzeugte Strom ausschließlich der Erregung dient. Es ist dies das Verfahren, das schon früher Werner Siemens bei seinem „neuen großen Induktor" für die Pariser Weltausstellung anwandte. Auf der Weltausstellung war auch Ladd mit großer Reklame vertreten. In einem amtlichen Ausstellungsbericht[3] wird mitgeteilt, daß die Laddsche Maschine eine Antriebsleistung von einer Pferdestärke erfordert habe und mit 1900 U/min betrieben worden sei; die Erwärmung sei so stark gewesen, daß häufig die Isolation verkohlt sei. Die ganze Maschine sei 60 cm lang, 30 cm breit und 20 cm hoch gewesen . Ihre elektrische Leistung soll ungefähr einer Batterie von fünfundzwanzig bis dreißig Elementen entsprochen haben.

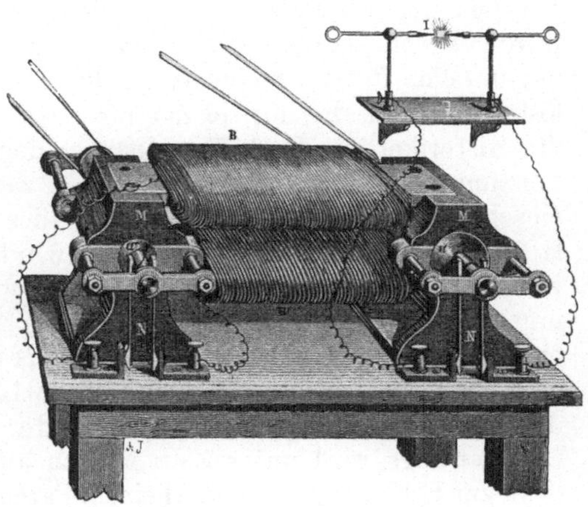

Abb. 102. Maschine von Ladd. La Lumière électrique 7 (1882) S. 13.

---

[1] Franz. Pat. Nr. 76297 vom 2. Mai 1867, nur erwähnt Brevets, Bd. 102 (1883) S. 40, Abt. XII/2.

[2] Ladd, W.: On a magneto-electric machine. Philos. Mag. 4th ser. 33 (1867) S. 544—545. — Ladd, W.: On a new form of dynamo-magnetic machine. Brit. Assoc. Rep. 37 (1867) pt. 2, S. 13—14; der Aufsatz aus dem Philos. Mag. auch Proc. Roy. Soc., Lond. 15 (1867) S. 404—405.

[3] Dingl. J. 188 (1868) S. 3—5; auch 185 (1867) S. 160—161.

Ladd hat im Jahr darauf noch eine größere Maschine gebaut und darüber in Norwich der British Association berichtet[1], aber dann wurde es still um ihn. Erst einige Jahre später trat er als Direktor der Anglo-American Brush Electric Light Corporation wieder in der Starkstromtechnik hervor.

Zur Prioritätsfrage. Sabine, der Mitarbeiter von Siemens und spätere Schwiegersohn von Wheatstone, hat einmal die Verdienste von Siemens, Varley und Wheatstone nach der folgenden bequemen Formel verteilen wollen[2]:

Wheatstone habe die erste Maschine gebaut,

Varley habe das erste Patent beantragt,

Siemens habe zuerst das Prinzip veröffentlicht.

Auch wenn damit der Tatbestand richtig dargestellt wäre, was hinsichtlich der Wheatstoneschen Maschine noch zweifelhaft ist, dann würde es sich bei diesem Verteilungsschlüssel für die Erfinderehre doch nur um eine für die Zeitgenossen der Erfinder bestimmte Kompromißlösung handeln, die nur solange ihre Daseinsberechtigung hat, als nicht die Historiker der Technik sich über den wahren Wert der einzelnen Leistungen einig geworden sind. Da in zahllosen anderen Fällen in der Geschichte der Technik die Lage ähnlich ist wie hier, müssen endlich die Grundlagen für eine Bewertungsmethode geschaffen werden, die das für die Technik wirklich Wesentliche erfassen. Das Wesentliche kann aber nur die Wirkung der Erfindung oder des Anteils des betreffenden Erfinders an ihr auf die wirkliche lebendige Entwicklung der Technik sein, denn diese Wirkung erst gibt der Erfindung ihren Wert.

Allerdings wird unter Zeitgenossen aus praktischen Gründen, wie etwa zur Erhaltung der Sicherheit im Patentwesen, das Datum der ersten Veröffentlichung oder des ersten Patentes der Gewährung der Prioritätsrechte zugrundegelegt werden müssen. Wenn Siemens die Verteidigung seines Anspruches gegenüber Wheatstone auf den Zeitunterschied von vier Wochen zwischen den Veröffentlichungen gründete, dann war dieser Weg damals richtig. Die moderne Technikgeschichte darf Siemens darin aber nicht folgen, denn heute, nach fast dreiviertel Jahrhunderten, verschwinden diese Wochen gegenüber den vielen zur Entfaltung der neuen Technik erforderlich gewesenen Jahren, und solch kurze Zeitunterschiede können auch zufällig entstanden sein; es sei daran erinnert, daß gerade bei Siemens sich ein solcher Zufall auswirkte, indem wegen der Weihnachtsferien die Mitteilung an die Akademie erst erfolgen konnte, als Varley sein Patent bereits angemeldet hatte. Als Siemens zum ersten Male hörte, daß Wheatstone vielleicht Prioritätsansprüche erheben würde, schrieb er seinem Bruder William[3]: „Auf Wheatstones Prioritätsclaim bin ich neugierig! Schade, daß er dann so dumm oder so böswillig war, der Welt diese nützliche Erkenntnis so lange zu entziehen!

---

[1] Ladd, W.: On a further development of the dynamo-magneto electric machine. Brit. Assoc. Rep. 38 (1868) pt. 2, S. 19—20.

[2] Engineering 24 (1877) S. 415.

[3] Brief von Werner Siemens an William Siemens vom 13. Februar 1867.

Das wäre glaube ich, die beste Antwort, wenn er in irgend einem alten
Schmöker die Idee mal ausgesprochen hat, daß man durch die inducirten
Ströme durch entgegengesetzte Bewegung die Ursache der Induction verstärken kann." Er scheint damals also selbst nicht geneigt gewesen zu
sein, der Erwähnung einer technischen Idee in der Literatur und den darauf begründeten Ansprüchen große Bedeutung oder auch nur Berechtigung beizumessen. In der kurzen Bemerkung kommt treffend zum Ausdruck, was der wahre Ingenieur als Entdecker einer neuen Möglichkeit
für seine selbstverständliche Pflicht hält und wofür allein er Ehre erwartet: er muß mit dieser Idee der Technik und damit der
Welt dienen.

Für die wissenschaftliche Technikgeschichte sollte nur der Nachweis
des Zusammenhanges der Arbeit eines Erfinders mit der späteren technischen Praxis entscheidend sein. Nur bei ständiger Berücksichtigung
der historischen Kontinuität läßt sich in der ungeheuren Fülle des technikgeschichtlichen Materials das Wesentliche vom Unwesentlichen trennen. Es muß als eine wesentliche Leistung des Erfinders angesehen werden, wenn er seine Erfindungen dieser Kette anzuschließen vermag, und
nur die auf diese Weise geschaffene Verbindung zur Nachwelt recht-
fertigt, daß man ihn überhaupt als Erfinder ehrt.

Für rein wissenschaftliche Leistungen, die auch in technischen Erfindungen enthalten sein können, wird auch der Technikhistoriker sich der
Auffassung Aragos anschließen, daß die Veröffentlichung genügt.

Von den drei Entdeckern des dynamoelektrischen Prinzips haben
zwei sich nicht um den Anschluß an die zukünftige Technik bemüht und
haben ihr infolgedessen auch nichts gegeben. Varley hat sich und seine
Ideen für zehn Jahre ganz aus der Entwicklung ausgeschaltet und dann
erst die Ehre für eine Erfindung beansprucht, die er gar nicht gegeben
hat; wenn Varley nie gelebt oder seine Idee verschwiegen hätte, würde
die Starkstromtechnik nicht anders aussehen, als sie sich uns heute
bietet. Daß überdies Varleys Vertrauen in seine Idee schon 1867 wieder
gering gewesen sein muß — wenn es überhaupt je groß war —, erkennt
man daran, daß er sie in seinem Patent Mitte dieses Jahres selbst wieder
aufgab. In der Technikgeschichte spielte er — wenigstens in bezug auf
die hier behandelten Dinge, nicht auf seine telegraphentechnischen Arbeiten — nicht die Rolle eines die Entwicklung vorwärts treibenden Motors; sein Patent ist dem Technikhistoriker vielmehr nur ein Symptom
dafür, daß das dynamoelektrische Prinzip an sich gar nicht so schwer zu
finden gewesen sein kann. Auch hinsichtlich der formalen Priorität im
alten Sinne ist nicht einzusehen, wieso die geheimzuhaltende und erst
nach sechs Monaten zu veröffentlichende Mitteilung an einen Patent-
amtsbeamten vor der Wissenschaft bessere Prioritätsrechte verleihen
soll, als die gleichzeitige Mitteilung an deutsche Gelehrte, die bald darauf
veröffentlicht wird.

Auch Wheatstone war kein solcher Motor für die technische Entwicklung; man hat dies mit seiner übergroßen Bescheidenheit begründet
und sogar einen Ruhmestitel für ihn daraus zu machen versucht. Die
große Zahl seiner Patente und die nicht kleine Zahl der Prioritätsver-

dunkelungen, in denen sein Name genannt wurde, wie auch seine technischen Leistungen zeigen indessen, daß er kein weltfremder Gelehrter war, sondern ein sehr real denkender Ingenieur, der alle zur Verfügung stehenden Mittel auszunutzen verstand. Wenn er die Entwicklungsmöglichkeiten des Dynamoprinzips geahnt oder die Prophezeiung von

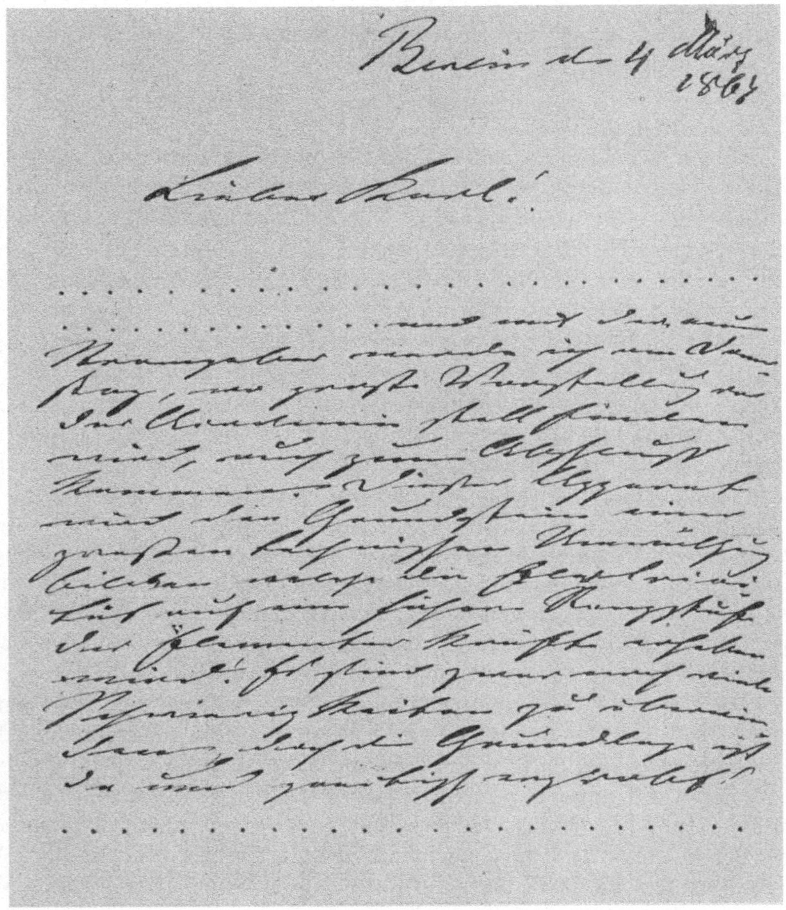

Abb. 103. Brief von Werner Siemens an Carl Siemens vom 4. März 1867.

Werner Siemens ernst genommen hätte, dann hätte er sich ganz anders verhalten.

Siemens war die treibende Kraft. Er hat aus einem Erfindungsgedanken, der unscheinbar war wie tausend andere, das Fundament der modernen Starkstromtechnik geschaffen. Er erkannte mit genialem Blick, was dieses unscheinbare Gesetz an technischen Möglichkeiten in sich barg. Seine vielzitierte Bemerkung am Schlusse der Mitteilung an die

Berliner Akademie: „Der Technik sind gegenwärtig die Mittel gegeben, elektrische Ströme von unbegrenzter Stärke auf billige und bequeme Weise überall da zu erzeugen, wo Arbeitskraft disponibel ist. Diese Tatsache wird auf mehreren Gebieten derselben von wesentlicher Bedeutung werden“, wiederholte er noch optimistischer am 4. März 1867 in einem Brief (Abb. 103) an seinen Bruder Carl in einer Zeit, als er die großen der Schaffung der technisch brauchbaren Dynamomaschine im Wege stehenden Schwierigkeiten schon kannte. Er schrieb: „Dieser Apparat wird den Grundstein einer großen technischen Umwälzung bilden, welche die Electrizität auf eine höhere Rangstufe der Elementarkräfte erheben wird! Es sind zwar noch viele Schwierigkeiten zu überwinden, doch die Grundlage ist da und praktisch erprobt! Der Ausbau darf nicht vernachlässigt werden.“ Er hat auch entsprechend gehandelt, und er hat die Erfindung gemacht, wobei er freilich die Unterstützung eines tüchtigen Ingenieurs wie v. Hefner-Alteneck und einen so tüchtigen Wettbewerber wie Gramme hatte.

Die Entdeckung der für die Wissenschaft und die Wissenschaftsgeschichte fast belanglosen Tatsache, daß die Hjorthsche Selbsterregung vom remanenten Magnetismus aus möglich ist, teilt Siemens mit Varley und Wheatstone, ihm allein verdanken wir aber die entscheidende Entdeckung, daß es sich hier um den von der Alliance-Gesellschaft, von Holmes und von ihm selbst bisher vergebens gesuchten Schlüssel zur modernen Starkstromtechnik handelt. Für die Geschichtsforschung, die den wirkenden und gestaltenden Kräften nachspürt, wird es deshalb keinen Zweifel darüber geben, daß im Falle der Dynamomaschine Werner Siemens diese Kraft gewesen ist.

XV. Zeittafel
zur Entstehungsgeschichte der Dynamomaschine.

1820 H. Chr. Oersted entdeckt den Elektromagnetismus.
D. F. Arago und H. Davy entdecken die Magnetisierbarkeit des Eisens.
J. S. Ch. Schweigger erfindet den Multiplikator und wendet als Erster isolierten Draht an.

A.-M. Ampere erfindet das Solenoid, die Zylinderspule.

1825 W. Sturgeon erfindet den Elektromagnet mit Eisenkern.

1830 J. Henry ersetzt die einlagige Wicklung bei Sturgeons Magnet durch eine mehrlagige aus isoliertem Draht.

1831 M. Faraday entdeckt die elektromagnetische Induktion. Er erfindet als erste elektrische Maschine die Faradaysche Scheibe, die Urform der Unipolarmaschinen.

1831—1832 In dieser Zeit entstehen zahlreiche Funkenvorrichtungen zum Nachweis der Entstehung von Elektrizität „aus Magnetismus".

1832 S. Dal Negro baut die erste Wechselpol-Wechselstrommaschine und wendet dabei die hin- und hergehende Bewegung an.
Der Unbekannte P. M. schlägt einen Stromerzeuger mit rotierender Bewegung vor.

H. Pixii baut den ersten rotierenden Stromerzeuger zunächst als Wechselstrommaschine. Noch im gleichen Jahre ergänzt er ihn durch Anwendung der Ampereschen Wippe zur ersten Gleichstrommaschine.

1833 W. Ritchie gibt den Kommutator an und schlägt die Erregung durch Elektromagnete vor.

E. Lenz entdeckt das nach ihm benannte Gesetz und damit die Umkehrbarkeit von Generator und Motor; 1838 war die Umkehrbarkeit allgemein bekannt.

1834 J. Saxton baut seine zweipolige liegende Maschine.
Der Unbekannte $\varphi.\,\mu.$ gibt eine Gleichpolmaschine mit unbewickeltem Läufer an; solche Konstruktionen wurden noch oft vorgeschlagen und waren später kurze Zeit als Hochfrequenzmaschinen wichtig.

1835 E. M. Clarke baut zweipolige Maschinen mit verbessertem Kommutator und mit Doppelanker und macht damit einen Kraftübertragungsversuch.

1837 A. v. Ettingshausen baut seine magnetelektrische Maschine, und F. A. Petrina baut eine ihr ähnliche Konstruktion, die er seit 1844 als Doppelmaschine für Ärzte herstellt.

Durch C. A. Steinheil wird die magnetelektrische Stromerzeugung zuerst technisch angewandt (Telegraphie).

W. Weber baut seinen Rotationsinduktor und liefert wertvolle theoretische Beiträge für den Elektromaschinenbau. Viele, erst später weiterentwickelte Konstruktionen gehen auf ihn zurück, wie die Woolrichankermaschinen und die Maschinen mit Ringläufer.

W. Sturgeon führt die Unterteilung des Eisens bei Induktionsspulen ein; Dove liefert dazu wertvolle Untersuchungen. 1838 wendet G. H. Bachhoffner die Unterteilung bei elektromagnetischen Maschinen an, und W. J. Sinsteden überträgt sie auf Stromerzeuger.

1838 F. Moigno und Raillard zeigen, daß eine elektromagnetisch erregte Maschine einen Strom erzeugen kann, der größer als der Erregerstrom ist; sie veröffentlichen nichts.

Poggendorff weist nach, daß harter Stahl und weiches Eisen beide sowohl temporären als auch permanenten Magnetismus annehmen können und beseitigt damit ein der Einführung der zusätzlichen Selbsterregung entgegenstehendes Vorurteil. Der remanente Magnetismus ist seit diesem Jahre allgemein bekannt; die magnetische Sättigung wurde 1850 durch J. Müller endgültig nachgewiesen.

Poggendorff gibt ein Kompensationsverfahren für Messungen an elektrischen Maschinen an; planmäßige Messungen führt aber erst W. Weber 1844 ein.

N. J. Callan beobachtet die Umkehrbarkeit an elektromagnetischen Maschinen ohne Dauermagnete, die also als Dynamomaschinen arbeiten; er geht der Zufallsbeobachtung aber nicht nach.

1841 Ch. Wheatstone gibt eine Mehrfachmaschine zur Erzeugung von stetigem Gleichstrom an, findet aber noch nicht die richtige Lösung, weil er die einzelnen Spulen parallel und nicht zu einer geschlossenen Wicklung hintereinander schaltet.

1843 E. Stöhrer baut die ersten mehrpoligen Maschinen.

1844 J. St. Woolrich konstruiert einen für elektrochemische Zwecke bestimmten Stromerzeuger, der den späteren Industriemaschinen von Holmes und der Alliance-Gesellschaft als Vorbild dient.

1849 E. Lenz entdeckt die Ankerrückwirkung.

I. L. Pulvermacher beschreibt eine vielpolige Maschine, deren Eisenkörper aus herstellungstechnischen, aber nicht elektrotechnischen Gründen aus einzelnen Schichten besteht.

1849—1853 F. Nollet entwickelt die Grundform der „Alliance-Maschine“, die dann von Berlioz und van Malderen weitergebildet wird. Die Arbeiten der Alliance-Gesellschaft leiten die Entwicklung der modernen Starkstromtechnik ein.

1851 H. Helmholtz entdeckt das Exponentialgesetz der Stromstärkeänderungen.

W. J. Sinsteden schlägt die Anwendung besonderer Erregermaschinen und fremderregter Erregermaschinen vor.

Die geschlossene Ringwicklung wird von M. J. Roberts und 1853 von Bessolo für elektromagnetische Maschinen angegeben.

S. Hjorth entdeckt das Prinzip des induktiven Aufschaukelns von Strom und Magnetfeld bei Maschinen mit zusätzlicher Selbsterregung.

1852 Th. Allan führt das Polrad mit Radialpolen ein.

1853 W. Siemens erfindet die Tellermaschine, einen Gleichstrom-Gleichstrom-Umformer mit in sich geschlossener Wicklung.

1856 F. H. Holmes baut Maschinen ähnlich der Alliance-Maschine. Er wies 1855 nach, daß sich Bogenlampen mit Wechselstrom speisen lassen, so daß die Großmaschinen keinen Kommutator brauchten. Das erste „magnetelektrische Licht“ von Holmes kam 1858 auf dem Leuchtturm von South Foreland in Betrieb.

W. Siemens erfindet den Doppel-T-Anker. Diese Konstruktion ist für die Entdeckung und technische Ausnutzung des dynamoelektrischen Prinzips von größter Bedeutung gewesen.

1860 A. Pacinotti baut eine magnetelektrische Maschine mit geschlossener Ringwicklung. Seine Veröffentlichung (1864) bleibt unbeachtet.

1861 W. J. Sinsteden versieht eine Maschine mit zusätzlicher Selbsterregung; das gleiche versuchen 1864 Tisley und 1866 Murray.

1863 Ch. Whitmell schlägt Maschinen vor, die mit Fremderregung anfahren und dann als Dynamomaschinen weiterarbeiten sollen; erst lange Zeit nachher macht er den Vorschlag bekannt. Auch M. G. Farmer äußert 1866 in einem unveröffentlichten Brief eine ähnliche Idee.

H. Wilde führt Sinstedens Vorschlag, besondere Erregermaschinen zu verwenden, praktisch aus. Es gelingt ihm, das nach dem Versagen von Holmes erloschene Interesse der Öffentlichkeit an der Starkstromtechnik wieder zu wecken.

1866 Im Herbst dieses Jahres entdeckt Werner Siemens das dynamoelektrische Prinzip, dessen ungeheuere Bedeutung er erkennt. Er nimmt den Kampf mit den Schwierigkeiten auf, die der Entwicklung einer praktisch brauchbaren Maschine entgegenstehen. Seine Entdeckung wird am 17. Januar 1867 der Berliner Akademie mitgeteilt.

Am 24. Dezember 1866 meldet S. A. Varley ein Patent auf eine Dynamomaschine an, verzichtet dann aber auf die Weiterarbeit an dieser Idee.

1867 Am 15. Februar 1867 berichtet Ch. Wheatstone über die Nebenschluß-dynamomaschine, die er angeblich schon im Sommer 1866 erfunden hat. Auch er leistet keine Entwicklungsarbeit.

Im März macht W. Ladd seine dynamoelektrische Doppelankermaschine bekannt, bei der einer der Anker den Erregerstrom liefert.

Verzeichnis der Abkürzungen.

Der Quellennachweis ist mit Absicht ausführlich gehalten, weil er weitere Arbeiten zur Frühgeschichte der Elektrotechnk erleichtern soll. Bei fremdsprachigen Quellen ist nach Möglichkeit angegeben worden, wann und wo eine deutsche Übersetzung erschienen ist. Die mit (x) bezeichneten Stellen sind nicht im Original benutzt worden.

Bei den englischen Patenten ist immer nur das Datum der provisional specification angegeben worden.

Abkürzungen.

ADB.	=	Allgemeine deutsche Biographie. Leipzig 1875—1906.
Ann. chim. phys.	=	Annales de chimie et de physique. Paris.
Ann. electr.	=	Annals of Electricity, Magnetism and Chemistry, and Guardian of Experimental Science; by William Sturgeon. London
Ann. scienze	=	Annali delle Scienze del Regno Lombardo-Veneto. Padova e Venezia.
Appleton	=	Appleton's Cyclopaedia of American Biography. New York.
Baumg. Zeitschr.	=	Zeitschrift für Physik und verwandte Wissenschaften. Hrsg. von A. Baumgartner. Wien.
BGT.	=	Beiträge zur Geschichte der Technik und Industrie. Hrsg. von C. Matschoß. Berlin.
Brevets	=	Description des machines et procédés pour lesquels des brevets d'invention ont été pris sous le régime de la loi du 5 juillet 1844. Paris 1850; die erste Folge (Paris 1811 bis 1858) wird mit „Brevets I" zitiert.
Bull. Pét.	=	Bulletin scientifique publié par l'Académie Impériale des Sciences de St. Pétersbourg. Bd. 1—6, 1836—1840; Bulletin de la Classe Physico-Mathématique de l'Académie ... Bd. 1—16, 1843—1858.
Comptes rendus	=	Comptes rendus hebdomadaires des séances de l'Académie des Scienceas. Paris.
Dict. Am. Biogr.	=	Dictionary of American Biography. London and New York.
Dict. Nat. Biogr.	=	Dictionary of National Biography. London 1885.
Dingl. J.	=	Dingler's Polytechnisches Journal. Augsburg.
Faraday Diary	=	Faraday's Diary, being the various philosophical notes of experimental investigation made by Michael Faraday. 7 Bde. London 1932—1936.
Faraday Exp. Res.	=	M. Faraday. Experimental Researches in Electricity. 3 vols. London 1839—1855; zitiert nach der deutschen Übersetzung von F. Kalischer, Berlin 1889—1891, 3 Bde., und nach den englischen Erstveröffentlichungen.
Gilb. Ann.	=	Annalen der Physik und Chemie. 1. Folge, hrsg. von L. W. Gilbert. Halle und Leipzig 1799.
Mech. Mag.	=	The Mechanics' Magazine, Museum, Register, Journal and Gazette. London.

Pacinotti   = Onoranze nazionale ad Antonio Pacinotti. La vita e l'opera.
                     Scritti, disegni e discorsi di Antonio Pacinotti, raccolta
                     compilata, ordinata e corredata di note per cura del Prof.
                     Giovanni Polvani. 2 Bde. Pisa 1934.
Phil. Mag.   = The London, Edinburgh, and Dublin, Philosophical Maga-
                     zine and Journal of Science. London.
Phil. Trans.   = Philosophical Transactions of the Royal Society of London.
                     London.
Pogg.   = J. C. Poggendorff. Biograpbisch-literarisches Handwörter·
                     buch zur Geschichte der exakten Wissenschaften. Leipzig
                     1863.
Pogg. Ann.   = Annalen der Physik und Chemie. 2. Folge. Hrsg. von J. C.
                     Poggendorff. Leipzig und Halle 1824.
Proc. R. Soc.   = Proceedings of the Royal Society of London. London.
Rep. Comm. Pat.   = Report of the Commissioner of Patents. Washington.
Schweigg. J.   = Journal für Chemie und Physik. Hrsg. von Ch. Schweigger.
                     Nürnberg und Halle.
Siemens Briefe   = C. Matschoß. Werner Siemens. Ein kurzgefaßtes Lebens·
                     bild nebst einer Auswahl seiner Briefe. 2 Bde. Berlin 1916.
Siemens Leben   = Werner von Siemens. Lebenserinnerungen. Zitiert nach
                     der dritten Aufl. Berlin 1893.
Sill. J.   The American Journal of Science and Arts; by B. Silliman.
                     New York and New Haven.

Personenverzeichnis.

Sachverzeichnis.